普通高等教育"十三五"规划教材

矿井通风与防尘

主　编　王子云
副主编　侯国荣　胡世士　付　军

北　京
冶 金 工 业 出 版 社
2016

内容提要

本书是普通高等教育“十三五”规划教材。全书共分11章，分别介绍了矿内大气、矿内风流的基本性质、风流能量方程及其在矿井通风中的应用、矿井通风阻力、矿井通风动力、矿井通风网路中风量分配与调节、局部通风、矿井通风系统、矿井通风系统设计、矿井通风系统管理与监测、矿尘防治等内容。本教材每章附有练习题、实验指导书，在矿井通风系统设计一章还附有矿井通风设计的案例。

本书侧重于金属和非金属矿山的矿井通风技术，可以作为普通高等院校采矿工程本科专业的教材，也可以作为矿山安全生产管理工程师以及设计研究人员的参考书。

图书在版编目(CIP)数据

矿井通风与防尘/王子云主编. —北京：冶金工业出版社，2016.7

普通高等教育“十三五”规划教材

ISBN 978-7-5024-7264-1

Ⅰ.①矿…　Ⅱ.①王…　Ⅲ.①矿山通风—高等学校—教材②矿井—除尘—高等学校—教材　Ⅳ.①TD72　②TD714

中国版本图书馆CIP数据核字（2016）第158539号

出 版 人　谭学余
地　　址　北京市东城区嵩祝院北巷39号　邮编　100009　电话　(010)64027926
网　　址　www.cnmip.com.cn　电子信箱　yjcbs@cnmip.com.cn
责任编辑　赵亚敏　张耀辉　美术编辑　吕欣童　版式设计　吕欣童
责任校对　禹　蕊　责任印制　李玉山
ISBN 978-7-5024-7264-1
冶金工业出版社出版发行；各地新华书店经销；三河市双峰印刷装订有限公司印刷
2016年7月第1版，2016年7月第1次印刷
787mm×1092mm　1/16；14.5印张；345千字；217页
32.00元

冶金工业出版社　投稿电话　(010)64027932　投稿信箱　tougao@cnmip.com.cn
冶金工业出版社营销中心　电话　(010)64044283　传真　(010)64027893
冶金书店　地址　北京市东四西大街46号(100010)　电话　(010)65289081(兼传真)
冶金工业出版社天猫旗舰店　yjgycbs.tmall.com

（本书如有印装质量问题，本社营销中心负责退换）

前　言

众所周知，采矿工业是生产工业原材料的基础工业，它在社会发展进程中占有非常重要的地位。而不论是金属、非金属矿开采，还是煤矿开采，只要是地下开采方式，都需要进行矿井通风。矿井通风是采矿的一个重要组成部分，它是矿井安全生产的基本前提和保障。矿井通风就是利用机械或自然通风动力，使地面空气进入井下，并在井巷中作定向地流动，最后排出矿井的全过程，它在矿井建设和生产期间始终占有非常重要的地位。矿井通风的基本任务是供给井下足够的新鲜空气，满足人员对氧气的需要；冲淡井下有害气体和粉尘，保证安全生产；调节井下气候条件，创造良好的工作环境。

根据我国地下矿山开采发展的实际需要，为了适应目前地方普通本科高校向应用型转变的采矿工程专业教学需求，也是为了提高我国矿井通风安全技术的理论知识与管理水平，编者编写了本书。

本书由辽宁科技学院王子云任主编，中国葛洲坝集团易普力股份有限公司侯国荣、付军，中国葛洲坝集团水泥有限公司胡世士任副主编。其中王子云编写了第1~6章、第8~9章；侯国荣编写了第7章；胡世士编写了第10章；付军编写了第11章。参加本书编写工作的还有辽宁科技学院渠爱巧、张杰、顾路、王寰宇、洪求友等同志，他们在资料收集、图表绘制等方面做了大量工作。

本书在编写过程中参考了有关文献资料，大部分已在参考文献中列出，限于篇幅，不能一一列出，在此向文献作者表示衷心的感谢！本书在编写过程中得到了一些院校同行和工矿企业的大力支持，在此亦表示衷心感谢！

由于编写人员水平有限，书中难免会有偏差和疏漏，恳请读者批评指正。

编　者

2016年6月

目　录

1 矿内大气

矿井的空气主要来自地面空气，地面空气进入井下后，会发生一些物理、化学上的变化，所以，矿井空气的组分无论在数量上还是质量上，与地面空气都有较大的差别。

1.1 矿内空气

1.1.1 地面空气与矿内空气

地面空气是由干空气和水蒸气组成的混合气体，亦称为湿空气。干空气是指完全不含有水蒸气的空气，是由氧、氮、二氧化碳、氩、氖和其他一些微量气体组成的混合气体。干空气的组分比较稳定，其主要成分如表 1-1 所示。

湿空气中含有水蒸气，但其含量的变化会引起湿空气的物理性质和状态变化。此外，地面空气中尚含有一定量的微生物与灰尘等。

表 1-1 干空气主要成分

气体成分	质量浓度/%	体积浓度/%
氧	23.17	20.90
氮	75.55	78.13
二氧化碳	0.05	0.03
其他稀有气体	1.28	0.94

在地球上，经常进行一系列气体产生和消失的化学物理反应过程。正是由于这些过程的相互作用，而使空气的主要成分保持不变。如动物吸气时吸进氧，呼气时呼出二氧化碳；而植物的光合作用则相反——吸收二氧化碳，放出氧气。在局部地区（如工业区和城市区），地面空气往往被自然界和人们生活、生产过程产生的各种烟尘及有毒有害气体污染。但由于地面空气的存在量十分巨大（5.1×10^{15}t），并具有特别大的流动性和一定的扩散性，因此地面空气的主要成分仍能保持稳定不变。然而，从环境保护的角度出发，对于局部污染严重地区，三废（废气、废渣、废水）的处理问题应引起足够的重视，必须采取切实可行的防护措施。

地面空气进入矿井以后即称为矿井空气。正常的地面空气进入矿井后，当其成分与地面空气成分相同或近似，符合安全卫生标准时，称为矿内新鲜空气。由于井下生产过程产生了各种有毒有害的物质，矿内空气成分发生一系列变化。其表现为：氧含量降低，二氧化碳量升高，并混入了矿尘和有毒有害气体（如 CO、NO_2、H_2S、SO_2），空气的温度、湿度和压力也发生了变化等。这种充满矿内巷道的各种气体、矿尘和杂质的混合物，统称为矿内污浊空气。

1.1.2 矿内空气主要成分及其性质

1.1.2.1 氧（O_2）

氧气为无色、无味、无臭的气体，标准状况下的密度为1.428kg/m^3，是空气密度的1.11倍。它是一种非常活泼的元素，能与很多元素起氧化反应，能帮助物质燃烧及供人和动物呼吸，是空气中不可缺少的气体。

当氧气与其他元素化合时，一般会发生放热反应，放热量取决于参与反应的物质的量和成分，而与反应速度无关。当反应速度缓慢时，所放出的热量往往被周围物质吸收，而无显著的热力学变化现象。

人体维持正常生命过程所需的氧气量与人的体质、精神状态和劳动强度等有关。一般人体需氧气量与劳动强度的关系如表1-2所示。休息时需氧量为0.25L/min，工作和行走时为1~3L/min。高原地区空气密度减小，处于高原地区的矿井内单位体积空气氧气含量也减小，单位时间内人呼吸的空气体积量有所增大。

空气中的氧少了，人们的呼吸就感到困难，严重时会因缺氧而死亡。当空气中的氧减少到17%时，人们从事紧张的工作会感到心脏和呼吸困难；氧减少到15%时会失去劳动能力；减少到10%~12%时，会失去理智，时间稍长对生命就有严重威胁；减少到6%~9%时，会失去知觉，若不急救就会死亡。

我国《矿山安全规程》规定，矿内空气中氧含量不得低于20%。

表1-2 人体输氧量与劳动强度的关系

劳动强度	呼吸空气量/L·min^{-1}	氧气消耗量/L·min^{-1}
休息	6~15	0.2~0.4
轻	20~25	0.6~1.0
中度	30~40	1.2~2.6
重	40~60	1.8~2.4
极重	40~80	2.5~3.1

1.1.2.2 二氧化碳（CO_2）

二氧化碳是无色气体，标准状况下的密度为1.96kg/m^3，是空气密度的1.52倍，是一种较重的气体，很难与空气均匀混合，故常积存在巷道底部，在静止的空气中有明显的分界。二氧化碳不助燃也不能供人呼吸，易溶于水，生成碳酸，使水溶液呈弱酸性，对眼、鼻、喉黏膜有刺激作用。

二氧化碳对人的呼吸有刺激作用。当肺气泡中二氧化碳增加2%时，人的呼吸量就增加1倍。人在快步行走和紧张工作时需要大口喘气，呼吸频率增大，就是因为人体内氧化过程加快后，二氧化碳生产量增加，使血液酸度加大，刺激神经中枢，从而引起呼吸加快。在对有毒气体（譬如CO、H_2S）中毒人员进行急救时，最好首先使其吸入含5%二氧化碳的氧气，以增强肺部的呼吸。

当空气中二氧化碳浓度过大，造成氧浓度降低时，可以引起缺氧窒息。当空气中二氧化碳浓度达5%时，人就会出现耳鸣、无力、呼吸困难等现象；达到10%~20%时，人的呼吸处于停顿状态，失去知觉，时间稍长就有生命危险。

我国《矿山安全规程》规定：有人工作或可能有人到达的井巷，二氧化碳浓度不得大于0.5%；总回风流中，二氧化碳浓度不超过1%。

1.1.2.3 氮气（N_2）

氮气是一种惰性的无色无味气体，相对分子质量为28，标准状态下的密度为1.25kg/m^3，是新鲜空气中的主要成分。氮气本身无毒、不助燃，也不供呼吸。但空气中含氮气量升高，则势必造成氧气含量相对降低，从而也可能造成人员的窒息性伤害。正因为氮气具有惰性，因此可将其用于井下防火、灭火和防止瓦斯爆炸。

除了空气本身含氮气外，矿井空气中氮气的主要来源是井下爆破和生物的腐烂，煤矿中有些煤岩层中也有氮气涌出，但金属、非金属矿床一般没有氮气涌出。

1.2 矿内空气中常见的有毒有害气体

金属矿山井下常见的对安全生产威胁最大的有毒有害气体有一氧化碳（CO）、二氧化氮（NO_2）、二氧化硫（SO_2）、硫化氢（H_2S）等。

1.2.1 有毒气体的来源

（1）爆破时所产生的炮烟。炸药在井下爆炸后会产生大量的有毒有害气体，种类和数量与炸药的性质、爆炸条件及介质有关。在一般情况下，产生的主要成分大部分为一氧化碳和氮氧化合物。如果将爆破后产生的二氧化氮，按1L二氧化氮折合6.5L一氧化碳计算，则1kg炸药爆破后产生的有毒气体（相当于一氧化碳量）为80~120L。

（2）柴油机工作时产生的废气。柴油机的废气成分很复杂。它是柴油在高温高压下燃烧时所产生的各种有毒有害气体的混合体。一般情况下有氮氧化合物、含氧碳氢化合物、低碳氧化合物、油烟等，但其中的主要成分为氧化氮、一氧化碳、醛类和油烟等。柴油机排放的废气量由于受各种因素影响变化较大，没有统一的标准。在1975年冶金部召开的废气净化座谈会上，提出了坑内矿用柴油机废气排放指标，如表1-3所示。当管理不善时，柴油机释放的废气往往超过上述指标，恶化井下空气。

表1-3 坑内柴油机废气排放指标 (g/kW·h)

成　分	135系列柴油机	105系列柴油机
CO	10.06	10.06
NO_x	6.71	8.05
CH	1.34	1.34

（3）硫化矿物的氧化。在开采高硫矿床时，由于硫化矿物缓慢氧化，除产生大量的热外，还会产生二氧化硫和硫化氢气体，如

$$FeS_2 + 2H_2O \longrightarrow Fe(OH)_2 + H_2S + S$$

$$CaS + H_2O + CO_2 \longrightarrow CaCO_3 + H_2S$$

$$Fe_7S_8 + O_2 \longrightarrow 7FeS + SO_2$$

在含硫矿岩中进行爆破工作，或硫化矿尘爆炸，以及坑木腐烂和硫化矿物水解，都会产生硫化气体（SO_2、H_2S）。

（4）井下火灾。当井下失火引起坑木燃烧时会产生大量一氧化碳，如一架棚子（直径为180mm、长2.1m的立柱两根和长2.4m横梁一根，体积为0.17cm^3）燃烧所产生的一氧化碳约为97m^3，这么多的一氧化碳足以使断面为4~5m^{2}的巷道在2km长范围以内的空气中一氧化碳含量达到致命的浓度。

在煤矿中瓦斯和煤尘爆炸也会产生大量的一氧化碳，往往成为重大死亡事故的主要原因。

1.2.2　各种有毒气体的性质

1.2.2.1　一氧化碳（CO）

一氧化碳是无色、无味、无臭的气体，标准状态下的密度为1.25kg/m^3，是空气密度的0.97倍，故能均匀地散布于空气中，不用特殊仪器不易察觉。一氧化碳微溶于水，一般化学性质不活泼，但浓度在13%~75%时能引起爆炸。

一氧化碳极毒，当空气中一氧化碳浓度为0.4%时，人在很短时间内就会失去知觉，抢救不及时就会中毒死亡。

日常生活中的“煤气中毒”就是一氧化碳中毒。一氧化碳的毒性大是因为：人体的血液中的血红素专门在肺部吸收空气中的氧气以维持人体的需要，但血红素有另外一种特性，就是它与一氧化碳的亲和力超过它与氧的亲和力的250~300倍。因此，当人体吸入含一氧化碳的空气后，一氧化碳会很快与血红素结合，大大降低血红素吸收氧的能力，使人体各部分组织和细胞产生缺氧现象，引起窒息和血液中毒，严重时造成死亡。

一氧化碳的中毒程度和中毒快慢与下列因素有关：

（1）空气中一氧化碳的浓度。人处于静止状态时，CO浓度与人中毒程度关系如表1-4所示。

表1-4　一氧化碳浓度与人体中毒程度的关系

中毒程度	中毒时间	CO浓度/mg·L^{-1}	CO浓度体积分数/%	中毒症状
无征兆或有轻微征兆	数小时	0.2	0.016	不明显
轻微中毒	1h以内	0.6	0.048	耳鸣、心跳、头昏、头痛
严重中毒	0.5~1h	1.6	0.128	头痛、耳鸣、心跳、四肢无力、哭闹、呕吐
致命中毒	短时间内	5.0	0.400	丧失知觉、呼吸停顿

（2）与含有一氧化碳的空气接触时间。接触时间愈长，血液内一氧化碳量就愈大，中毒就愈深。

（3）呼吸频率与呼吸深度。人在繁重工作或精神紧张时，呼吸急促，频率高，呼吸深度也大，中毒就快。

（4）与人的体质和体格有关。在经常处于一氧化碳略微超过允许浓度的条件下工作时，虽然短时间不会发生急性病兆，但是由于血液和组织长期轻度缺氧，以及对神经中枢的伤害，会引起头痛、胃口不好、记忆力衰退及失眠等慢性中毒病症。

我国《矿山安全规程》规定：矿内空气中一氧化碳浓度不得超过 0.0024%（24×10^{-6}），按密度计算不得超过 30mg/m³。爆破后，在通风机连续运转条件下，一氧化碳的浓度降至 0.02%时，就可以进入工作面了。

1.2.2.2 氮氧化物（NO_x）

炸药爆炸可产生大量的一氧化氮和二氧化氮，其中的一氧化氮极不稳定，遇空气中的氧即转化为二氧化氮。

二氧化氮是一种褐红色有强烈窒息性的气体。标准状态下的密度为 2.05kg/m³，是空气密度的 1.59 倍，易溶于水而生成腐蚀性很强的硝酸。所以它对人的眼、鼻、呼吸道及肺组织有强烈腐蚀作用，对人体危害最大的是破坏肺部组织，引起肺水肿。

二氧化氮中毒后有较长的潜伏期，初期没有什么感觉（经过 4~12h，甚至 24h 以后才发生中毒征兆），即使在危险的浓度下，初期也只是感觉呼吸道受刺激，之后开始咳嗽吐黄痰，呼吸困难，以致很快死亡。

当空气中二氧化氮浓度为 0.004%时，2~4h 还不会引起中毒现象；当浓度为 0.006%时，就会引起咳嗽、胸部发痛；当浓度为 0.01%时，短时间内对呼吸器官就有很强烈的刺激作用，出现咳嗽、呕吐、神经麻木等症状；当浓度为 0.025%时，就很快使人窒息死亡。

我国《矿山安全规程》规定：二氧化氮浓度不得超过 0.00025%（2.5×10^{-6}）。

1.2.2.3 硫化氢（H_2S）

硫化氢是一种无色有臭鸡蛋味的气体。标准状态下的密度为 1.52kg/m³，是空气密度的 1.17 倍，易溶于水。通常情况下，1 个体积的水中能溶解 2.5 个体积的 H_2S，故它常积存于巷道的积水中。硫化氢能燃烧，当浓度达到 6%时具有爆炸性。

硫化氢具有很强的毒性，能使血液中毒，对眼睛黏膜及呼吸道有强烈的刺激作用。当空气中硫化氢的浓度达到 0.01%时，就能使人嗅到气味，流唾液、流清鼻涕；达到 0.05%时，经过 0.5~1h 就能引起严重中毒；达到 0.1%时，在短时间内就会有生命危险。

我国《矿山安全规程》中规定：井下空气中硫化氢含量不得超过 0.00066%（6.6×10^{-6}）。

1.2.2.4 二氧化硫（SO_2）

二氧化硫是一种无色、有强烈硫黄味的气体，易溶于水，标准状态下的密度为 2.86kg/m³，是空气密度的 2.2 倍，常存在于巷道的底部，对眼睛有强烈刺激作用。

二氧化硫与水蒸气接触会产生硫酸，对呼吸器官有腐蚀性，使喉咙和支气管发炎，呼吸麻痹，严重时引起肺水肿。当空气中二氧化硫含量为 0.0005%时，嗅觉器官就能闻到刺激味；0.002%时，有强烈的刺激味，可引起头痛和喉痛；0.05%时，引起急性支气管炎和肺水肿，短时间内即死亡。

我国《矿山安全规程》规定：空气中二氧化硫含量不得超过 0.0005%（5×10^{-6}）。

1.2.3 有毒气体中毒时的急救

当井下工作人员遇到有毒气体中毒或缺氧时应立即抢救，以便及早脱离危险，保障其生命安全。

中毒时的急救措施如下：

（1）立即将中毒者移至新鲜空气处或地表。

（2）将患者口中一切妨碍呼吸的东西（如假牙、黏液、泥土）除去，将衣领及腰带松开。

（3）使患者保暖。

（4）为排除患者体内的毒物，应给患者输氧。当一氧化碳、硫化氢中毒时，最好在纯氧中加5%的二氧化碳，以刺激呼吸中枢神经，增强呼吸能力，促使毒气排出体外。当二氧化硫和二氧化氮中毒时，进行人工呼吸应特别注意，因为患者中毒后会引起肺水肿，所以施行人工呼吸时应尽量避免刺激患者的肺部，以免加剧肺部水肿，特别是二氧化氮中毒时，只能用拉舌头的人工呼吸法刺激神经引起呼吸，并在喉部注入碱性溶液（$NaHCO_3$小苏打水），以减轻肺水肿现象。

（5）硫化氢中毒时，可用浸有漂白粉溶液的棉花或手帕放在患者的嘴或鼻旁以吸入解毒，眼部可用硼酸水冲洗。

1.2.4　有毒气体的测定

有毒气体测定方法很多，因有毒气体对人危害甚大，应以快速准确的测定方法为宜，现场广为采用的测定方法为检定管快速测定法。

检定管快速测定法使用的仪器有检定管、抽气唧筒和秒表。

检定管检定各种有害气体的原理，是根据待测气体与检定管中的指示剂发生化学变化后变色的深浅或长度来确定。以变色深浅来确定有毒气体浓度者为比色法，以变色长度确定浓度者为比长法。指示剂是根据所测有毒气体的性质来配制。目前我国多使用比长法，所生产的检定管有测一氧化碳、硫化氢、二氧化氮、氧气等数种比长式检定管。

如图1-1所示，用以采集试样的抽气唧筒容积为50mL。活塞杆上每5mL刻有刻度，有一个三通开关。当开关把手在水平位置时入口与唧筒相通；当把手在垂直位置时，唧筒与出口相通。

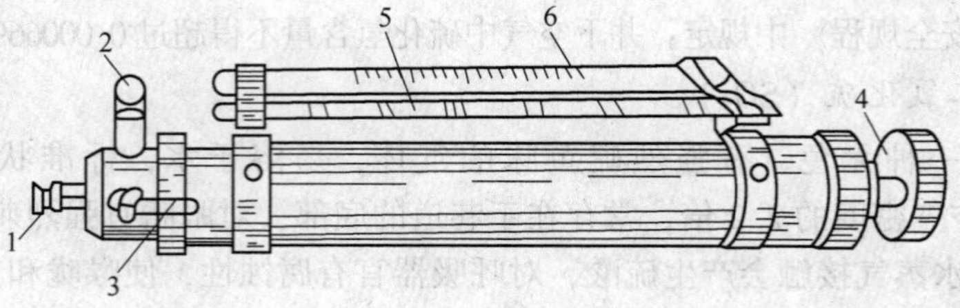

图1-1　抽气唧筒

1—气体入口；2—检定管插孔；3—三通阀阀把；

4—活塞杆；5—比色板；6—温度计

测定步骤：

（1）将检定管玻璃封口锯开，插在抽气唧筒出口上；

（2）将唧筒的三通开关转到水平位置，抽取50mL待测定气体；

（3）将三通开关转到垂直位置，用100s时间缓慢压送唧筒内待测气体，使之均匀通过检定管。此时管中指示剂起化学反应，改变颜色，将颜色变化的深浅与标准比色板相比，即可得出气体浓度。若用比长检定管，根据其变色的长短即可确定待测气体浓度。

例如，以比长法进行一氧化碳浓度的检定时，检定管是装有试剂和过滤物、两端溶封的玻璃管，如图 1-2 所示。

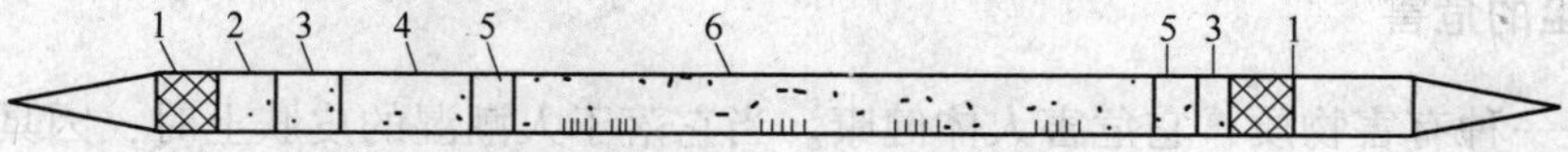

图 1-2 比长式一氧化碳检定管

1—堵塞物；2—活性炭；3—硅胶；4—消除剂；5—玻璃粉；6—指示剂

用吸附了发烟硫酸和五氧化二碘（I_2O_5）的硅胶作指示剂，当含有一氧化碳的气体通过时，发生如下的化学反应，并在管内形成棕色变色圈。变色的长度与通过的气样中的一氧化碳浓度成正比，由检定管上的刻度可直接读出一氧化碳的浓度。

$$5CO + I_2O_5 \xrightarrow{H_2SO_4} 5CO_2 + I_2(\text{棕色})$$

柴油机在井下的广泛使用，使测定一氧化碳、一氧化氮就更为重要了。一般使用的仪表有红外线一氧化碳分析仪、红外线一氧化氮分析仪。

1.3 矿 尘

1.3.1 矿尘的产生及分类

在开采有用矿物的生产过程中产生的一切细散状矿物和岩石的尘粒称为矿尘。从胶体化学的观点来看，含有粉尘的空气是一种气溶胶，悬浮粉尘散布弥漫在空气中与空气混合，共同组成一个分散体系，分散介质是空气，分散相是悬浮在空气中的粉尘粒子。

矿尘除按其成分可分为岩尘、煤尘等多种无机粉尘外，尚有多种不同的分类方法，下面介绍几种常用的分类方法。

（1）按矿尘粒径划分：

1）粗尘。粒径大于 40μm，相当于一般筛分的最小颗粒，在空气中极易沉降。

2）细尘。粒径为 10~40μm，肉眼可见，在静止空气中做加速沉降。

3）微尘。粒径为 0.25~10μm，用光学显微镜可以观察到，在静止空气中做等速沉降。

4）超微尘。粒径小于 0.25μm，要用电子显微镜才能观察到，在空气中做扩散运动。

（2）按矿尘的存在状态划分：

1）浮游矿尘。悬浮于矿内空气中的矿尘，简称浮尘。矿山检测和防治的重点就是浮尘。

2）沉积矿尘。从矿内空气中沉降下来的矿尘，简称落尘。

浮尘和落尘在不同环境下可以相互转化。浮尘在空气中飞扬的时间不仅与尘粒的大小、重量、形式等有关，还与空气的湿度、风速等大气参数有关。矿山除尘研究的直接对象是悬浮于空气中的矿尘，因此一般所说的矿尘就是指这种状态下的矿尘。

（3）按矿尘的粒径组成范围划分：

1）全尘（总粉尘）。各种粒径的矿尘之和。

2）呼吸性粉尘。主要指粒径在 5μm 以下的微细尘粒，它能通过人体呼吸道进入肺区，是导致尘肺病的病因，对人体危害甚大。

1.3.2 矿尘的危害

矿尘是一种有害物质，它危害人体健康。当它落于人潮湿的皮肤上时，因具有刺激作用而引起皮肤发炎。特别是硫化矿尘，它进入五官也会引起炎症。有毒矿尘（铅、砷、汞）进入人体还会引起中毒。

矿尘最大的危害是，当人长期吸入含有游离二氧化硅（SiO_2）的矿尘时，会引起硅肺病。矿尘中游离二氧化硅含量约在 30%~70%左右，也会有高达 90%以上的。另外，随着矿山机械化、电气化、自动化程度的提高，高浓度粉尘会加速机械的磨损，对设备性能及其使用寿命的影响将会越来越突出，应引起高度的重视。在金属、非金属矿井工作面打干钻和没有通风的情况下，粉尘浓度会高出允许浓度数百倍，并造成能见度下降，增加工伤事故发生的可能性。

生产性粉尘的允许浓度，目前各国多以质量法表示，即规定每立方米空气中不超过若干毫克。根据国务院颁布的《关于防止厂矿企业中矽尘危害的决定》规定，作业场所空气中粉尘允许浓度：含游离二氧化硅大于 10%者，不得超过 $2mg/m^3$；小于 10%者，不得超过 $10mg/m^3$。如表 1-5 所示。

表 1-5 空气中粉尘允许浓度

粉尘类别	最高允许粉尘浓度/$mg \cdot m^{-3}$
含游离 SiO_2 在 10%以上的粉尘	2
含游离 SiO_2 在 10%以下的粉尘	10
水泥粉尘（锚喷作业）	6

1.4 放射性气体

开采铀矿床及含铀、钍伴生的金属矿床时，必须注意对空气中的放射性气体的防护。矿内空气中对工人造成危害的放射性气体主要是氡及其子体。

1.4.1 氡及其子体的性质

氡是一种无色、无味、透明的放射性气体，其半衰期为 3.825d。氡是一种惰性气体，一般不参加化学反应。氡能溶于水、油类、有机溶剂及其他溶剂，它在脂肪中的溶解度为在水中溶解度的 125 倍。氡也能被固体物质吸附，吸附力最强的是活性炭。

氡及氡子体是放射性元素。在铀镭衰变系中，铀衰变成镭，镭又衰变成氡，氡又继续按下述规律衰变：氡 $\xrightarrow{3.825d}$ 镭 A $\xrightarrow{3.05min}$ 镭 B $\xrightarrow{26.8min}$ 镭 C $\xrightarrow{10.7min}$ 镭 C′ $\xrightarrow{1.6\times10^{-4}s}$ 镭 D $\xrightarrow{22a}$ 铅。

由氡到铅的衰变过程中所产生的短寿命中间产物统称为氡的子体。这些氡子体具有金属特性和荷电性，与物质黏附性很强，易与矿尘结合、黏着，形成放射性气溶胶。

1.4.2 氡及其子体的危害

放射性物质在衰变过程中会产生一定量的α、β、γ射线。由于这三种射线的特性不同，其对人类的损伤表现也不同。α射线穿透能力差，但电离本领很强。当它从口腔、鼻腔进入体内照射时（这种照射叫做内照射），对人体组织的危害就较大，多表现为呼吸道系统疾病。β、γ射线的穿透能力较强，它能穿透人的机体，在体外就能对人体进行照射，这种照射称为外照射。外照射所引起的损伤多表现为神经系统和血液系统的疾病。当γ射线的剂量很高时，还会造成死亡。但一般含铀金属矿山，含铀品位低于0.1%以下，γ射线剂量不会对人体产生明显的危害。因此，对含铀矿山来说，外照射不是主要危害，主要的放射性危害是内照射。

井下天然放射性元素对人体的危害，主要是氡及其子体衰变时所产生的α射线，这些含氡空气进入肺部，大部分子体沉积在呼吸道上，此时能释放α放射线的镭A、镭C′成为肺组织受到辐射剂量的直接来源；而通常镭B、镭C的β、γ射线所产生的辐射剂量是微不足道的。

氡子体对肺部组织的危害，是由于沉积在支气管上的氡子体能在很短的时间内把它的α粒子全部潜在的能量释放出来，其射程正好可以轰击到支气管上皮基底细胞核上，这正是含铀矿山工人患肺癌的原因之一。氡和氡子体对人体的危害程度不同，根据统计，氡子体对人体所贡献的剂量，比氡对人体所贡献的剂量大19.8倍。因此，氡子体的危害是主要的。但氡是氡子体的母体，没有氡就没有氡子体，从某种意义上讲，防氡更有意义。

1.4.3 最大允许浓度

氡及其子体对人体的危害是有条件的，这些条件就是：

（1）空气中氡及其子体要超过一定浓度；

（2）氡及其子体能进入人体内；

（3）人体接受上述浓度的氡和子体要超过一定时间。

为了保证工人的身体健康，防氡工作的任务就是破坏上述三个条件。为此，我国放射性防护规定：矿山井下工作场所空气中氮的最大允许浓度为3.7kBq/m^3，或叫1艾曼。

氡子体的潜能值：矿山井下工作场所氡子体的潜能值不超过6.4μJ/m^3。

1.4.4 矿井中氡的来源

矿内空气中氡主要来源于以下几个方面。

1.4.4.1 由矿岩壁析出的氡

这是氡的主要来源，氡从矿岩中析出主要有以下两种动力：

（1）在矿体裂隙中的含氡空气，由于裂隙空间与井下的空气存在压差，当裂隙内部压力大于井下空间压力时，则空气缓慢从中流出，虽然流速很低（每昼夜数厘米），但由于裸露面大、裂隙多，其析出量是很大的。当井下空间大气压力大于裂隙中大气压力时，析出量显然降低。

（2）在矿岩壁的内部，氡浓度分布有一个梯度，造成了氡的扩散，并使氡由矿体表面析出逸入井下空气，这是造成井下氡析出的主要动力。

析出到矿井空气中的氡量与矿岩裸露面积和氡析出率成正比，并可用式（1-1）计算

$$E_1 = \delta S \tag{1-1}$$

式中 E_1——氡的析出量，kBq/s；

δ——氡的析出率，kBq/(s·m²)；

S——矿岩裸露面积，m²。

影响氡析出的因素有以下几种：

（1）矿岩的含铀、镭品位。矿岩含铀、镭品位的高低是决定氡析出的主要因素；对于一种矿岩来说，氡析出率与含镭品位成正比。

（2）岩石裂隙及孔隙度的影响。氡在岩石中传播实际上是在岩石的孔隙中进行的，孔隙度和裂隙愈大，氡的析出率也愈大。

（3）矿壁表面附有的水膜对氡气析出的影响。因水的扩散系数很小，因而在矿壁覆有水膜时氡气的析出率会有显著降低。

（4）通风方式对氡析出的影响。机械通风压差的存在，势必引起岩石裂隙内空气的流动，当井下空气压力相对于当地大气压力是负压状态时，氡析出率比呈正压状态时大。

（5）大气压力的变化对氡气析出的影响。当地表气压降低时，将加速氡气从岩石内部通过裂缝和孔隙向矿井空气析出。根据观察，当气压改变，空气中含氡量几乎与空气压力成比例。

1.4.4.2 爆下矿石析出的氡

爆炸后，爆下矿石与空气接触面积增大，此时矿石内的氡会大量向空气析出。一般情况下，析出的氡数量不大；但使用留矿法、崩落法时，采场内析出量主要来源于爆下矿石。

爆下矿石析出量（kBq/s）取决于爆下矿石的数量、品位、块度、密度等，并可按式（1-2）计算

$$E_2 = 7.14 \times 10^{-11} P\mu\eta \tag{1-2}$$

式中 P——爆下矿石量，t；

μ——矿石中含铀品位，%；

η——射气系数，%。

1.4.4.3 地下水析出的氡

由于氡裂隙中氡浓度较高，大量的氡溶解于地下水中。当地下水进入矿井后，空气中氡的分压较低，促使氡从水中析出，氡的析出量（kBq/s）可按式（1-3）计算

$$E_3 = 0.278B(C_1 - C_2) \tag{1-3}$$

式中 B——地下水的涌水量，m³/h；

C_1——涌水中氡浓度，kBq/L；

C_2——排水中氡浓度，kBq/L。

1.4.4.4 地面空气中的氡随入风风流进入井下

由入风风流进入井下的氡取决于所处地区的自然本底。一般来说，它在数量上是极微小的，可忽略不计。

以上是矿内空气中氡的基本来源。在一些老矿山，由于开采面积较大，崩落区多，采空区中积累的氡有时也会成为氡的主要来源。

《煤矿安全规程》、《金属非金属地下矿山安全规程》（GBI6423—2006）规定：井下作业地点的空气中有害物质的最高允许浓度如表1-6所示。

表1-6 井下作业地点有害物质的最高允许浓度

物质名称		最高允许体积浓度/%	最高允许质量浓度
有毒有害物质	一氧化碳（CO）	0.0024	30mg/m³
	氮氧化合物（NO_x）	0.00025	5mg/m³
	二氧化硫（SO_2）	0.0005	15mg/m³
	硫化氢（H_2S）	0.00066	10mg/m³
	氨（NH_3）	0.004	30.4mg/m³
放射性物质	氡		3.7kBq/m³
	氡子体α潜能		6.4μJ/m³
生产性粉尘	含游离二氧化硅10%以上的粉尘（石英、石英岩等）		2mg/m³
	石棉粉尘及含石棉10%的粉尘		2mg/m³
	含游离二氧化硅10%以下的滑石粉尘		4mg/m³

1.5 矿内气体条件

矿井气体条件主要指矿井空气的温度、湿度和流速。矿工在生产劳动中，体内不断进行着新陈代谢作用而产生大量的热，所产生的热除少部分消耗于人体内部外，其余大部分通过辐射、对流和蒸发等方式向空气中散发。当人体产生和散发的热量保持平衡，即体温保持在36.5~37℃时，身体就感到舒适；在闷热的环境中从事繁重劳动时，散热速率低于人体产热速率时，人体温度将升高，并导致心率加快，身体不舒适，劳动生产率下降，严重时可导致中暑和死亡。

为了保证工人的身体健康和提高劳动生产率，就需要给工人创造热平衡的条件。为保持人体的热平衡条件，需要从人体的产热和散热两方面来考虑。影响人体发热率的大小主要取决于劳动强度，而影响人体散热的条件是空气的温度、湿度、风速三者的综合状态。

气温较低时，人体以对流及辐射形式散发的热量较大；随着气温的升高，对流及辐射的散热量渐渐减少，以汗水蒸发形式散发的热量增加。辐射散热量取决于体温和气温之差值；对流散热量除与气温有关外，受风速的影响也很大；蒸发散热量主要取决于风流的湿度和风速。所以风流的温度、湿度和速度是环境影响人体散热的三个要素，在三个要素的某些组合下，人员感觉舒适，在另外一些组合下则感到闷热。

评价劳动条件舒适程度的综合指标有多种，卡他度是采用较多的一种。卡他度是用模拟的方法，度量环境对人体散热速率影响的综合指标。测量卡他度的仪器叫卡他温度计，由英国人希尔（L. Hill）于1916年研制出来。卡他温度计全长200mm，下端为长圆形储液球，长约 40mm，直径为 16mm，表面积为 22.6cm²，内装酒精；上端为一长圆形空间，用于容纳加热时上升的酒精。在卡他计的长杆上刻有 38℃及 35℃两个刻度（见图 1-3）。每个卡他计有不同的卡他常数 F，它表示储液球在温度由 38℃降到 35℃时每平方厘米表面上的散热量。测定前，将卡他计放入 60~80℃的热水中，使酒精上升到上部空间 1/3 处，取出擦干后即可测定。测定时，将卡他计悬挂在测定空间，酒精液面开始下降，记录由 38℃降到 35℃所需的时间 t（s），即可按式（1-4）计算卡他度

$$H=\frac{F}{t} \tag{1-4}$$

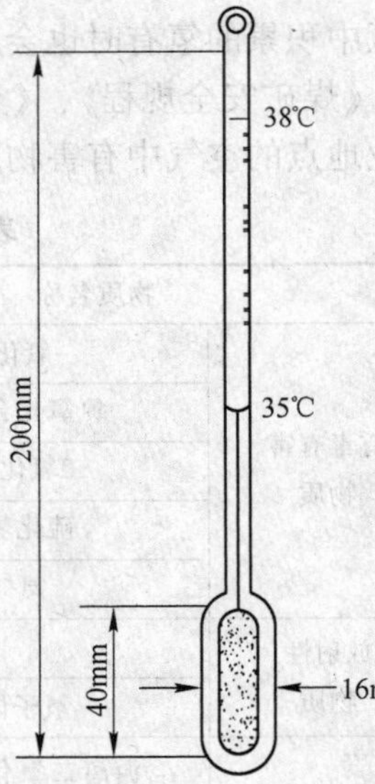

图 1-3　卡他计

卡他度 H 表示储液球单位表面积、单位时间的散热量。

因散热方式不同，卡他度有干、湿两种。干卡他度仅表示以对流和辐射方式的散热效果；湿卡他度则表示对流、辐射和蒸发三者的综合散热效果。测定湿卡他度时，需要在卡他计的储液球上包裹一层浸湿的纱布，测定方法与干卡他度相同。散热条件越好，卡他度的值越高。不同劳动强度所要求的卡他度可参考表 1-7 数值。

表 1-7　适应于不同作业条件的卡他度

作业繁重程度	舒适的干卡他度	舒适的湿卡他度
办公室工作	5	14~15
轻劳动	6	18
一般劳动	8	25
繁重劳动	10	30

复习思考题

1-1 矿内空气主要成分是什么？

1-2 地面空气进入井下后会发生哪些物理、化学变化？

1-3 矿井空气中常见的有毒有害气体有哪些，它们的主要来源是什么？《金属非金属地下矿山安全规程》（GBI6423—2006）对这些有毒有害气体的最高允许浓度是如何规定的？

1-4 有害气体的检测方法有哪些？

1-5 矿井气候条件的要素有哪些，气候条件对人体热平衡有何影响？

1-6 井下某采掘工作面的回风巷道中，已知 CO_2 的绝对涌出量为 8m³/min，回风量为 520m³/min，问该工作面回风流中的 CO_2 浓度是多少，是否符合安全浓度标准？

1-7 由于矿井中人员呼吸及其他作业产生的 CO_2 量为 5.2m³/min。求稀释 CO_2 到允许浓度所需的风量。

1-8 说明井下氡的来源。

1-9 什么是矿井气候条件，气候条件对人体热平衡有何影响？

1-10 用湿卡他计测定某矿井气候条件，当湿卡他计由 38℃冷却到 35℃时，所需的时间 t=24s，湿卡他计的常数 F=508。问此种大气条件适合何种程度的劳动？

2 矿内风流的基本性质

空气进入矿井内状态将发生一些变化，根据矿内空气的流动规律，在流经井巷的过程中，风流的物理性质和状态将发生一些变化。为确保矿井通风所需风量，必须对矿内空气的流动规律进行分析研究。

2.1 矿内空气的物理参量及其测定

2.1.1 物理参量

2.1.1.1 密度和比体积

(1) 空气的密度：单位体积空气所具有的质量称为空气的密度 ρ (kg/m^3)

$$\rho = \frac{M}{V} \tag{2-1}$$

式中 M——空气的质量，kg；

V——空气的体积，m^3；

空气密度随着压力、温度及湿度而变化。

当温度 $T_0=273K$、压力 $p_0=101.3kPa$ 时，组成成分正常的干空气密度 $\rho=1.293kg/m^3$。根据此条件，对任一条件下组成成分正常的干空气密度 ρ(kg/m^3) 可从状态方程式获得，即

$$\rho = 1.293\frac{T_0 p}{P_0 T} \tag{2-2}$$

代入具体条件后，则

$$\rho = 3.48\frac{p}{T} \tag{2-3}$$

式中 p——空气压力，kPa；

T——干空气绝对温度，K；$T=273+t$，t 为空气的摄氏温度。

矿井里空气含湿量高，十分潮湿，在压力和温度相同时，湿度越大密度越小。因此，如欲精确获知不同湿度条件下空气的密度，则应根据道尔顿定律导出的公式进行计算，其公式为

$$\rho = 3.48\frac{p}{T}\left(1-0.378\frac{\phi p_b}{p}\right) \tag{2-4}$$

式中 p——空气压力，kPa；

T——空气绝对温度，K；

ϕ——空气相对湿度，%；

p_b ——饱和水蒸气分压力，kPa。

在一般条件下，矿井空气湿度变化对密度影响较小，通常采用下列经验公式计算矿井湿度空气密度

$$\rho = 3.45\frac{p}{T} \tag{2-5}$$

式中，p、T 同前。

当矿井温度很低（低于−7℃）时，空气中的水蒸气对密度影响已经很小。如在非常干燥的钾盐等矿井中，计算空气密度用式（2-3）更为合适。

应该注意，运用上述公式计算空气密度时，压力 P 值应以 kPa 代入。

（2）空气的比体积。单位质量空气所占有的容积称为空气的比体积，用 $v_{体}$ 表示，单位 m^3/kg。

$$v_{体} = \frac{V}{M} \tag{2-6}$$

2.1.1.2　空气的压力

（1）空气静压（静压强）。空气的静压是气体分子间的压力或气体分子持续无规则运动对容器壁所施加的压力。空气的静压在各个方向上均相等。空间某一点空气静压的大小与该点在大气中所处的位置和受扇风机所造成的压力有关。

大气压力是地面静止空气的静压力，它等于单位面积上空气柱的重力。

地球为空气所包围，空气圈的厚度为 1000km。靠近地球表面空气密度大，距地球表面越远，空气密度越小，不同海拔标高处上部空气柱的重力是不一样的。因此，对不同地区来讲，由于它的海拔标高、地理位置和空气温度不同，其大气压力（空气静压）也不相同。各地大气压力主要随海拔标高而变化，其变化规律如表 2-1 所示。

表 2-1　不同海拔高度的大气压

海拔高度/m	0	100	200	300	500	1000	1500	2000
大气压/mmHg①	760	751	742	733	716	674	635	598

① 1mmHg = 133.322Pa。

在矿井里，随着深度增加空气静压相应增加。通常垂直深度每增加 100m 就要增加 1.2~1.3kPa 的压力。

绝对压力和相对压力：根据量度空气静压大小所选择的基准不同，有绝对压力和相对压力之分。

绝对静压是以真空状态绝对零压为比较基准的静压，即以零压力为起点表示的静压。绝对静压恒为正值，标记为 p_s。

相对静压是以当地大气压力 p_0 为比较基准的静压，即绝对静压与大气压力 p_0 之差。如果容器或井巷中某点的绝对静压 p_s 大于大气压力 p_0 则称为正压，反之叫做负压。相对静压（用 H_s 表示）随选择的基准 p_0 变化而变化。

（2）空气动压。流动空气具有一定的动能，因此风流中任一点除有静压外还有动压 H_v。动压因空气运动而产生，它恒为正值并具有方向性。当风流速度为 v（m/s），单位体积空气的质量为 ρ（kg/m^3）时，某点风流的动压 H_v（Pa）为

$$H_v = \frac{1}{2}\rho v^2 \tag{2-7}$$

（3）空气全压。风流的全压即该点静压和动压的叠加。

当静压用绝对静压 ρ_s 表示时，叠加后风流的压力为绝对全压 ρ_t。绝对全压等于绝对静压与动压 H_v 相加：

$$p_t = p_s + H_v \tag{2-8}$$

此公式既适用于在管道中造成正压的压入式通风风流，也适用于在管道中造成负压的抽出式通风风流。

如果静压用相对压力 H_s 表示，叠加后风流的压力就是相对全压 H_t。相对全压等于相对静压与动压的代数和：

$$H_t = H_s + H_v \tag{2-9}$$

抽出式通风风流中的 H_t 和 H_s 均为负值；压入式通风风流中的 H_t 为正值，H_s 有时为正值有时为负。

式（2-9）能够被实验证明。实验布置示意图如图 2-1（a）所示。右图表示抽出式通风风筒，左图表示压入式通风风筒。每种风筒内某点的静压、动压、全压分别用 U 形管压差计 1、2、3 和 4、5、6 测量。

测定结果证明，在压入式通风风筒中，风流某点三种压力的关系为 $H_t = H_s + H_v$；在抽出式通风风筒中，风流某点三种压力的关系为 $|H_t| = |H_s| - H_v$。式（2-9）所反映的关系还可以由图 2-1（b）看出。

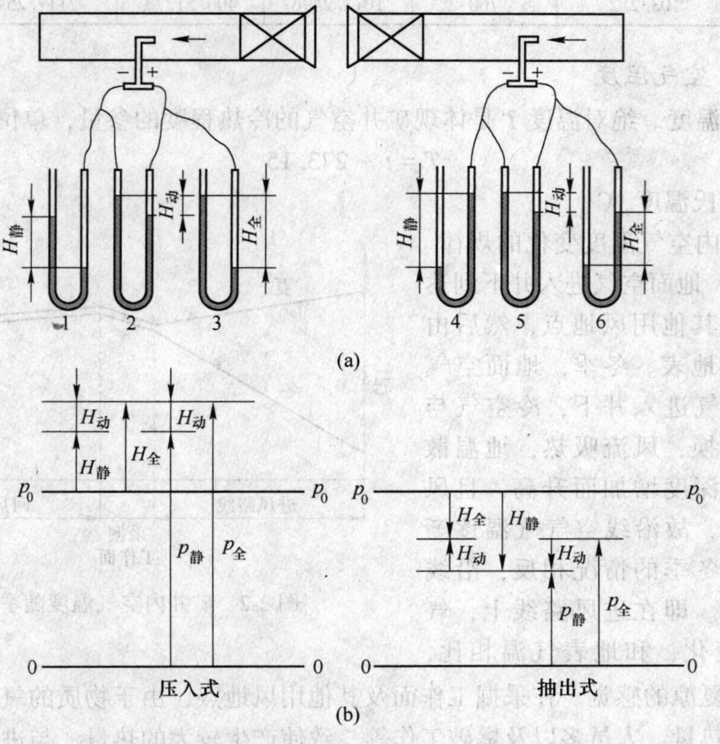

图 2-1　风流点压力测定及压力之间的相互关系示意图

（a）皮托管和压差计的布置方法；（b）风流中某点各种压力之间的关系

（4）空气压力的单位及其换算。常用的压力单位有毫米水柱（mmH_2O）、毫米汞柱（mmHg）、帕斯卡（Pa）、千克力/米^2（kgf/m^2）等。四种计量单位之间的换算关系如表2-2所示。

国家法定计量单位制规定，空气压力（压强）的单位为Pascal（帕斯卡），符号Pa（帕）。矿井通风中各种压力经常以毫米水柱表示，这与测压仪表中的水柱高度相一致，十分简明形象。当压力值比较大，如评价大气压力时，常用较大的压力单位毫米水银柱（或称毫米汞柱）表示。$1mmHg = 13.6mmH_2O$。

工程上还常用到标准大气压的概念。1个标准大气压 = 760mmHg = 10336mmH_2O = 101.3kPa。

表2-2　压力单位换算表

毫米水柱（mmH_2O）	千克力/米^2（kgf/m^2）	毫米汞柱（mmHg）	毫巴（mbar）	英寸水柱（inH_2O）	磅力/尺^2（lbf/ft^2）	帕斯卡（Pa）
1	1	0.07356	0.09807	0.03934	0.20492	9.80665
13.595	13.595	1	1.33322	0.53489	2.78586	133.32224
10.19709	10.19709	0.75006	1	0.4012	2.08957	100
25.41667	25.41667	1.86956	2.49254	1	5.20833	249.25405
4.88	4.88	0.35896	0.47857	0.912	1	47.85681
0.10197	0.10197	0.0075	0.01	0.00401	0.0209	1
0.0102	0.0102	0.00075	0.001	0.0004	0.00209	0.1
10332.2	10332.2	760	1013.2496	406.51273	2117.2541	101324.96

2.1.1.3　空气温度

（1）绝对温度。绝对温度T是体现矿井空气的冷热程度的参量，单位为K。

$$T = t + 273.15 \tag{2-10}$$

式中　t——摄氏温度，℃。

（2）矿井内空气温度变化的规律。如图2-2所示，地面空气进入井下到达采掘工作面及其他用风地点，然后由回风路线排至地表。冬季，地面空气温度较低，空气进入井下，冷空气与地温进行热交换，风流吸热，地温散热，因地温随深度增加而升高，且风流下行受压缩，故沿线空气气温逐渐升高；夏季与冬季的情况相反，沿线气温逐渐降低。即在进风路线上，气温随四季而变化，和地表气温相比，

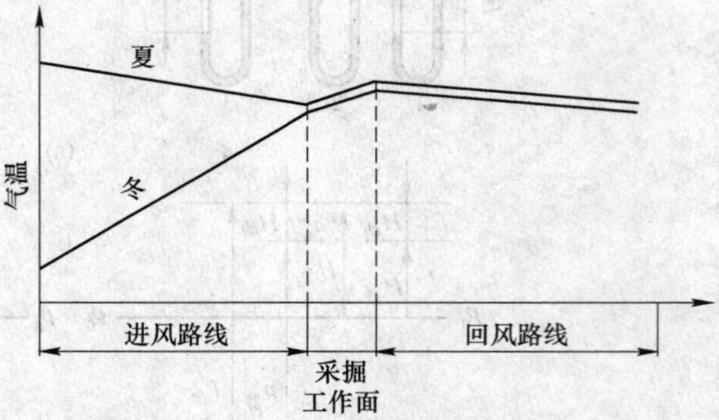

图2-2　矿井内空气温度随季节变化

矿井内有冬暖夏凉的感觉。在采掘工作面及其他用风地点，由于物质的氧化程度大、机电设备运转产生热量、人员多以及爆破工作等，致使产生较大的热量，与进风空气进行热交换，使风流温度增高，工作面气温四季变化不大，故采掘工作面等用风地点是恒温加热

器；在回风路线上，因地温逐渐降低，风流向上流动时体积膨胀，风流汇合，风速增加，使气温逐渐降低，且常年变化不大。

对于平硐开拓矿井，如果进风、回风路线长，热交换就不充分，包括采掘工作面及其他用风地点在内的整个风流路线上的气温都可能随四季地面气温变化而变化。

2.1.1.4 空气的湿度

（1）绝对湿度。单位容积或质量的湿空气中所含水蒸气质量的绝对值 f_a 即为绝对湿度，单位为 g/m^3 或 g/kg。

（2）饱和绝对湿度。单位容积或质量的湿空气中所含饱和水蒸气质量的绝对值 f_s 即为饱和绝对湿度，单位为 g/m^3 或 g/kg。

（3）相对湿度。在同温同压下，空气的绝对湿度 f_a 与饱和绝对湿度 f_s 的百分比用 φ 表示

$$\varphi = \frac{f_a}{f_s} \times 100\% \tag{2-11}$$

由式（2-11）可知，当 $\varphi = 0$ 时，$f_a = 0$，亦即空气中没有水蒸气，是绝对干燥的空气；当 $\varphi = 100\%$时，$f_a = f_s$，亦即空气中所含水蒸气量已达到饱和的程度。在一定温度和压力下，f_s是常数，则由式（2-11）可知，φ 和 f_a成正比，亦即空气的 φ 值越大，其 f_a 值越大，空气越潮湿。

（4）井下空气湿度的变化规律。一般情况下，在矿井进风路线上，冬季，含有一定量水蒸气的冷空气进入井下，随气温逐渐升高，其饱和能力逐渐变大，沿途会吸收井巷中的水分；夏季，热空气进入井下，随气温沿途降低，其饱和能力逐渐变小，使其中一部分水蒸气沿途凝结在巷道内壁而失掉。故矿井进风路线上有冬干夏湿的现象，和上述冬暖夏凉的现象相适应。在采掘工作面和回风路线上，因气温常年几乎不变，故其湿度亦几乎常年不变，而且其相对湿度都接近 100%。

2.1.1.5 空气的黏性

空气抗拒剪切力的性质称为空气的黏性。如图 2-3 所示，当流体以任一平均速度流动时，相邻两层之间就有相对运动出现。速度快的流体层会对速度慢的流体层作用一个与流动方向一致的拖力，带动慢层流体运动。同时，慢层对快层作用一个与拖力大小相等但方向相反的阻力，阻挠快层流体运动，这种阻力就是黏性力。由于它发生在流体内部，所以称为内摩擦力。内摩擦力是产生黏性的原因。

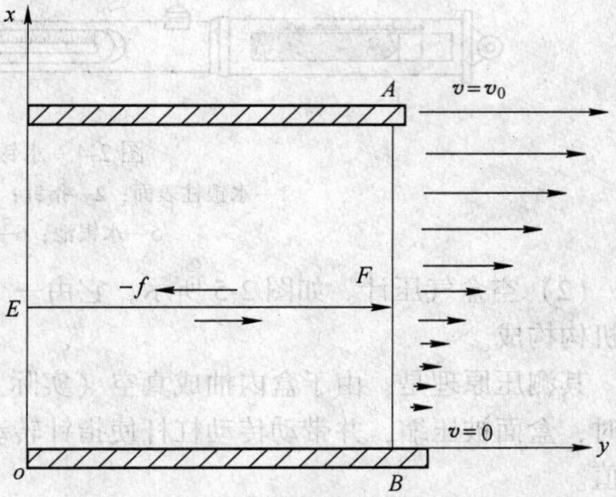

图 2-3 流体流动状况分析

根据牛顿定律，流体内摩擦力为

$$f = \mu \frac{dv}{dx} \Delta S \tag{2-12}$$

式中 μ——动力黏性系数，Pa · s；

S——相邻层面接触面积，m^2；

$\frac{dv}{dx}$——垂直于流动方向的速度变化。

有时用运动黏性系数 ν（m^2/s）表示气体的黏性，其与动力黏性系数 μ 的关系为

$$\nu = \mu/\rho \tag{2-13}$$

式中 ρ——气体的密度，kg/m^3。

标准大气压下，不同温度时，空气的 ν 值和 μ 值如表 2-3 所示。

表 2-3 空气的 ν 值和 μ 值

t/℃	−20	−10	0	10	20	40	60	80	100
$\mu\times10^{-3}$/Pa · s	1.5592	1.6181	1.6858	1.7358	1.7946	1.9123	2.03	1.1477	2.2849
$\nu\times10^{-6}$/$m^2\cdot s^{-1}$	11.3	12.1	13.0	13.9	14.9	17.0	19.2	1.17	2.45

2.1.2 主要参量测定方法及其仪器设备

2.1.2.1 矿内空气压力的测定

A 绝对静压的测定

通常使用水银气压计和空盒气压计测定矿内外空气绝对静压。

（1）水银气压计。如图 2-4 所示，它主要由一个水银盛槽与一根玻璃管构成。玻璃管上端封闭，下端插入水银盛槽中，管内上端形成绝对真空，下部充满水银。当盛器里的水银表面受到空气压力时，管内水银柱高度随着空气压力而变化。此管中水银面与盛器里的水银面的高差就是所测空气的绝对静压。该仪器测定数值比较准确但携带不方便，主要固定在室内使用。一般置于机房或硐室壁上以测量大气压力或用以校对其他压力计。

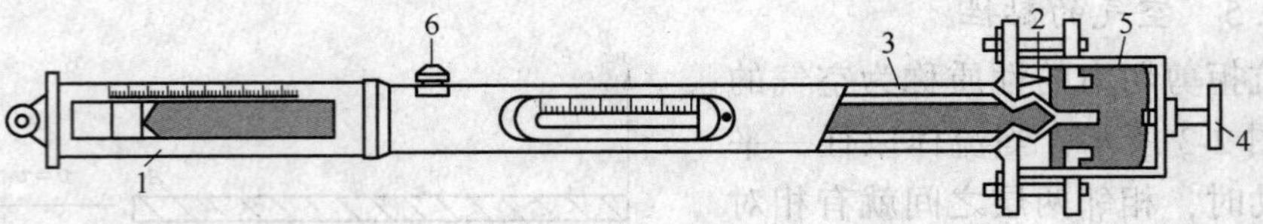

图 2-4 水银气压计

1—水银柱表面；2—指针；3—玻璃管；4—螺钉；
5—水银池；6—游标旋钮

（2）空盒气压计。如图 2-5 所示，它由一个皱纹状金属空盒与连接在盒上带指针的传动机构构成。

其测压原理是，由于盒内抽成真空（实际上还有少许余压），当大气压力作用于盒面上时，盒面被压缩，并带动传动杠杆使指针转动，根据指针转动的幅度即可获得大气压力数值。

空盒气压计的主要部件是金属真空盒，用皱纹薄片密封。当空气的绝对静压发生变化时，薄片随即向上或向下弯曲，通过齿轮和杠杆的机械传动作用把这种弯曲的变化量转变为指针在刻度盘上的转动量，从刻度盘上读出 mmHg 的数值。背面外壳上有一个小孔，

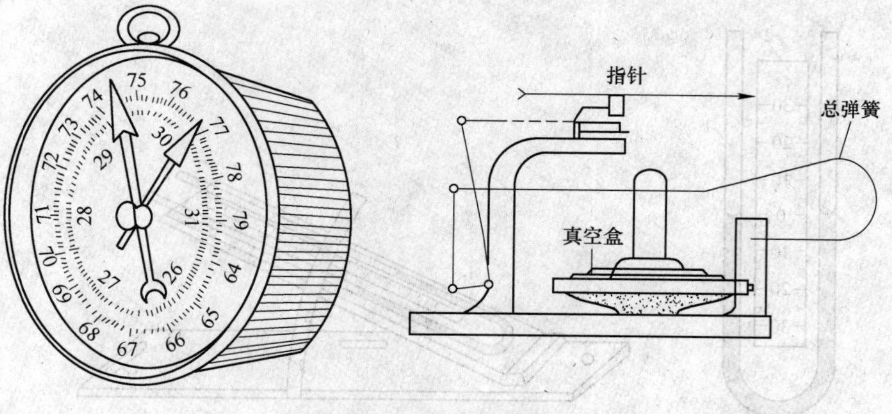

图 2-5 空盒气压计

内装一个调整螺旋，用小卡子转动该螺旋，就能调整指针的位置。使用前须用水银气压计进行校正，即转动空盒气压计的调整螺旋，使指针所指的读数和水银气压计的读数一致。测量风流中某点的绝对静压时，须使空盒气压计的刻度盘平行于风流的方向。因指针转动比较迟缓，读数之前，应用手指轻击几次仪器，待指针稳定后再读取读数。又因真空盒的薄片有一定的弯曲极限，所以读数有一定的范围，一般在 360~790mmHg 之间，在较深的矿井内，有可能超出其最大的读数范围，指针停在最大读数的位置后不再转动。

空盒气压计是一种便携式仪表，一般在矿井内外非固定地点测量大气压力。测量时应将盒面水平放置在被测地点，停留 10~20min 待指针稳定后再读数。读数时视线应垂直于盒面。

B 相对压力的测量

通常用 U 形压差计、单管倾斜压差计或补偿式微压计与皮托管配合测量风流的静压、动压和全压。

(1) U 形压差计。如图 2-6 所示，亦称 U 形水柱计，有垂直和倾斜两种类型，它们都是由一内径相同、装有蒸馏水或酒精的 U 形玻璃管 1 与刻度尺 2 构成。

它的测压原理是，U 形管两侧液面承受相同压力时，液面处于同一水平，当两侧压力不同时，压力大的一侧液面下降，另一侧液面上升。

对垂直 U 形水柱计来说，两水面的高差 L 就是两侧压力差 H，$H=L$ mmH_2O。

对倾斜 U 形压差计来说，两侧施加不同压力后水面所错开的距离为 l，则两侧的压力差

$$H = l\sin\alpha \tag{2-14}$$

式中 α——U 形管倾斜的角度。

垂直 U 形压差计精度低，多用于测量较大的压差。倾斜 U 形压差计精度要高一些。

(2) 单管倾斜压差计。原理图如图 2-7 所示，它由一个较大断面的容器 A 与一个小断面的倾斜管 B 相互连通而构成，A 与 B 断面积的比例 F_1/F_2 一般为 250~300，其中充有适量的酒精。为了便于读数，酒精中注入微量的硫酸和甲基橙使之染色。

它的测压原理基本上与 U 形压差计相同。当 A 与 B 内承受不同压力时（A 内引入较

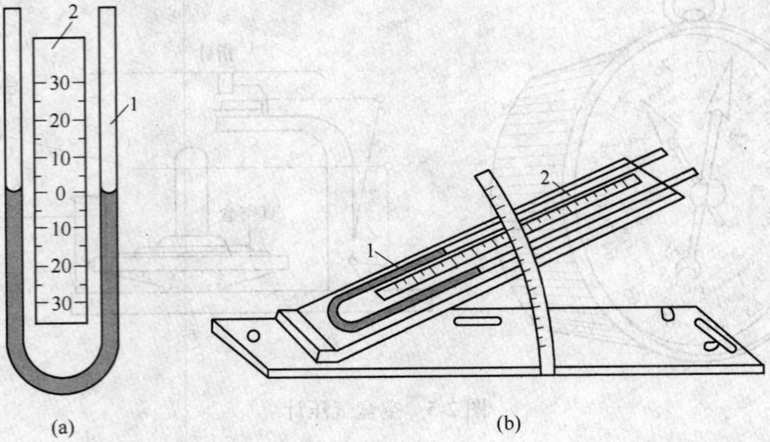

图 2-6 U 形压差计

(a) 垂直 U 形压差计；(b) 倾斜 U 形压差计

1—U 形玻璃管；2—刻度尺

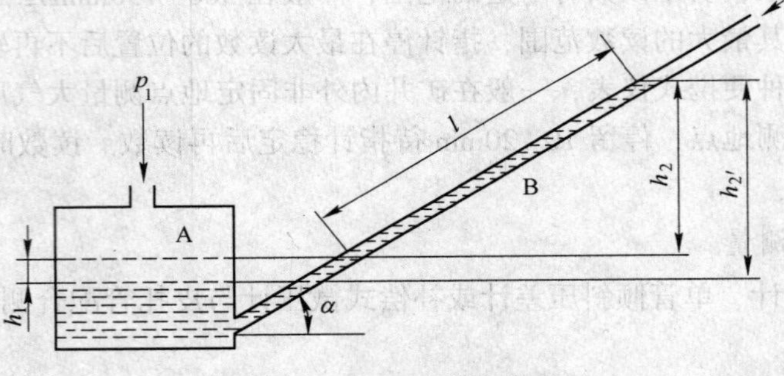

图 2-7 单管倾斜压差计原理图

大的压力)，A 中液面将略有下降，B 内液面相应上升，则两侧压力差 H（mmH_2O）应按式（2-15）计算

$$H = Kl \tag{2-15}$$

式中 K——仪器校正系数（包括大断面内的液面下降和倾斜角度等对读数的校正），通常用实验方法确定；

l——倾斜管的始末读数差，mm。

单管倾斜压差计的主要部分有盛液容器 A、倾斜管 B、控制阀门、使容器内液面至零位的调节锤、带密闭盖的酒精注入口，以及一个确定倾斜管角度或 K 值的弧形架。使用单管倾斜压差计测压时，要先把倾斜玻璃管置于所需的倾角或 K 值处；把较大的压力 p_1 用胶管接通容器 A，小压力 p_2 接通倾斜管 B；在非工作位置调整水平和对零；然后在工作位置上进行测定。

此类压差计比较结实又具有一定的精度，适于在井下测定压力差。目前我国一些矿山常使用的单管倾斜压差计有 Y-61 型、KSY 型和 M 型。

（3）补偿式微压差计。它由盛水容器1和2以胶管连通而成（见图2-8）。容器2固定不动，2中装有水准头。容器1可以上下移动。

这种仪器的测压原理是，较大的压力 p_1 连接到“+”接头与2相通，小压力 p_2 连到“-”接头与1相通，2中水面下降，水准头露出，同时1内液面上升。测定时，旋转螺杆以提高容器1，使2中水面上升，直至2中水面回到水准头所在水平为止。即通过提高容器1的位置，用水柱高度来衡量（补偿）压力差造成的2中水面下降，使它恢复到原来的位置。此时1所上提的高度恰是压力差 $p_1 - p_2$ 造成的水柱高度 H。

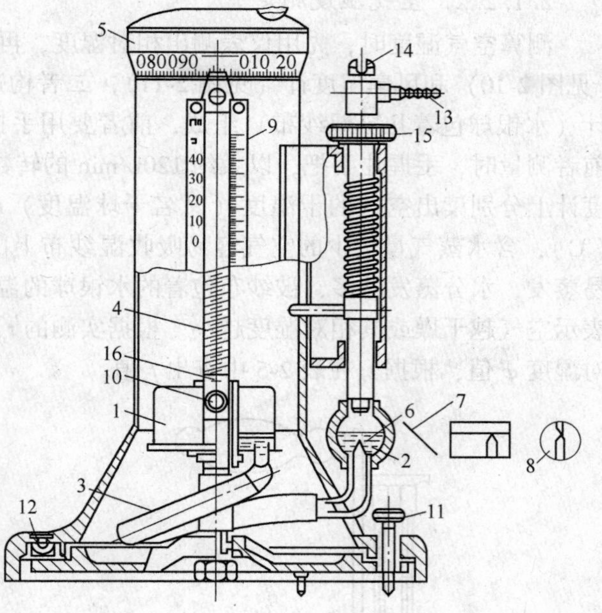

图2-8 补偿式微压差计

1，2—盛水容器；3—胶管；4—测微螺旋杆；5—微调盘；6—瞄准尖针；7—反光镜；8—针尖与其倒影尖对于水面；9—标尺；10—指示标；11—调平螺丝钉；12—水准泡；13—“+”号压接头；14—密封螺钉；15—调节螺母；16—“-”号压接头

为使测量准确，仪器上装有微调装置与水准观察装置。微调装置由刻有200等分的微盘构成，将它左右转动一圈，螺杆将带动1上下移动2mm，其精度能读到0.01mmH_2O。水准观察装置根据光学原理使水准头形成倒像。当水准头的尖端和像的尖端恰好接触时，说明2中水面已经达到要求的位置。

使用补偿微压计测压时，要整平对零，使2中水准头和像的尖端正好相接，并注意大小两个压力不能错接；最后在刻度尺和微调盘上读出所测压力差。

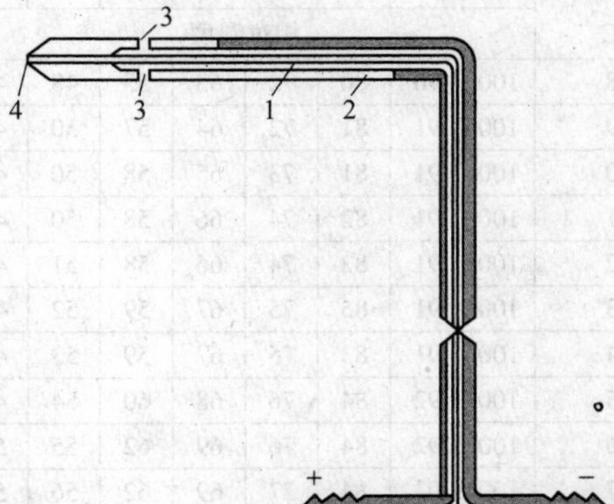

图2-9 皮托管

1—内管；2—外管；3—侧孔；4—前孔

（4）皮托管。测量压差时常用到皮托管，它与压差计相配合使用，主要作用是接收和传递风流压力。如图2-9所示，它由两根金属小圆管1和2构成，内管1和外管2同心套结成一整体，但互不相通。内管前端开一小孔4与标有“+”的脚管相通，前孔4正对风流，内管就能接受测点的全压。外管前端不通，在前端不远处的管壁上开有4～6个小孔3，侧孔3与标有“-”的脚管相通。当前孔4正对风流时，外管上的侧孔3垂直于风流不受动压作用，只能接受静压，实现将压力传递到测压设备，从而配合测压计实现压力测定的目的。

2.1.2.2 空气湿度测定

测算空气湿度时，先用仪表测出相对湿度，再算出绝对湿度。常用仪表有手摇湿度计（见图 2-10）和风扇湿度计（见图 2-11），二者构造简单，都是由干球温度计和湿球温度计（水银球包着几层湿纱布）组成，前者要用手摇，后者用自带的发条转动小风扇。用前者测量时，手握住手把，以大约 120r/min 的转数均匀旋转仪表 1～2min，然后从两支温度计上分别读出空气的干温度（又名干球温度）t_d（℃）和湿温度（又名湿球温度）t_w（℃），含水蒸气量较少的空气容易吸收湿纱布上的水分，或者说湿纱布上的水分比较容易蒸发，水分蒸发越多，被纱布包着的水银球的温度降低幅度越大，即 t_d 和 t_w 之差越大，表示空气越干燥或其相对湿度越小。根据实测的 t_d 和 t_w 两个数值在表 2-4 中查出空气的相对湿度 φ 值，根据 t_d 在表 2-5 中查出 f_s 值。

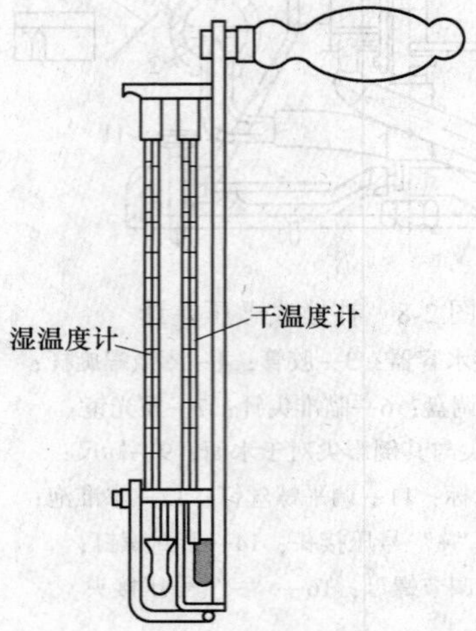

图 2-10 手摇湿度计

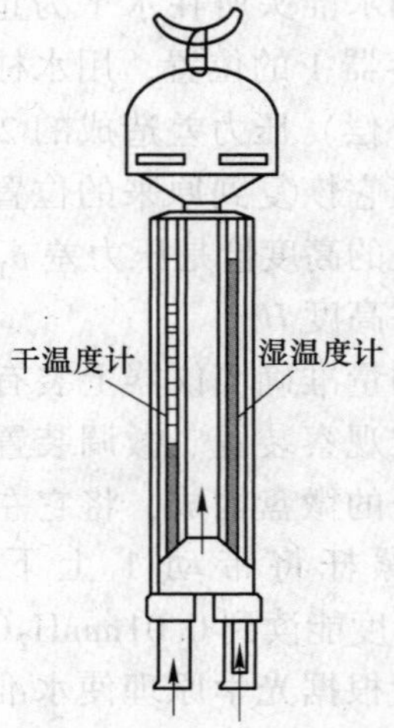

图 2-11 风扇湿度计

表 2-4 相对湿度 φ

干温度计读数/℃	干、湿温度计读数差/℃								干温度计读数/℃	干、湿温度计读数差/℃							
	0	1	2	3	4	5	6	7		0	1	2	3	4	5	6	7
	相对湿度									相对湿度							
0	100	81	63	46	28	12			18	100	90	80	72	63	55	48	41
5	100	86	71	58	43	31	17	4	19	100	91	81	72	64	57	50	41
6	100	86	72	59	46	33	21	8	20	100	91	81	73	65	58	50	42
7	100	87	74	60	48	36	24	14	21	100	91	82	74	66	58	50	44
8	100	87	74	62	50	39	27	16	22	100	91	82	74	66	58	51	45
9	100	88	75	63	52	41	30	19	23	100	91	83	75	67	59	52	46
10	100	88	77	64	53	43	32	22	24	100	91	83	75	67	59	53	47
11	100	88	79	65	55	45	35	25	25	100	92	84	76	68	60	54	48
12	100	89	79	67	57	47	37	27	26	100	92	84	76	69	62	55	50
13	100	89	79	68	58	49	39	30	27	100	92	84	77	69	62	56	51
14	100	89	79	69	59	50	41	32	28	100	92	84	77	70	64	57	52
15	100	90	80	70	61	51	43	34	29	100	92	85	78	71	65	58	53
16	100	90	80	70	61	53	45	37	30	100	92	85	79	72	66	59	53
17	100	90	80	71	62	55	47	40									

表 2-5 标准大气压下不同温度时的 f_s 值

温度 /℃	在 1m³ 空气内 /g·m⁻³	在 1kg 空气内 /g·kg⁻¹	水蒸气的绝对压力 mmHg	水蒸气的绝对压力 Pa	温度 /℃	在 1m³ 空气内 /g·m⁻³	在 1kg 空气内 /g·kg⁻¹	水蒸气的绝对压力 mmHg	水蒸气的绝对压力 Pa
-20	1.1	0.8	0.96	127.894	14	12.0	9.8	11.99	1597.337
-15	1.6	1.1	1.45	193.172	15	12.8	10.5	12.79	1703.914
-10	2.3	1.7	2.16	287.760	16	13.6	11.2	13.64	1817.154
-5	3.4	2.6	3.17	422.315	17	14.4	11.9	14.5	1931.725
0	4.9	3.8	4.58	610.159	18	15.3	12.7	15.5	2064.947
1	5.2	4.1	4.92	655.454	19	16.2	13.5	16.5	2198.170
2	5.6	4.3	5.29	701.746	20	17.2	144	17.5	2331.392
3	6.0	4.7	5.68	756.703	21	18.2	15.3	18.7	2491.259
4	6.4	5.0	6.09	811.324	22	19.3	16.3	19.8	2637.804
5	6.8	5.4	9.53	869.942	23	20.4	17.3	21.1	2801.993
6	7.3	5.7	7.00	932.577	24	21.6	18.4	22.4	2984.182
7	7.7	6.1	7.49	997.836	25	22.9	19.5	23.8	3107.693
8	8.3	6.6	8.02	1086.444	26	24.2	20.7	75.2	3357.204
9	8.8	7.0	8.58	1143.048	27	25.6	22.0	26.7	3551.038
10	9.4	7.5	9.21	1226.978	28	27.0	23.4	28.4	3783.516
11	9.9	8.0	9.84	1310.908	29	28.5	248	30.1	4009.994
12	10.6	8.6	10.52	1401.500	30	30.1	26.3	31.8	4236.472
13	11.3	9.2	11.23	1496.088	31	31.8	27.3	33.7	4489.595

根据湿度计算公式（2-11），即 $\varphi = \dfrac{f_a}{f_s} \times 100\%$，可得

$$f_a = f_s \cdot \varphi \tag{2-16}$$

根据式（2-16）计算出绝对湿度。

2.1.2.3 风速测定

矿井一般用风表测定风速，常用的风表有杯式（见图 2-12）和翼式（见图 2-13）两种。杯式风表常用于巷道风速大于 10m/s 的较高风速的测定，翼式风表用于 0.5~10m/s 中等风速的测定，具有高灵敏度的翼式风表可以测定 0.1~0.5m/s 的低风速。

杯式风表和翼式风表内部结构相似，是由一套特殊的钟表传动机构、指针和叶轮组成。杯式的叶轮是四个杯状铝勺，翼式的则为八张铝片。此外，风表上有一个启动和停止指针转动的小杆，打开时指针随叶轮转动，关闭时叶轮虽转动但指针不动。

测定时，首先将风表指针回零，待叶轮转动稳定后打开开关，则指针随着转动，同时记录时间。经约 1~2min，关闭开关。测完后，根据记录的指针读数和指针转动时间，算出风表指示风速 N，再用图 2-14 所示的风表校正曲线换算成真实风速。风表既可以测一点的风速，也可以测量巷道的平均风速。

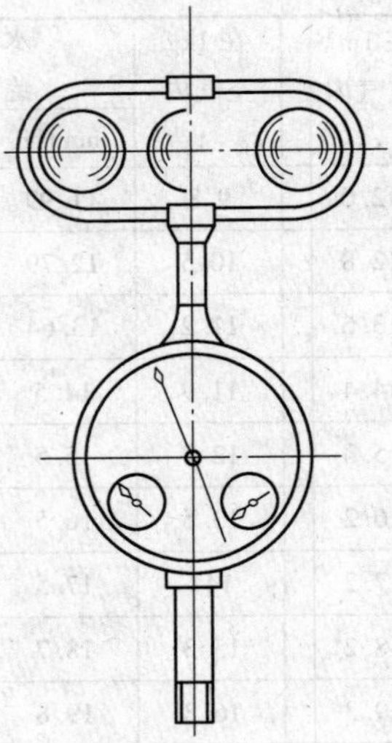

图 2-12 杯式风表

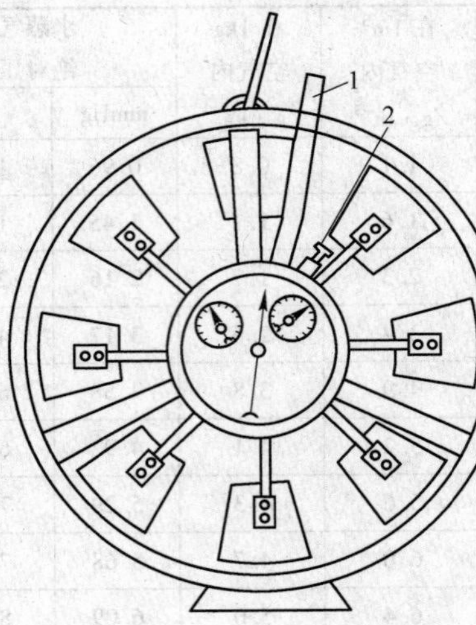

图 2-13 翼式风表

1—启动杆；2—回零装置

用风表测定巷道断面的平均风速时，测风员应该使风表正对风流，在所测巷道的全断面上按一定的线路均匀移动风表。通常采用的线路有图 2-15 所示的几种。比较几种风速测定风表移动路线，图 2-15（a）线路比图 2-15（b）、图 2-15（c）线路操作复杂，但准确度较高，一般对断面较大的巷道测风速时用图 2-15（b）线路，较小的巷道断面用图 2-15（c）线路。

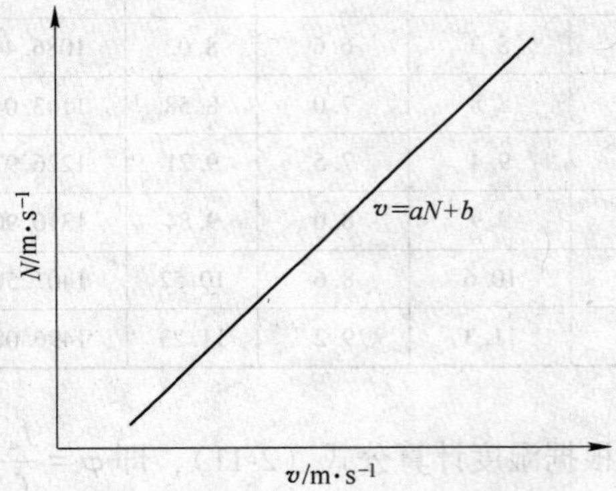

图 2-14 风表校正曲线

根据测风员与风流方向的相对位置，可以分为迎面和侧面两种测风方法。

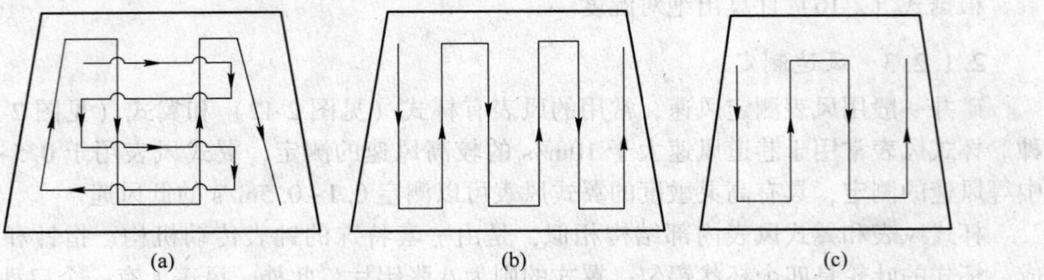

图 2-15 用风表测定巷道断面平均风速的线路

（1）迎面法。测风员面向风流站立，手持风表，手臂向正前方伸直，然后照一定的线路使风表做均匀移动。由于人体位于风表的正后方，人体的正面阻力将降低流经风表的风速，因此，用该法测得的风速 v_s 需经校正后才是真实风速 v。

$$v = 1.14v_s \tag{2-17}$$

（2）侧面法。测风员背向巷道壁站立，手持风表，将手臂向风流垂直方向伸直，再按一定线路做均匀移动。使用此法时人体与风表在同一断面上，使风流流经巷道的断面面积减少，造成流经风表的风速增加。如果测得风速为 v_s，那么，实际风速则为

$$v = \frac{S - 0.4}{S} v_s \tag{2-18}$$

式中 S——所测巷道断面面积，m^2；

0.4——人体占据的巷道断面的面积，m^2。

为了保证测风的精度，应该做到风表测量范围适应被测风速的大小，风表距人体约 0.6~0.8m 的距离，风表在断面上移动时必须与风流方向垂直且移动速度要均匀，时间记录与转数测量务必同步，同一断面风速测定次数应不得少于三次，每次测定误差应在 ±5%以内。

此外，风速测定还有电子叶式风表、热电式风速仪等，均是利用风速与气温的关系，通过温度感应，将感应转变为电量，再转化为风速。这些风速仪操作比较简便，但易受灰尘和湿度的影响，有待进一步改进，以便在矿井广泛使用。

2.2 矿井空气流动过程中的热力学变化

2.2.1 气体状态方程

气体状态是指某一瞬间气体物理性质的综合体现，其中最重要的参数是压力、温度和比容。矿井风流与地面自然界中的空气一样，常混有少量的水蒸气，即：

湿空气=干空气+水蒸气

水蒸气混入的比例，对人的寒暖感觉、舒适度，以及对身体机能都有极大的影响。在矿井通风的温度、压力范围内，常将干空气视为理想气体。由于湿空气中的水蒸气分压力很低，比容很大，因此如果水蒸气含量少，可以把它当作理想气体来处理，其状态参数之间的关系，也遵循理想气体状态方程，即：

$$P = RT \tag{2-19}$$

对于空气，$R_k = 287 J/(kg \cdot K)$；对水蒸气，$R_{sh} = 461.5 J/(kg \cdot K)$。

2.2.2 空气流动状态分析

地表空气进入井下，沿途流经井巷，气体由一种状态（p_1、v_1、T_1）变化到另一种状态（p_2、v_2、T_2），由于克服风流的阻力，并与井巷壁面发生热交换，从而发生能量的变化。空气流动状态变化过程通常有等容过程、等压过程、等温过程、绝热过程、多变过程。

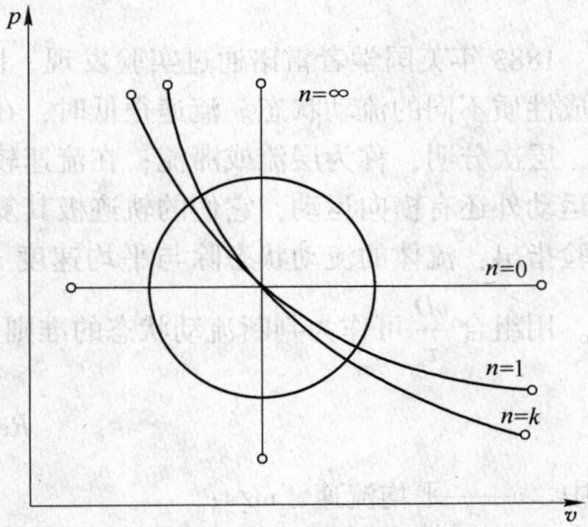

图 2-16 多变过程

如图 2-16 所示，当气体状态参数都改变时，所发生的吸热或放热状态变化过程称为

多变过程。

$pv_{体}^{n}$=常数，式中，n 为多变指数，可以是任何实数，不同的 n 值决定不同的状态变化规律，描述不同的变化过程：

当 $n=0$ 时，p=常数，表示等压过程；

当 $n=1$ 时，$pv_{体}$=常数，表示等温过程；

当 $n=k$ 时，$pv_{体}^{k}$=常数，表示绝热过程；

当 $n=\infty$ 时，$v_{体}$=常数，表示等容过程。

2.2.3 矿内空气状态变化

矿井通风系统中，进风井空气受压缩，回风井空气膨胀，井巷中的空气从巷道壁吸热，整个矿井通风网路中的空气状态变化属于多变过程。不同的井巷段其 n 值不同。由于井巷空气所在标高的改变，摩擦阻力、空气与岩壁和滴水等之间热交换作用，以及其他种种因素综合影响，使进风井的空气状态变化为放热过程，回风井中的空气状态变化过程为吸热过程，此种情况下它们的 n 值介于 1~1.14 之间。当回风井空气放热或进风井空气吸热时，$n>1.14$。如果进风井淋水严重，空气与淋水和岩壁间的热交换使空气较多地放热，则出现 $n<1$ 的情况。某段巷道中的空气状态变化的 n 值，可根据始末状态参数的测定资料进行计算而获得，根据气体方程公式可导出

$$n=\frac{1}{1-R\left(\dfrac{T_2-T_1}{Z_1-Z_2}\right)} \tag{2-20}$$

式中 R——气体常数，干燥空气时取 29.27，水蒸气时取 47.06，m/K；

T_1，T_2——初始温度和终止温度，K；

Z_1，Z_2——初标高和终标高，m。

2.3 矿内风流的流动状态

2.3.1 风流的流动状态

1883 年英国学者雷诺通过实验发现，同一流体在同一管道中流动，因流速的不同会形成性质不同的流动状态。流速很低时，在流动过程中各质点互不干扰地以各自的流速运动，层次分明，称为层流或滞流；在流速较高时，各质点则相互混杂、碰撞，除沿流动方向运动外还有横向运动，它们的轨迹极其复杂，这种流动状态称为紊流或湍流。雷诺通过试验指出：流体的流动状态除与平均速度 v 有关外，还与管道的直径 D 以及流体黏性有关。用组合 $\frac{vD}{\tau}$ 可作为判断流动状态的准则，这个无因次准数就叫雷诺数，用 Re 表示，即

$$Re=\frac{vD}{\tau} \tag{2-21}$$

式中 v——平均流速，m/s；

D——管道直径，m；

τ——流体运动黏性系数，m^2/s。

非圆形井巷风流雷诺数计算公式为

$$Re = \frac{4vS}{\tau U} \tag{2-22}$$

式中　v——平均流速，m/s；

S——巷道断面面积，m^2；

τ——流体运动黏性系数，m^2/s；

U——巷道周界，m。

实验表明，流体在直管内流动时，通常情况下，当 Re<2000~2300 时，流体状态为层流；当 Re>4000 时，流体状态为紊流；在 Re=2000~4000 的区域内，可能是层流，也可能是紊流，主要取决于管壁的粗糙程度以及流体进入管道的情况等外部条件，若原来是层流状态，稍有扰动，就会变成紊流，因此称为不稳定的过渡区。在工程计算中，往往以临界雷诺数 Re=2300 作为判定流态的基准数，超过此值，即视为紊流。

2.3.2　矿井内风流的流动状态

矿井通风网路中，流经井巷的风流是层流状态还是紊流状态，可根据井巷的具体条件进行计算后判断。

假设某一巷道的断面面积 $S=2.5m^2$，周界 $U=6.58m$，风流的运动黏性系数 $\tau=14.4\times10^{-6}m^2/s$，求矿井内风流运动开始向紊流过渡的平均风速 v。依据式（2-21）、式（2-22），得

$$\begin{aligned} v &= ReU\tau/(4S) \\ &= 2000\times6.58\times14.4\times10^{-6}/(4\times2.5) \\ &\approx 0.019m/s \end{aligned}$$

结果说明：在井巷断面面积为 $2.5m^2$ 情况下，风流由层流向紊流过渡的平均风速仅为 0.019m/s，也就是说井巷风流风速在 0.019m/s 及以下时，风流处于层流状态；当风速超过 0.019m/s 时，风流为紊流状态。《矿山安全规程》规定，井巷中风流的最低风速必须在 0.15~0.25m/s 以上，远大于 0.019m/s。故大多数井巷中风流不会出现层流状态，均属紊流状态，只有采空区、裂隙带等风速较低的漏风风流才有可能出现层流状态。

综上所述，矿井内沿井巷流动的空气风流均属完全紊流状态。

2.4　矿内风流的流动形式

矿内风流的流动形式有两种：

一种是有固定边界的风流，如井筒、巷道及管道中的风流就属于这一种，其特点是空气受边界的限制而沿风道方向流动；另一种是没有固定边界的风流，即自由风流，或称射流。当空气由巷道流进宽大的硐室，或空气自风筒末端排到巷道时就会出现自由风流。它的特点为，风流的边界不是风道壁，而是与风流同一相态的介质。

自由风流的横断面随流动方向逐渐扩散形成圆锥形。此圆锥形风流在前进途中如遇到界壁，则为受限自由风流（见图 2-17（a））；当圆锥形得以充分发展时，即为完全自由风

流（图 2-17（b））。

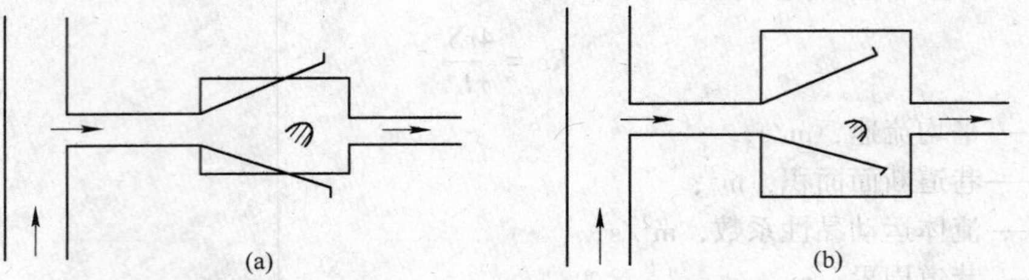

图 2-17 自由风流
（a）受限自由风流；（b）完全自由风流

矿井通风中，通常把固定边界的风流称巷道型风流，无固定边界的风流称硐室型风流。

不同类型的风流其排烟排尘过程可做如下分析。

2.4.1 巷道型风流与紊流变形

如图 2-18 所示的巷道型采场，右侧和左侧分别为进风道和回风道，爆破后采场 *abcd* 中充满炮烟。

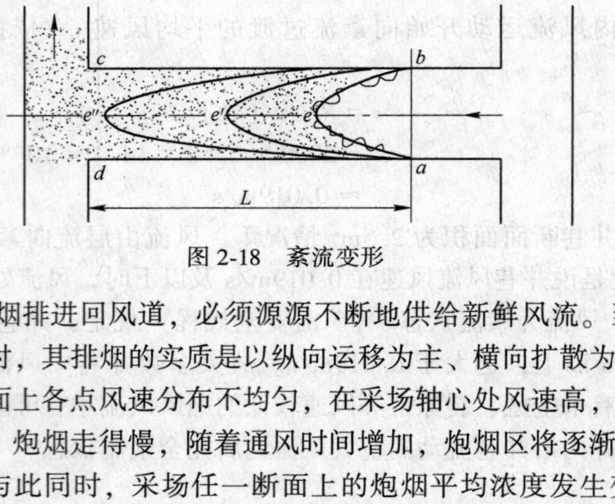

图 2-18 紊流变形

欲把 *abcd* 中的炮烟排进回风道，必须源源不断地供给新鲜风流。当风流以紊流运动状态通过巷道型采场时，其排烟的实质是以纵向运移为主、横向扩散为辅，把炮烟吹出去的过程。由于采场断面上各点风速分布不均匀，在采场轴心处风速高，炮烟走得快；在靠近采场边壁处风速低，炮烟走得慢，随着通风时间增加，炮烟区将逐渐变形，形成逐渐伸展的风流波（*aeb*）。与此同时，采场任一断面上的炮烟平均浓度发生变化。这种断面上风速分布不均匀，使炮烟区在移动过程中产生变形，断面上炮烟平均浓度逐渐变化的过程，就称为紊流变形。

在风流波波面 *aeb* 上风流和炮烟相接触。因横向脉冲速度作用，波面两侧的风流与炮烟相互掺杂，使波面呈不光滑状态。为便于分析，可把它看成光滑的曲线。

在风流的作用下，波面 *aeb* 不断向前移动，经过 *ae′b*、*ae″b* 等位置达到回风道。可以认为，巷道末端 *cd* 断面上的炮烟平均浓度合乎允许标准时，就算排烟完毕。

2.4.2 硐室型风流与紊流扩散

硐室型风流具有自由风流的特性。在紊流脉动作用下，硐室型风流与周围的空气进行质量交换。流动的质量随距硐室入风口的距离增加而增大，风速则逐渐降低，动量保持不变。

具有贯穿风流的硐室中排烟排尘如图 2-19 所示。

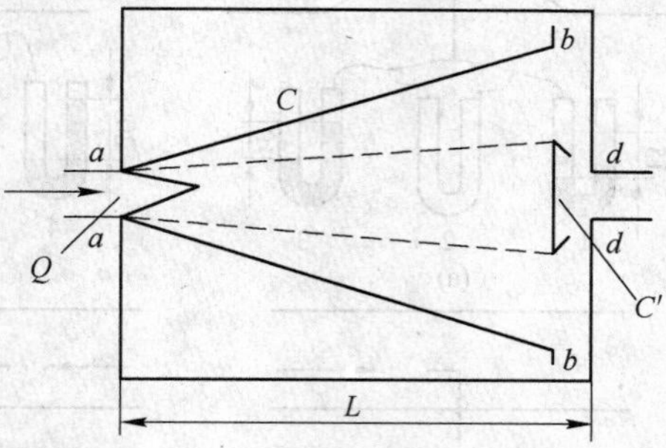

图 2-19　具有贯穿风流硐室中的排烟排尘

爆破后硐室中充满炮烟，新鲜风流由进风口 aa 流入，经硐室后从排风口 dd 流出。因为进风口流入的风量必然等于排风口流出的风量 Q，故自由风流各断面通过的风量，只有与进风量相等的那一部分才是被排出的风量。如果把自由风流中等于进出风量的每个横断面连在一起，即形成一个等风量的柱体，这个柱状体内所圈定的风流就叫作自由风流的定量核心。也就是说，定量核心任一横断面通过的风量，均等于流入或排出硐室的风量。

在紊流扩散作用下，新鲜空气与炮烟在边界层相掺杂，那么定量核心中也一定充斥着炮烟。可以认为，通风后从硐室中排出的炮烟量，即相当于定量核心中所含炮烟量。如果靠近出口 dd 处定量核心断面的炮烟平均浓度为 C'，硐室里炮烟平均浓度为 C，定义 C' 与 C 的比值为紊流构造系数 α，则紊流扩散系数用式（2-23）表示为

$$K = \alpha SL = C'SL/C \tag{2-23}$$

紊流扩散系数 K 越大，排烟越快，反之则越慢。K 值与硐室长 L，入风口的断面积 S 及入风流的紊流构造系数 α 具有函数关系。

复习思考题

2-1 何谓空气的绝对湿度、相对湿度、饱和湿度？矿井空气的湿度一般有何变化规律？

2-2 何谓空气的静压、动压、全压？它们各有什么特性？

2-3 何谓层流、紊流？如何判别流体的流动状态？

2-4 分别写出单位质量不可压缩流体和单位体积不可压缩流体的能量方程，并说明两个方程中各项所表示的物理含义。

2-5 在压入式通风的管道中，风流的相对静压在什么情况下会出现负值？在抽出式通风的管道中，相对静压能否出现正值？

2-6 紊流扩散系数的概念是什么？

2-7 已知大气压力为 760mmHg，空气温度 $t=27℃$，求空气密度为多少？

2-8 某竖井井口大气压力为 760mmHg，若井筒中空气的平均重率 $\gamma=1.293\text{kg/m}^3$，在无风流情况下，求 −300m 处大气压力为多少？

2-9 用皮托管和 U 形管压差计测得某通风管道中压力的结果分别如题图 2-1 所示。问静压、动压及全压各为多少？并判断其通风方式。

2-10 某一段垂直通风管道如题图 2-2 所示，管外 2 点标高处的大气压为 $p_0=760\text{mmHg}$，压差计 A 测得的相对静压为 $68\text{mmH}_2\text{O}$，问 2 点的大气压力为多少？又如 1-2 点间的标高差为 30m，风流方向由 1→2，压差计 B 放在管外 1 点所在标高处，求压差计 B 测得的读数为多少？

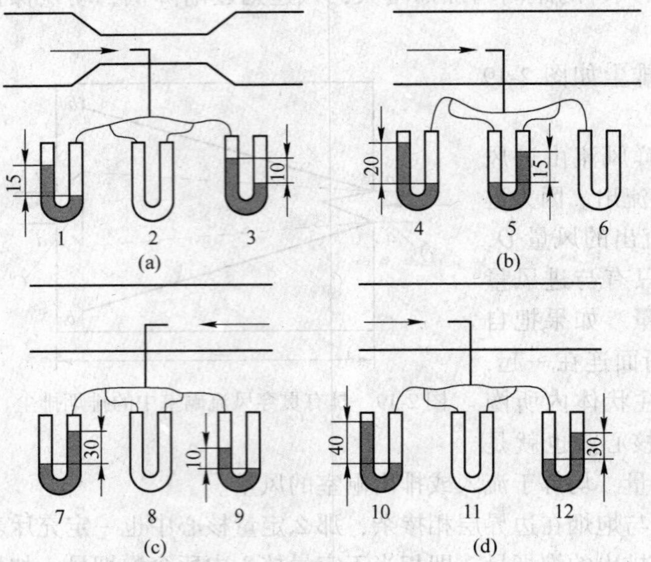

题图 2-1

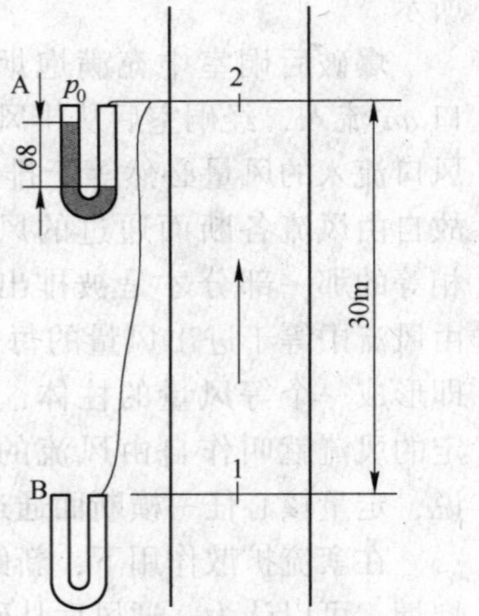

题图 2-2

2-11 某通风巷道断面 $S=4m^2$，$v=0.15m/s$，空气温度是 15℃。试判断巷道内风流的运动状态；计算该巷道内风流在临界雷诺数时的速度。

2-12 有两梯形巷道，其几何形状完全相似，甲巷道断面为 $4m^2$，其风速为 6m/s，乙巷道断面为 $1m^2$，欲使两巷道中的风流达到动力相似，求乙巷道中的风速。

2-13 某矿井在标高为+400m 处测量 a—a 断面相对静压 $H_s=-226mmH_2O$，如题图 2-3 所示（风硐距地表很近），在下部平硐+253m 点处测量大气压力 $p_a=737mmHg$。气温为 $t=25℃$，求扇风机风硐内的绝对静压为多大。

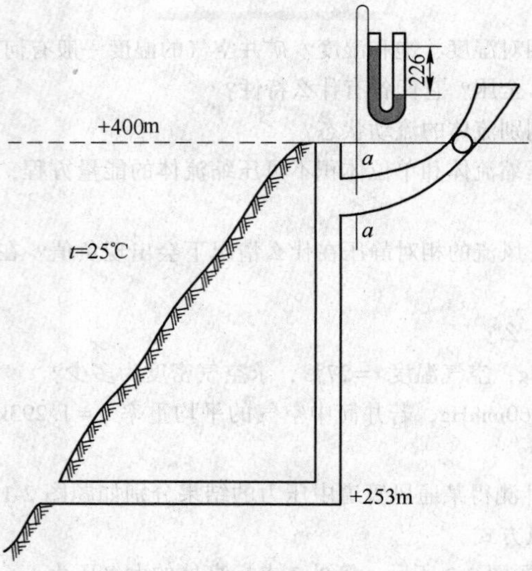

题图 2-3

3 风流能量方程及其在矿井通风中的应用

矿内风流运动的能量方程式，是研究矿井内通风动力与阻力之间的关系以及进行矿井通风阻力测算的理论基础。本章着重讲述能量方程式及其在矿井通风技术中的应用。

3.1 矿井风流能量

矿井空气沿井巷流动，流动的风流任意断面上都有压能、位能和动能。这三种能量可分别用相应的静压、位压和动压（速压）来体现。

3.1.1 压能及其计算

（1）压能。单位容积风流的压能就是空气的绝对静压，它是以真空状态绝对零压为比较状态的静压，即以零压力为起点表示的静压。绝对静压恒为正数。

（2）压能计算。巷道内某一点空气的绝对静压、相对静压、大气压之间的关系会因通风方法的差异而不同。

1）压入式通风巷道。如图 3-1 所示，压入式通风巷道内，风流在任一测点的相对静压均为正值，故常把压入式通风称为正压通风。

2）抽出式通风巷道。如图 3-2 所示，抽出式通风巷道内，风流在任意一测点的相对静压均为负值，故常把抽出式通风称为负压通风。

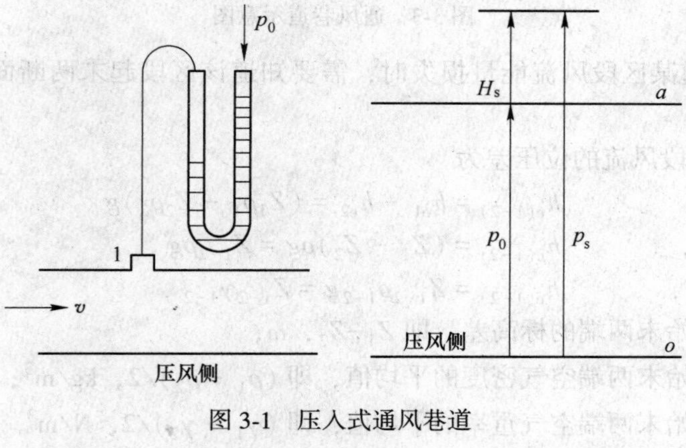

图 3-1 压入式通风巷道

3.1.2 位能及其计算

（1）位能。风流受地球引力的作用，任一断面上单位体积风流对某一设定基准面产生的重力位能称为风流的位能，有时也叫做位压。

（2）位能计算。如图 3-3 所示，断面 1 处单位体积风流对 $A—A$ 基准面的位能是

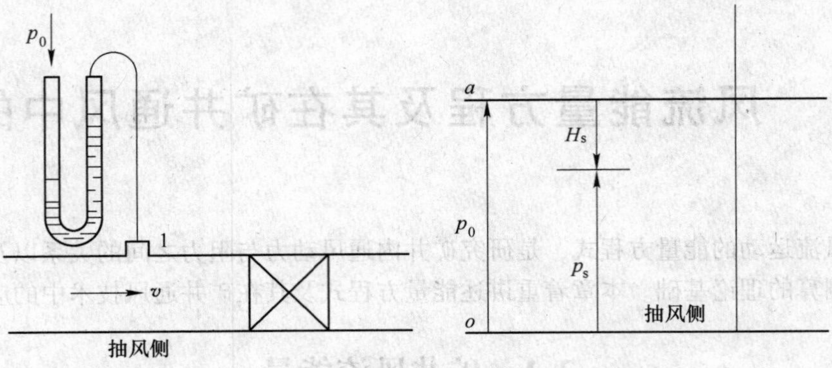

图 3-2　抽出式通风巷道

$$h_e = Z_1\rho_1 g_1 = Z_1\gamma_1 \tag{3-1}$$

式中　Z_1——断面 1 与基准面垂直距离，m；

ρ_1——断面 1 处的空气密度，kg/m^3；

γ_1——断面 1 处的空气重率，N/m^3。

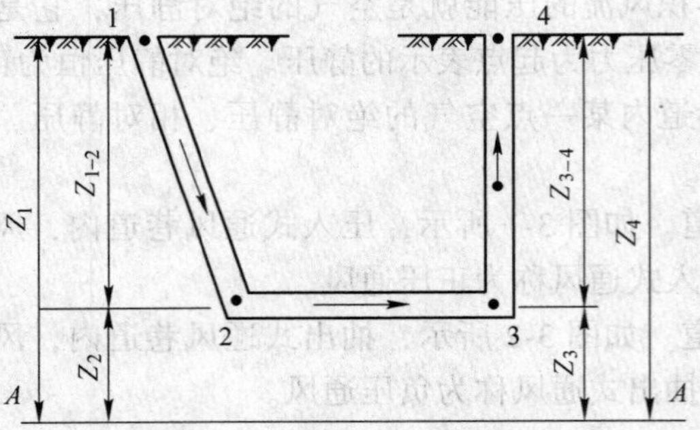

图 3-3　通风巷道示意图

分析通风巷道某区段风流能量损失时，需要知道该区段起末两断面上风流的位能差（位压差）。

图 3-3 中 1-2 段风流的位压差为

$$h_{e(1-2)} = h_{e1} - h_{e2} = (Z_1\rho_1 - Z_2\rho_2)g \tag{3-2}$$

当 $\rho_1 = \rho_2$ 时，　$h_{e(1-2)} = (Z_1 - Z_2)\rho g = Z_{1-2}\rho g$

当 $\rho_1 \neq \rho_2$ 时，　$h_{e(1-2)} = Z_{1-2}\rho_{1-2}g = Z_{1-2}\gamma_{1-2}$

式中　Z_{1-2}——始末两端的标高差，即 $Z_1 - Z_2$，m；

ρ_{1-2}——始末两端空气密度的平均值，即 $(\rho_1 + \rho_2)/2$，kg/m^3；

γ_{1-2}——始末两端空气重率的平均值，即 $(\gamma_1 + \gamma_2)/2$，N/m^3。

3.1.3　动能及其计算

（1）动能。当空气流动时，空气除了具有压能和位能外，还有空气定向运动的动能，它转化呈现的压力称为动压，又称速压。

（2）动能计算。设某点断面处空气的密度为 ρ（kg/m^3），其定向流动的风速为 v（m/s），

则 $1m^3$ 空气所具有的动能 E_v 为

$$E_v = \frac{1}{2}\rho v^2 \tag{3-3}$$

它呈现为动压（或速压）p_v 为

$$p_v = \frac{1}{2}\rho v^2 \tag{3-4}$$

3.1.4 全压能及其计算

（1）全压能。全压能通常叫全压，巷道内单位体积的流动空气，在流动方向上任意一测点所产生的静压和速压之和就称为该测点的全压能。

（2）全压能计算。巷道风流中某一断面上单位体积空气所具有的总机械能（全能）为压能、位能、动能三者之和。就其呈现的压力来说，静压是反映某一断面空气分子热运动的部分动能，动压是反映空气定向流动的动能，而某一断面上空气的位能在该点并不呈现压力。因此，任一断面的静压在任何方向上表现相同的数值，即各向同值，而动压却只在垂直于其流动方向的断面上呈现其正确值，即动压是有方向性的矢量。当静压用绝对压力 p_s 表示时，叠加后风流的压力为绝对全压 p_t，则三者关系为

$$p_t = p_s + p_v \tag{3-5}$$

即风流中任一点的绝对静压 p_s 与相应的动压 p_v 之和等于该点的绝对全压 p_t。

如果静压用相对静压 H_s 表示，叠加后风流的压力就是相对全压 H_t，相对全压 H_t 等于相对静压 H_s 与动压 p_v 的代数和。

3.2 能 量 方 程

矿井内风流运动的能量方程是研究矿井通风动力与阻力之间的关系以及进行矿井通风阻力测算的理论基础。

3.2.1 单位质量流体的能量方程

矿井内风流沿井巷流动时，不仅因克服阻力而损失能量，同时还不断与外界环境进行复杂的热交换，所以风流与外界除有能量传递外还有热量交换。能量的变化遵循热力学第一定律，即能量守恒定律。如图 3-4 所示，在流体流经的断面 1 和断面 2 的参数分别为：绝对静压 p_1、p_2；风流的平均流速 v_1、v_2；空气内能 u_1、u_2；风流的密度 ρ_1、ρ_2；断面中心距基准面的高度 Z_1 和 Z_2。

下面对风流在 1、2 断面上及流经 1、2 断面间时的能量进行分析。

在 1 断面上，1kg 空气所具有的能量为

$$\frac{p_1}{\rho_1} + \frac{v_1^2}{2} + gZ_1 + u_1 \tag{3-6}$$

在 2 断面上，1kg 空气所具有的能量为

$$\frac{p_2}{\rho_2} + \frac{v_2^2}{2} + gZ_2 + u_2 \tag{3-7}$$

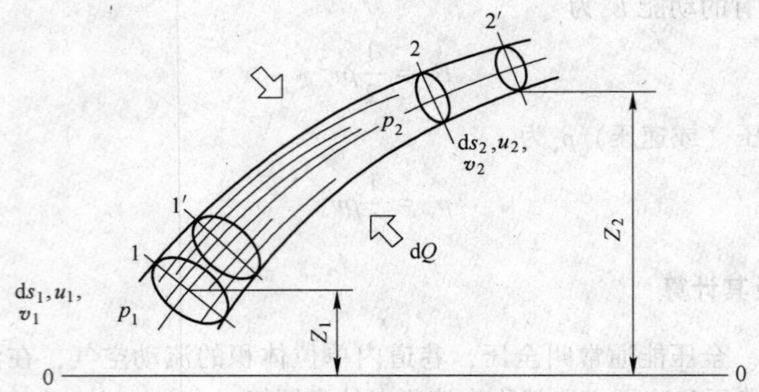

图 3-4 流体流经管道界面

当流体由断面 1 流到断面 2 时，设克服风流流动阻力耗能为 H_r（J/kg），这部分能量转化为热量 q_r（J/kg），但仍在空气中；外界传递给风流的热量为 q_c（J/kg），则在此过程中，能量变化遵守能量守恒定律

$$\frac{p_1}{\rho_1} + \frac{v_1^2}{2} + gZ_1 + u_1 + q_r + q_c = \frac{p_2}{\rho_2} + \frac{v_2^2}{2} + gZ_2 + u_2 + H_r \tag{3-8}$$

根据热力学第一定律，传给空气的热量一部分用于增加空气的内能，一部分使空气膨胀对外做功，即得式（3-9）

$$q_r + q_c = u_2 - u_1 + \int_1^2 p\mathrm{d}\nu \tag{3-9}$$

式中　ν——空气的比体积，m^3/kg。

又因为

$$\frac{p_2}{\rho_2} - \frac{p_1}{\rho_1} = p_2\nu_2 - p_1\nu_1 = \int_1^2 \mathrm{d}(p\nu) = \int_1^2 p\mathrm{d}\nu + \int_1^2 \nu\mathrm{d}p \tag{3-10}$$

将式（3-9）、式（3-10）代入式（3-8），并整理得

$$\int_1^2 \nu\mathrm{d}p + \left(\frac{v_1^2}{2} - \frac{v_2^2}{2}\right) + (Z_1 - Z_2)g = H_r \tag{3-11}$$

式（3-11）为单位质量可压缩流体的能量方程（伯努利方程）。式中，$\int_1^2 p\mathrm{d}\nu = \int_1^2 \frac{\mathrm{d}p}{\rho}$ 称为伯努利积分，它反映了风流从 1 断面流至 2 断面的过程中静压能的变化，它与空气流动过程的状态密切相关。对于不同的状态过程，其积分结果是不同的。

由于矿井内空气状态的变化为多变过程，其多变过程方程式为

$$p\nu^n = 常数 \tag{3-12}$$

由式（3-12）和 $\nu = \frac{1}{\rho}$ 得：

$$p\nu^n = \frac{p}{\rho^n} = \frac{p_1}{\rho_1^n} = \frac{p_2}{\rho_2^n} = \cdots = 常数 \tag{3-13}$$

故可得：

$$\nu = \frac{1}{\rho} = \frac{1}{\rho_1}\left(\frac{p_1}{p}\right)^{\frac{1}{n}} = \frac{1}{\rho_2}\left(\frac{p_2}{p}\right)^{\frac{1}{n}} = \cdots = \text{常数} \tag{3-14}$$

将式（3-9）代入积分项并由积分公式 $\int x^u \mathrm{d}x = \frac{x^{u+1}}{u+1} + c$ 积分得

$$\int_2^1 \nu \mathrm{d}p = \frac{n}{n-1}\left(\frac{p_1}{\rho_1} - \frac{p_2}{\rho_2}\right)$$

将上式代入式（3-11）得

$$H_\mathrm{r} = \frac{n}{n-1}\left(\frac{p_1}{\rho_1} - \frac{p_2}{\rho_2}\right) + \left(\frac{v_1^2}{2} - \frac{v_2^2}{2}\right) + (Z_1 - Z_2)g \tag{3-15}$$

式（3-15）表示单位质量可压缩空气由断面 1 流到断面 2 时的能量损失。式中多变指数 n 在多变过程中是变化的，不同的多变过程有不同的过程指数。在深井通风中，当 n 值变化较大时，可分成若干段（各段的 n 值均不相等），在每一段中的 n 值可近似认为不变。对式（3-12）微分，则有

$$np\nu^{n-1}\mathrm{d}\nu + \nu^n \mathrm{d}p = 0 \quad \text{或} \quad \frac{\mathrm{d}p}{p} + n\frac{\mathrm{d}\nu}{\nu} = 0$$

则可得

$$n = -\frac{\mathrm{d}(\ln p)}{\mathrm{d}(\ln \nu)} = \frac{\ln p_1 - \ln p_2}{\ln \rho_1 - \ln \rho_2} \tag{3-16}$$

按式（3-16）可由邻近的两个实测的状态求得此过程的 n 值。

事实上，矿井空气在井下流动过程中，由于进风井空气受压缩、回风井空气膨胀，井巷中的空气从巷道壁吸热，整个矿井通风网路的空气状态变化属于多变过程，矿井内空气的容积和密度是变化的，气体是可压缩的。造成这种变化的原因主要有：一是空气流经水平井巷时，由于空气柱的重力作用，使得风流的密度和压力增大，使得空气密度增大；二是由于矿井采用机械抽出或压入式通风，主扇风机形成的压差作用于矿井内空气，使得矿井空气在通风网路中空气的压力、密度发生变化；三是由于风流流经井巷断面、地点的变化，使得风流的风速、温度发生变化，空气的密度亦发生变化。

在矿井通风研究中，虽然矿井内风流流动过程是一个多变过程，但研究发现，风流的静压、动压或井筒深度对风流压缩性所产生的影响都比较小。在一般情况下，将矿内风流视为非压缩性流体来对待不会产生明显的差错。只有超深矿井，特别是在分析研究受空气重率影响较大的自然通风问题时，才需考虑风流的压缩性及其热力变化过程。所以，通常可将矿井空气视为不可压缩，其变化过程视为等容过程，即空气的密度、重率是常数。

将矿内风流单位质量气体的能量方程简化为

$$\frac{p_1 - p_2}{\rho} + \left(\frac{v_1^2}{2} - \frac{v_2^2}{2}\right) + (Z_1 - Z_2)g = H_\mathrm{r} \tag{3-17}$$

式（3-17）表明，流体的压能、位能和动能三种能量的变化值之和用来满足因克服阻力而消耗的机械功。

3.2.2 单位体积流体的能量方程

在矿井通风的实际应用中，通常以体积流量作为风流的流量单位，因此在分析与测定

通风压力与通风阻力时，也都以单位体积流体的能量方程式为基础。用风流的密度 ρ 乘式（3-17），并令 $h_r = H_r\rho$，便得到单位体积气体的能量方程

$$h_r = p_1 - p_2 + (\frac{v_1^2}{2} - \frac{v_2^2}{2})\rho + (Z_1 - Z_2)\rho g \tag{3-18}$$

方程式（3-18）表明：风流在起末两断面间的压能差、动能差和位能差之和，等于风流在起末断面间为克服通风阻力而损失的能量。或者说，这项能量损失就是风流在起末两断面上的总能量之差，这项总能量之差叫作通风压力。风流沿井巷的流动过程实质就是通风压力与通风阻力之间相互转化的过程。所以，通风压力和通风阻力同时产生，互相依存，大小相等，方向相反。为了克服通风阻力，必须满足相应的通风压力，使风流从总能量大的断面流向总能量小的断面。

3.2.3 关于能量方程运用的几点说明

（1）能量方程的意义是表示单位体积（$1m^3$）或单位质量（1kg）空气由 1 断面流向 2 断面的过程中所消耗的能量（通风阻力）等于流经 1-2 断面间空气总能量（静压能、动压能和位能）的变化量。

（2）风流流动必须是稳定流，即断面上的参数不随时间的变化而变化，所研究的始、末断面要放在缓变流场上。

（3）风流总是从总能量大的地方流向总能量小的地方。在判断风流方向时，应依据始末两断面上的总能量，而不能只看其中的某一项。如不知风流方向，列能量方程时，应先假设风流方向，如果计算出的能量损失（通风阻力）为正，说明风流方向假设正确；如果为负，则风流方向假设错误。

（4）正确选择基准面与密度的计算。利用公式计算时，应特别注意动压中 ρ_1、ρ_2 与位压中 ρ_1、ρ_2 的选取方法。动压中的 ρ_1、ρ_2 分别取 1、2 断面风流的空气密度；位压中的 ρ_1、ρ_2 视基准面的选取情况按下述方法计算。

当 1、2 断面位于矿井最低水平的同一侧时，如图 3-5 所示，可将位压的基准面选在较低的 2 断面，此时，2 断面的位压为 0（$Z_2=0$），1 断面相对于基准面的高差为 Z_{12}，空气密度取其平均密度 ρ_{12}，如精度不高时可取 $\rho_{1-2} = (\rho_1+\rho_2)/2$（$\rho_1$、$\rho_2$ 为 1、2 两断面风流的空气密度）。

当 1、2 断面分别位于矿井最低水平的两侧时，如图 3-6 所示，应将位压的基准面（0—0）选在最低水平，此时，1、2 断面相对于基准面的高差分别为 Z_{10}、Z_{20}，空气密度则分别为两侧断面距基准面的平均密度 ρ_{10} 与 ρ_{20}，当高差不大或精度不高时，可取 $\rho_{10} = (\rho_1+\rho_0)/2$，$\rho_{20} = (\rho_2+\rho_0)/2$。

（5）在始、末断面间有压源时，压源的作用方向与风流的方向一致，压源为正，说明压源对风流做功；如果两者方向相反，压源为负，则压源成为通风阻力。

（6）单位质量或单位体积流量的能量方程只适用 1、2 断面间流量不变的条件，对于流动过程中有流量变化的情况，应按总能量的守恒与转换定律列方程。

（7）应用能量方程时要注意各项单位的一致性。

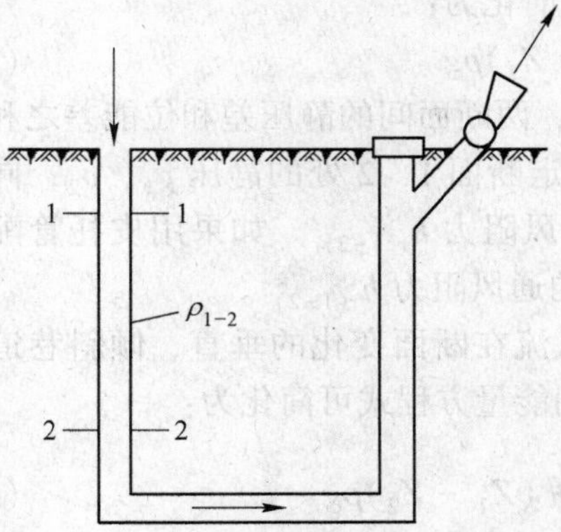

图 3-5 1、2 断面位于最低水平同一侧

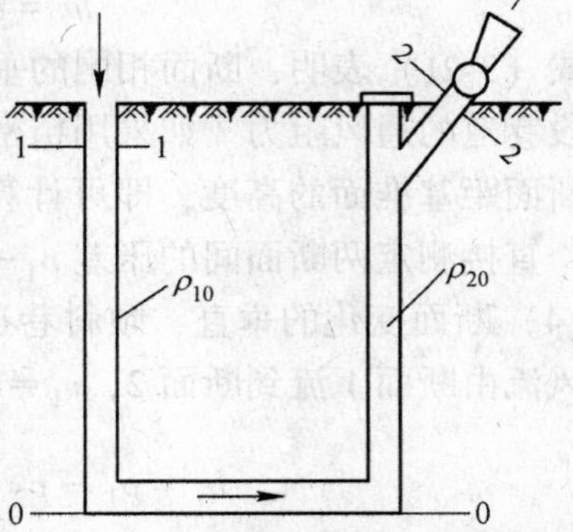

图 3-6 1、2 断面位于最低水平两侧

3.3 能量方程在矿井通风中的应用

3.3.1 能量方程在通风阻力测定中的应用

由矿井空气的能量方程可知，井巷的通风阻力等于风流的总能量损失，那么，井巷阻力的大小就可以通过测定两断面间的总能量损失获得。

（1）断面相同的水平巷道阻力。如图 3-7 所示，矿井风流在断面相同的水平巷道内流动，风流由断面 1 流到断面 2，$v_1=v_2$，$Z_1=Z_2$，$\rho_1=\rho_2$ 或 $\gamma_1=\gamma_2$，则能量方程式可简化为：

$$h_{\mathrm{r}(1-2)}=p_1-p_2 \tag{3-19}$$

式（3-19）表明，断面相同的水平巷道，两断面间的静压差等于这段巷道的通风阻力。因此，只要测得断面 1、2 间的静压差 p_1-p_2，就能得出这段巷道的通风阻力 $h_{\mathrm{r}(1-2)}$。

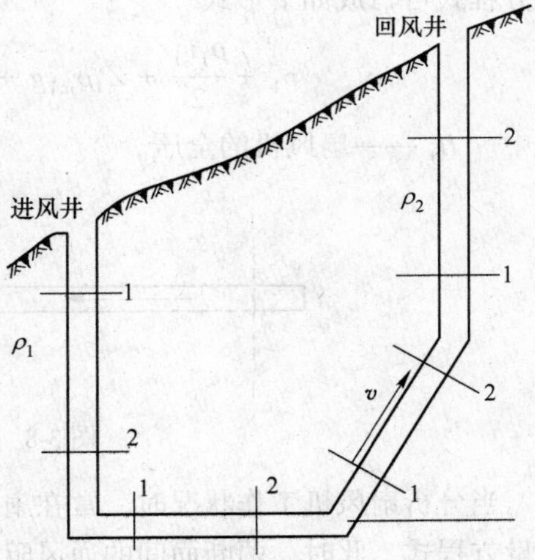

图 3-7 矿井通风系统

（2）断面不同的水平巷道阻力。矿井风流在断面不同的水平巷道内流动，风流由断面 1 流到断面 2，$v_1\neq v_2$，$Z_1=Z_2$，$\rho_1=\rho_2$ 或 $\gamma_1=\gamma_2$，则能量方程式可简化为

$$h_{\mathrm{r}(1-2)}=p_1-p_2+\left(\frac{v_1^2}{2}-\frac{v_2^2}{2}\right)\rho \tag{3-20}$$

式（3-20）表明，断面不同的水平巷道，两断面间的静压差与动压差之和等于这段巷道的通风阻力。如果用精密气压计分别测定断面 1、2 处的静压 p_1、p_2，再用风速表分别测定两断面处的平均的通风风速 v_1、v_2、便可计算两断面的静压差与动压差之和，即为这段巷道的 $h_{\mathrm{r}(1-2)}$。

（3）断面相同的垂直巷道阻力。矿井风流在断面相同的垂直巷道内流动，风流由断面 1 流到断面 2，$v_1=v_2$，$Z_1 \neq Z_2$，则能量方程式可简化为：

$$h_r = p_1 - p_2 + (Z_1 - Z_2)\rho g \tag{3-21}$$

式（3-21）表明，断面相同的垂直、倾斜巷道，两断面间的静压差和位能差之和，等于这段巷道的通风阻力。如果用精密气压计分别测定断面 1、2 处的静压 p_1、p_2，同时测定两断面距基准面的高度，即可计算这段巷道的通风阻力 $h_{r(1-2)}$。如果用皮托管配合压差计，直接测定两断面间的压差 p_1-p_2，即为井巷的通风阻力 $h_{r(1-2)}$。

（4）断面变化的垂直、倾斜巷道阻力。矿井风流在断面变化的垂直、倾斜巷道内流动，风流由断面 1 流到断面 2，$v_1 \neq v_2$，$Z_1 \neq Z_2$，则能量方程式可简化为：

$$h_r = p_1 - p_2 + \left(\frac{v_1^2}{2} - \frac{v_2^2}{2}\right)\rho + (Z_1 - Z_2)\rho g \tag{3-22}$$

式（3-22）表明，断面变化的垂直、倾斜巷道，两断面间的静压差和位能差、动压差之和，等于这段巷道的通风阻力。需要用前面讲过的方法全面测定两断面的静压差、动压差和位能差，其和即为井巷的通风阻力 $h_{r(1-2)}$。

3.3.2 能量方程在分析通风动力与阻力关系时的应用

3.3.2.1 有扇风机工作时的能量方程式

如图 3-8 所示，在 1、2 两断面间如果有风扇机工作，则断面 1 的全能量如上扇风机的全压应等于断面 2 的全能量加上 1、2 两断面间的通风阻力。此时，单位体积流体的能量方程式可写成如下形式

$$p_1 + \frac{\rho_1 v_1^2}{2} + Z_1\rho_{m1}g + H_f = p_2 + \frac{\rho_2 v_2^2}{2} + Z_2\rho_{m2}g + h_{1-2} \tag{3-23}$$

式中 H_f ——扇风机的全压。

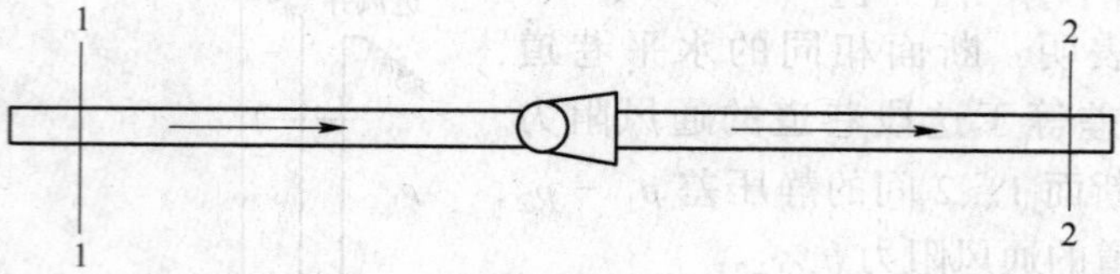

图 3-8 有扇风机工作的风路

当分析扇风机工作状况时，常在扇风机入口取断面 1，在扇风机出口取断面 2，列出能量方程式。此时，两断面间的通风阻力 $h_{r(1-2)}$，$h_{r(1-2)} \approx 0$，很小可忽略不计，并且位能相等，则能量方程式有如下形式

$$H_f = p_2 - p_1 + \left(\frac{\rho_2 v_2^2}{2} - \frac{\rho_1 v_1^2}{2}\right) \tag{3-24}$$

式（3-24）表明，扇风机全压等于扇风机出风口与入风口之间的静压差与动压差之和。

3.3.2.2 通风动力与阻力之间的关系

把全矿通风系统视为连续风流，可应用能量方程说明不同情况下通风动力与阻力之间的关系。

A 压入式通风

如图 3-9 所示，压入式扇风机工作时，在风硐内断面 1 处风流的静压为 p_1，平均速度为 v_1；在出风井口断面 2 处的静压等于地表大气压力 p_0，平均风速为 v_2。列 1、2 两断面能量方程式

$$h_{r(1-2)} = p_1 - p_0 + (\frac{v_1^2}{2} - \frac{v_2^2}{2})\rho + (Z_1 - Z_2)\rho g \tag{3-25}$$

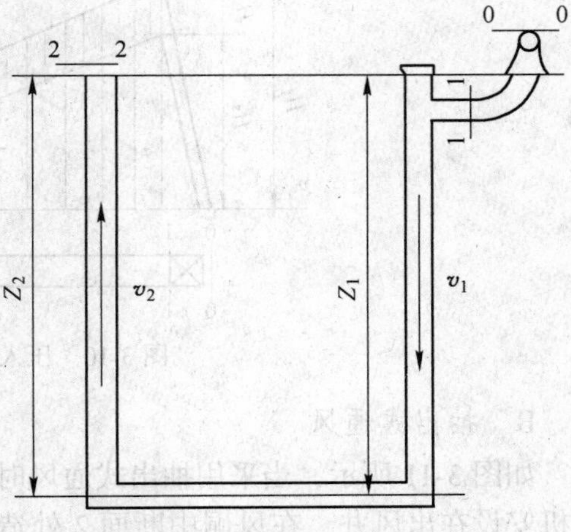

图 3-9 压入式通风扇风机工作

式中，$p_1 - p_0$ 为扇风机在风硐中造成的相对静压，扇风机房静压水柱计上所测得的压差即为此值，以 H_s 表示；$(Z_1 - Z_2)\rho g$ 为 1、2 两断面间的位能差，它相当于因进、回风井两侧空气柱重量不同而形成的自然风压，以 H_n 表示。式（3-25）可写

$$\left(H_s + \frac{\rho v_1^2}{2}\right) + H_n = h_{r(1-2)} + \frac{\rho v_2^2}{2} \tag{3-26}$$

式（3-26）说明，压入式通风时，扇风机在风硐中所造成的静压与动压之和与自然风压共同作用，以克服矿井通风阻力，并在出风口造成动压损失。为使矿井通风阻力与扇风机全压联系起来，可列出扇风机入口与扇风机风硐的能量方程式。由于扇风机入口外的静压等于大气压力 p_0，其风速等于零，当忽略这段风道的阻力不计时，其能量方程有如下形式

$$H_f = p_1 - p_0 + \frac{\rho_1 v_1^2}{2} \tag{3-27}$$

或

$$H_f = H_s + \frac{\rho_1 v_1^2}{2} \tag{3-28}$$

将此关系式代入式（3-26），得

$$H_f + H_n = h_{r(1-2)} + \frac{\rho_2 v_2^2}{2} \tag{3-29}$$

式（3-29）表明，扇风机全压与自然风压共同作用，克服矿井通风阻力，并在出风井口造成动压损失。

压入式通风扇风机压力与矿井阻力的关系也可用压力分布图来表示。图 3-10 所示是沿矿井风路扇风机所形成的压力与矿井阻力的变化关系。

图 3-10 表明，在压入式扇风机风硐内，扇风机的全压 H_f 等于扇风机静压与动压之和。随着风流向前流动，由于克服矿井阻力，扇风机的全压、静压都逐渐降低。在矿井排风处，扇风机的全压大部分用于克服矿井通风阻力 $h_{r(1-2)}$，只剩下一小部分，它等于矿井出风口的动能损失 $\frac{v_2^2}{2}\rho$。

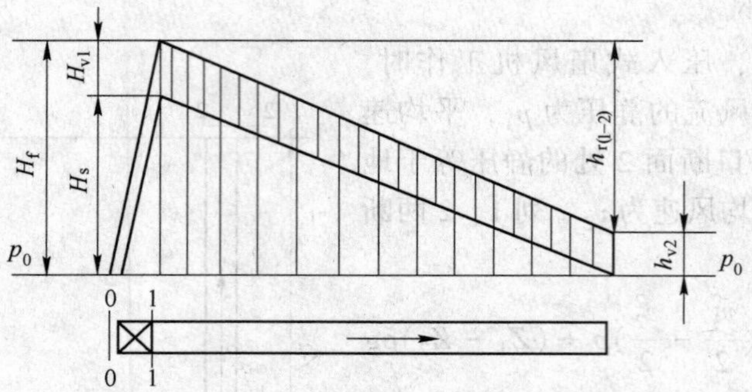

图 3-10 压入式通风时的压力分布

B 抽出式通风

如图 3-11 所示，当采用抽出式通风时，扇风机安设在出风井，在风硐中断面 2 处造成静压 p_2，其平均风速为 v_2，由于入风口断面 1 处的静压等于地表大气压 p_0，入风口平均风速等于 0，则 1、2 两断面间的能量方程式为

$$h_{r(1-2)} = p_0 - p_2 + (Z_1 - Z_2)\rho g - \frac{v_2^2}{2}\rho \tag{3-30}$$

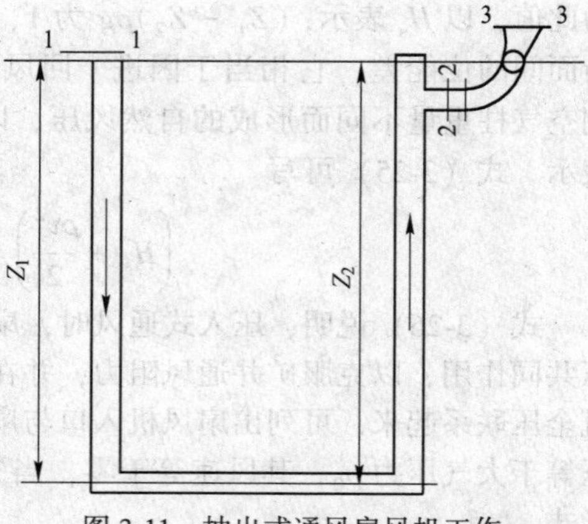

图 3-11 抽出式通风扇风机工作

式中，$p_0 - p_2$ 是扇风机在风硐中所造成的相对静压，以 H_s 表示；$(Z_1 - Z_2)\rho g$ 为 1、2 断面间的位能差，它相当于因进、排风井两侧空气重量不同而形成的自然风压，以 H_n 表示。则 1、2 两断面间的能量方程式可以表示为：

$$H_n + H_s = h_{r(1-2)} + \frac{1}{2}\rho v_2^2 \tag{3-31}$$

式（3-31）表明，抽出式通风时，扇风机在风硐内造成的静压与自然风压共同作用，克服矿井通风阻力，并在出风井口造成动压损失。

为了分析扇风机全压与通风阻力的关系，需列出由扇风机入口 2 到扩散塔出口 3 的能量方程式。这个方程包括扇风机在内，并忽略这段风道的阻力，则扇风机全压（绝对值表示）H_f 为

$$H_f = p_0 - p_2 + \left(\frac{v_3^2}{2} - \frac{v_2^2}{2}\right)\rho \tag{3-32}$$

或

$$H_f = H_s + \left(\frac{v_3^2}{2} - \frac{v_2^2}{2}\right)\rho \tag{3-33}$$

由式（3-31）和式（3-33）可得

$$H_n + H_f = \frac{v_3^2}{2}\rho + h_{r(1-2)} \tag{3-34}$$

式（3-34）说明，抽出式扇风机的全压与自然风压共同作用，克服矿井通风阻力，并

在出风井口造成动压损失。

抽出式通风扇风机压力与矿井阻力的关系也可用压力分布图来表示。图 3-12 所示是抽出式通风时所形成的压力与矿井阻力的变化关系。

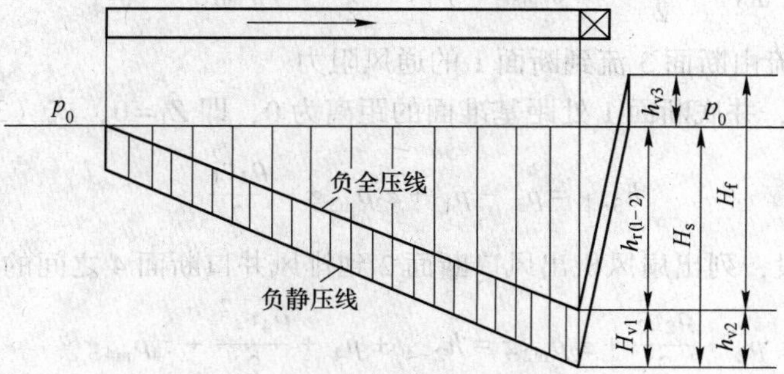

图 3-12 抽出式通风时的压力分布

图 3-12 表明，抽出式通风时，全巷道均为负压状态，在井巷入口处空气压力等于大气压力，比井下巷道中风流的压力高，因而使风流向井巷中流动。风流进入井巷后，由于风流具有风速，使风流的部分压能转化为动能，其静压成为负值。随着风流沿井巷流动，因克服井巷通风阻力而产生能量损失，风流的全压和静压均成负值。在井巷的任一断面处，风流的全压均等于其静压与动压的代数和，就压力的绝对值来说，其全压等于静压减动压，风流的全压等于风流由入风口到该断面的通风阻力。巷道中任一断面处风流的全压和静压都是由扇风机造成的，但是，其数值并不等于扇风机的全压或静压。扇风机全压等于扩散器出口与扇风机风硐之间的全压差，而不等于扇风机在风硐中造成的全压。扇风机在风硐中造成的全压，即该断面风流的全压，等于矿井通风阻力；而扇风机的静压则等于扇风机在风硐中造成的静压，即该断面风流的静压。

C 扇风机安装在井下

在金属矿山，有时将扇风机安装在井下，在扇风机前后都有一段风路，都有通风阻力。

如图 3-13 所示，为分析扇风机风压与井巷通风阻力之间的关系，将通风系统分成扇风机前段、扇风机本身段、扇风机后段三部分，分别分析其能量转换关系，从中找出扇风机与井巷通风阻力之间的关系。

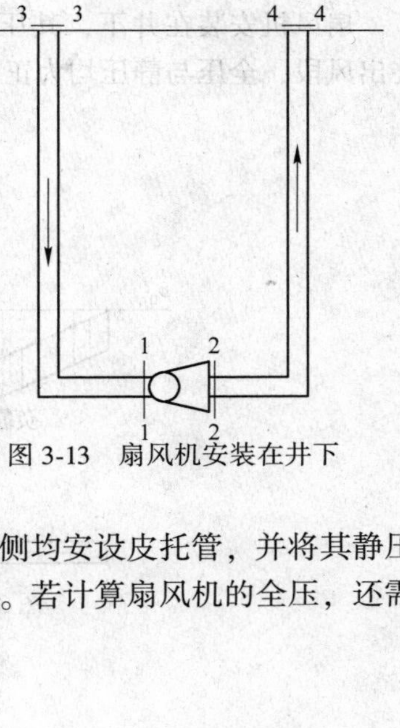

图 3-13 扇风机安装在井下

对于扇风机本身段，列出扇风机入、出风口断面 1-2 的能量方程式，可得扇风机的全压 H_f 为

$$H_f = p_2 - p_1 + \left(\frac{\rho_2 v_2^2}{2} - \frac{\rho_1 v_1^2}{2}\right) \tag{3-35}$$

式（3-35）中 $p_2 - p_1$ 为扇风机静压，若扇风机入、排风两侧巷道断面相同，即 $S_1 \approx S_2$，则 $v_1 \approx v_2$，此时，扇风机的全压等于扇风机的静压。

测定井下扇风机静压时，必须在扇风机入口和出风口两侧均安设皮托管，并将其静压端分别连接在压差计上，所测得的压差值才是扇风机的静压。若计算扇风机的全压，还需测定入、出口的平均风速 v_1、v_2，然后根据全压公式算出全压。

对于扇风机前段，列出入风口断面 3 到扇风机吸风口断面 1 之间的能量方程式

$$p_3 + \frac{\rho_3 v_3^2}{2} + Z_3\rho_{m3}g = p_1 + \frac{\rho_1 v_1^2}{2} + z_1\rho_{m1}g + h_{3-1} \tag{3-36}$$

式中 h_{3-1}——风流由断面 3 流到断面 1 的通风阻力。

入风口处 $v_3=0$，井底断面 1 处距基准面的距离为 0，即 $Z_1=0$，式（3-36）可简化为

$$h_{3-1} = p_3 - p_1 + z_3\rho_{m3}g - \frac{\rho_1 v_1^2}{2} \tag{3-37}$$

对于扇风机后段，列出扇风机出风口断面 2 到排风井口断面 4 之间的能量方程式

$$p_2 + \frac{\rho_2 v_2^2}{2} + z_2\rho_{m2}g = h_{2-4} + p_4 + \frac{\rho_4 {v_4}^2}{2} + z_4\rho_{m4}g \tag{3-38}$$

式中 h_{2-4}——风流由断面 2 流到断面 4 的通风阻力。

井底断面 2 处距基准面的距离为零，即 $Z_2=0$，式（3-38）可简化为

$$h_{2-4} = p_2 - p_4 + \left(\frac{\rho_2 v_2^2}{2} - \frac{\rho_4 v_4^2}{2}\right) - z_4\rho_{m4}g \tag{3-39}$$

将式（3-37）与式（3-39）相加，并已知 $p_3=p_4=p_0$，则可得

$$h_{3-4} = p_2 - p_1 + \left(\frac{\rho_2 v_2^2}{2} - \frac{\rho_1 v_1^2}{2}\right) - \frac{\rho_4 v_4^2}{2} + H_n \tag{3-40}$$

结合式（3-35），可得

$$H_f + H_n = h_{3-4} + \frac{\rho_4 v_4^2}{2} \tag{3-41}$$

式中 $H_n = z_3\rho_{m3}g - z_4\rho_{m4}g$——自然风压；

$h_{3-4} = h_{3-1} + h_{2-4}$——矿井通风阻力。

式（3-41）表明，当扇风机安装在井下时，扇风机的全压与自然风压之和，用于克服入风侧、排风侧的阻力之和，并在出风井口造成动压损失。

扇风机安装在井下，其压力分布如图 3-14 所示，在吸风段，全压与静压均为负值，在出风段，全压与静压均为正值。

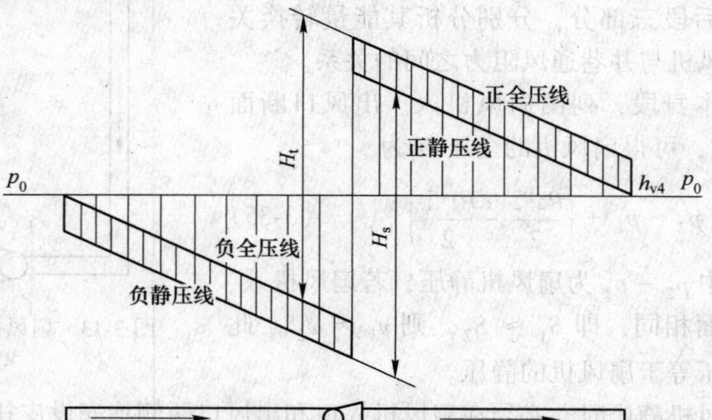

图 3-14 扇风机安装在井下时的压力分布

综上所述，无论压入式、抽出式通风或扇风机安在井下，用于克服矿井通风阻力和造成出风井口动压损失的通风动力，均为扇风机的全压与自然风压之总和，在这一点上是共同的。不同的通风方式或不同的扇风机安装地点，扇风机的全压或静压与扇风机风硐中风流的全压或静压之间存在着不同的关系。

压入式通风时，扇风机的全压等于扇风机风硐中风流的全压，扇风机房全压水柱计上的示度即为此值；扇风机的静压也等于扇风机风硐中风流的静压。扇风机房静压水柱计上的示度就是扇风机的静压。通常以扇风机的全压作为压入式通风时扇风机的风压参数。这一风压值与矿井通风阻力及出风井口风流动压损失之和相对应。

抽出式通风时则不然，扇风机风硐中风流的全压不等于扇风机的全压，而等于矿井通风阻力。欲求扇风机的全压，还需再加上扩散塔出口的动压损失。扇风机风硐中风流的全压又可称为扇风机的有效静压，它是用以克服矿井通风阻力的有效压力，通常以此压力作为抽出式扇风机的风压参数。计算阻力时，只考虑矿井通风阻力即可。

当扇风机安装在井下时，出风风硐与进风风硐之间风流的全压差等于扇风机的全压，静压差等于扇风机的静压。通常也是以扇风机的全压作为风压参数。计算阻力时，除计算矿井通风阻力外，还需再加上出风井口的动压损失。

复习思考题

3-1 非压缩性流体能量方程式为什么可以应用于矿内风流？应用时需考虑哪些问题？

3-2 主扇有效静压的含义是什么？

3-3 在一段断面不相同的水平巷道中，用皮托管和压差计测得两断面间的静压差为 $6\text{mmH}_2\text{O}$，如题图 3-1 所示。断面Ⅰ处的平均风速为 4m/s，断面Ⅱ处的平均风速为 8m/s，空气的平均密度 $\rho=1.2\text{kg/m}^3$。求该段巷道的通风阻力。

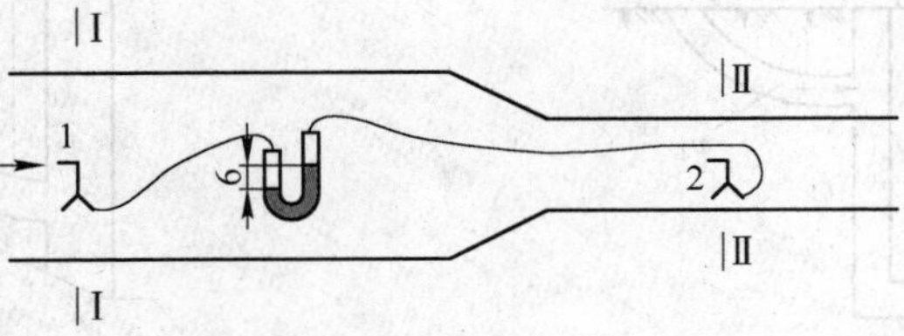

题图 3-1

3-4 在题图 3-2（a）、（b）、（c）三种情况下，用空盒气压计测得 1 点的气压为 $p_1=750\text{mmHg}$，2 点的气压为 $p_2=755\text{mmHg}$，空气密度 $\rho=1.2\text{kg/m}^3$，求在三种不同情况下 1、2 两点之间的阻力，并判断巷道中的风流方向。（题图 3-2 中 S_1、S_2 分别为 1、2 两个断面的面积）

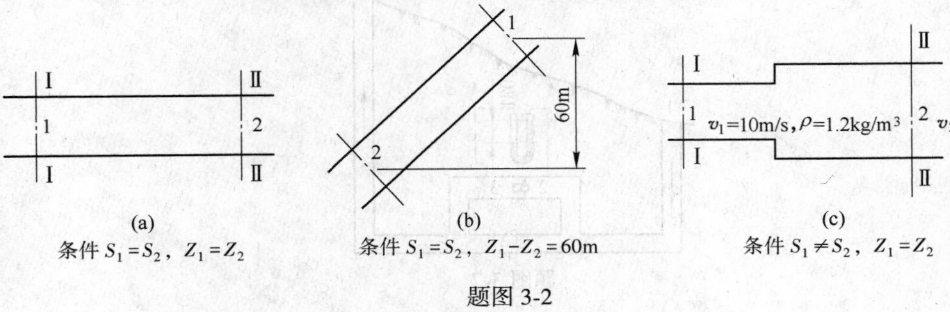

条件 $S_1=S_2$，$Z_1=Z_2$　　条件 $S_1=S_2$，$Z_1-Z_2=60\text{m}$　　条件 $S_1\neq S_2$，$Z_1=Z_2$

题图 3-2

3-5 在一段断面相同的倾斜巷道中，用皮托管的静压端和压差计相连接，测量两断面间的压差为 Δh，如题图 3-3 所示，求证 Δh 是否等于巷道Ⅰ、Ⅱ两断面间的通风阻力？

3-6 在题图 3-4 所示的水平等断面风筒中，用压差计连接设在Ⅰ、Ⅱ断面上的两个皮托管的静压端，测量 $\Delta h = 5\text{mmH}_2\text{O}$，如果将该风筒竖立起来（断面Ⅰ在下，断面Ⅱ在上，其他条件不变），说明压差计上的读数有无变化。

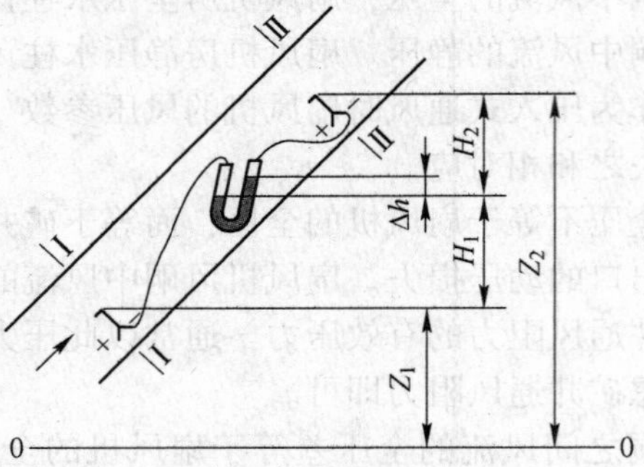

题图 3-3

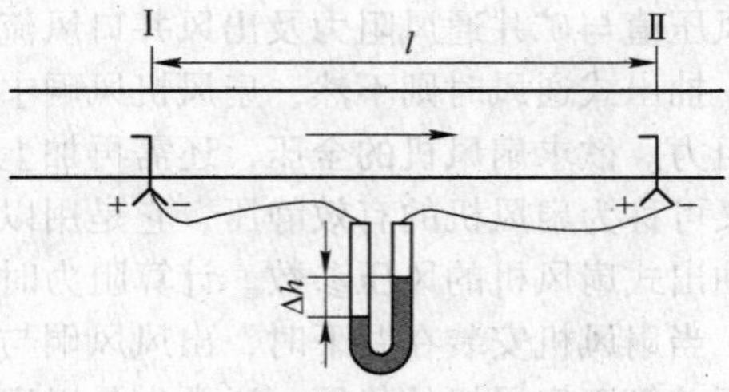

题图 3-4

3-7 某矿通风系统如题图 3-5 所示，井深 200m，采用压入式通风。已知风硐内与地表的静压差为 $150\text{mmH}_2\text{O}$，入风井空气的平均密度为 1.25kg/m^3，出风井空气的平均密度为 1.20kg/m^3，风硐中平均风速为 8m/s，出风井口的平均风速为 4m/s，求该矿井的通风阻力。

3-8 抽出式扇风机的风硐与地表间的静压差为 $220\text{mmH}_2\text{O}$，风硐中的风速 $v_2 = 8\text{m/s}$，扩散器出口的风速 $v_3 = 4\text{m/s}$，空气密度 ρ_2、ρ_3 均为 1.20kg/m^3，如题图 3-6 所示，求算扇风机的全压为多少？

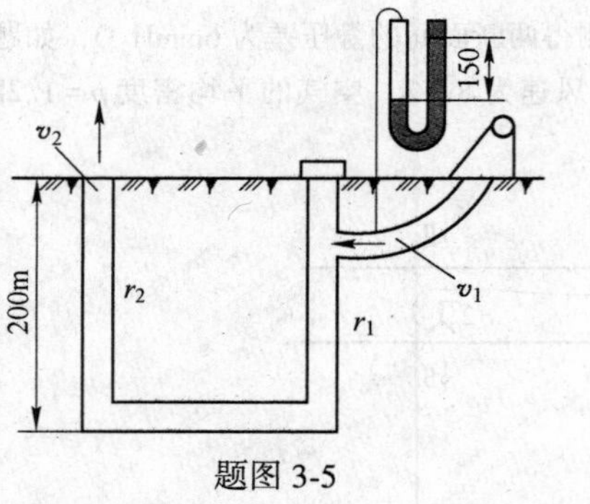

题图 3-5

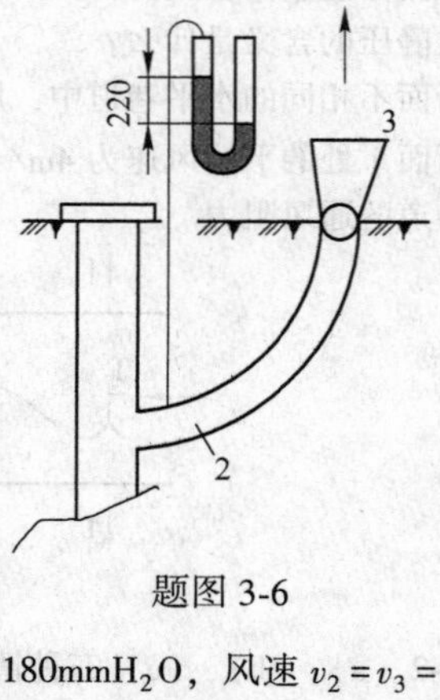

题图 3-6

3-9 在如题图 3-7 所示的通风系统中，测得风机两端静压差 $h_{2\text{-}3} = 180\text{mmH}_2\text{O}$，风速 $v_2 = v_3 = 12\text{m/s}$，$v_4 = 8\text{m/s}$，空气平均密度 $\rho = 1.20\text{kg/m}^3$，求全矿通风阻力及扇风机全压。

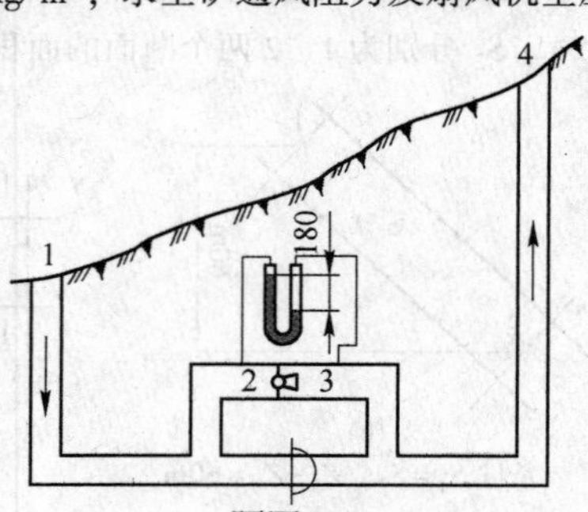

题图 3-7

4 井巷通风阻力

当空气沿井巷运动时，由于风流的黏滞性和惯性，以及井巷壁面等对风流的阻滞、扰动作用，使得流动风流能量损失，造成这些能量损失的就是井巷通风阻力。

井巷通风阻力按其产生的地点、性质可分为两类：摩擦阻力、局部阻力。

本章将讨论通风阻力产生的原因、阻力定律、阻力的计算，以及降低通风阻力的措施，这些内容是进行矿井通风设计、通风系统的调整与改造、通风检查与管理工作的基础，是矿山通风学科的主要组成部分。

4.1 摩擦阻力

4.1.1 摩擦阻力的理论基础

4.1.1.1 摩擦阻力

风流在井巷中做均匀流动时，由于空气的黏性，受到井巷壁面的限制，造成空气分子之间相互摩擦（内摩擦），以及空气与井巷或管道周壁间的摩擦，从而产生阻力，这种阻力称为摩擦阻力。

4.1.1.2 理论基础

井巷风流与管道水流具有相似的物理性质，所以，研究井巷风流可引用水力学中管道水流的研究结论。水力学实验得出，水流在管道中流动的摩擦阻力为

$$h_f = \frac{\lambda \rho L v^2}{2D} \tag{4-1}$$

式中 λ——达西系数，量纲为 1；

ρ——水的密度，kg/m^3；

L——管道长度，m；

v——平均流速，m/s；

D——管道直径，m。

式（4-1）为矿井风流摩擦阻力计算公式的基础，它对于不同流态的风流都能应用，流态不同时，式中 λ 的实验式不同。著名的尼古拉兹实验揭示了水流流动状态和达西系数 λ 的关系。尼古拉兹在圆管内壁分别胶结各种粗细砂粒，致使内壁粗糙，以水为流动介质，对相对粗糙度不同的管道进行实验研究。实验得出流态不同的水流 λ 系数和管壁的粗糙程度、雷诺数的关系。

实验是用管道的直径 D 和管壁平均突起的高度（即砂粒的平均直径）k 之比来表示管壁的相对粗糙度。试验中用阀门不断改变管道内水流的速度，对实验数据进行分析整理，在对数坐标纸上画出 λ 与 Re 的关系曲线，如图 4-1 所示。

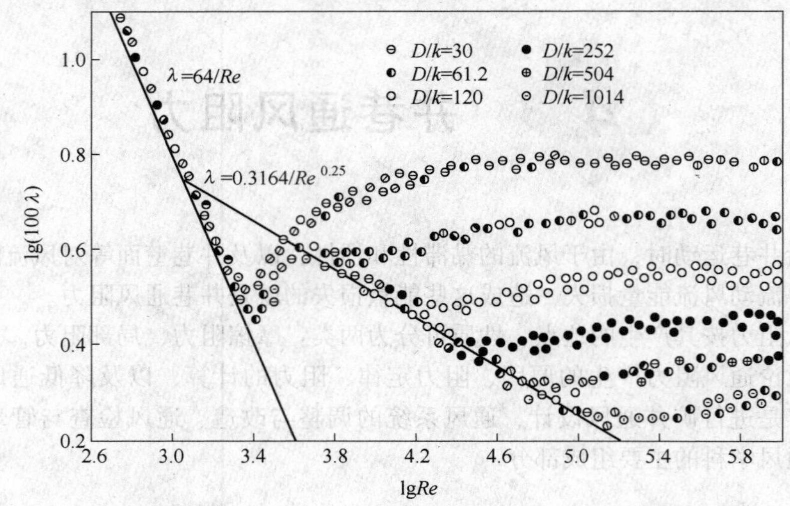

图 4-1　尼古拉兹曲线

图 4-1 表明以下几种情况：

（1）当 $\lg Re \leqslant 3.3$（即 $Re \leqslant 2000$），即当流体做层流流动时，由左边斜线可以看出，相对粗糙度不同的所有试验点都分布于其上，λ 随 Re 的增加而减少，且与管道的相对粗糙度无关，λ 和 Re 的关系式为

$$\lambda = 64/Re$$

（2）当 $3.3<\lg Re<5.0$（即 $2000<Re<100000$），即当流体由层流到紊流再到完全紊流的中间过渡状态时，λ 既和 Re 有关，又和管壁的相对粗糙度有关。

（3）当 $\lg Re \geqslant 5.0$（即 $Re \geqslant 100000$），即当流体做完全紊流流动时，λ 和 Re 无关，只和管壁的相对粗糙度有关。管壁的相对粗糙度越大，λ 值越小。

风流在井巷中的流动属于完全紊流流动状态，所以，λ 系数与雷诺数 Re 无关，而仅取决于井巷的相对粗糙度。因每条井巷的相对粗糙度在一定的时间范围内是不变的，故这时 λ 系数可以视为常数。

4.1.2　摩擦阻力定律

4.1.2.1　层流状态下的阻力定律

将层流流动时 λ 和 Re 的关系式 $\lambda = 64/Re$ 代入摩擦阻力计算公式（4-1），可得

$$h_f = \frac{\lambda \rho L v^2}{2D} = \frac{2\tau \rho L U^2 v}{S^2} \tag{4-2}$$

式中　U——巷道周长，m；

τ——运动黏性系数，m^2/s。

将 $v=Q/S$ 代入式（4-2），得

$$h_f = \frac{2\tau \rho L U^2 Q}{S^3} \tag{4-3}$$

设 $\alpha = 2\tau\rho$，并将此代入式（4-3），得

$$h_{\mathrm{f}} = \frac{\alpha L U^2 Q}{S^3} \tag{4-4}$$

设 $R_{\mathrm{f}} = \dfrac{\alpha L U^2}{S^3}$，并将其代入式（4-4），得

$$h_{\mathrm{f}} = R_{\mathrm{f}} Q \tag{4-5}$$

式中　α——层流状态下的井巷摩擦阻力系数，$\mathrm{N \cdot s^2/m^4}$；

R_{f}——层流状态下的井巷摩擦风阻，$\mathrm{N \cdot s^2/m^8}$。

式（4-5）即为风流在层流状态下的摩擦阻力定律。

4.1.2.2　完全紊流状态下的阻力定律

根据水力学实验，可得出水流在管道中流动时的摩擦阻力计算公式，考虑管道直径 $D=4S/U$，将其代入阻力公式，得

$$h_{\mathrm{f}} = \frac{\lambda \rho L U v^2}{8S} \tag{4-6}$$

完全紊流流动时 λ 系数为常数，设 $\alpha = \dfrac{\lambda \rho}{8}$，由于 $v=Q/S$，将其代入式（4-6）得

$$h_{\mathrm{f}} = \frac{\alpha L U v^2}{S} = \frac{\alpha L U Q^2}{S^3} \tag{4-7}$$

设 $R_{\mathrm{f}} = \dfrac{\alpha L U}{S^3}$，并将此代入式（4-7），得

$$h_{\mathrm{f}} = R_{\mathrm{f}} Q^2 \tag{4-8}$$

式中　α——紊流状态下的井巷摩擦阻力系数，$\mathrm{N \cdot s^2/m^4}$；

R_{f}——紊流状态下的井巷摩擦风阻，$\mathrm{N \cdot s^2/m^8}$。

式（4-8）即为风流在紊流状态下的摩擦阻力定律，即任一井巷的摩擦阻力等于该井巷的摩擦风阻与流过该井巷风量的平方的乘积。

4.1.3　摩擦阻力的计算

井巷摩擦阻力的计算是矿井通风阻力计算、选择通风设备的基础，在评定矿井通风状况或进行矿井通风设计时，需要计算完全紊流状态下井巷的摩擦阻力。其方法是按照完全紊流状态下的通风阻力定律，将矿井巷道长度 L、周界 U、净断面积 S、支护形式、风量 Q 分配值以及其中有无提升运输设备等用列表的方式排列出来，然后查附录4选定对应井巷的摩擦阻力系数 α 值，最后将计算结果填于表中，如表 4-1 所示。

表 4-1　矿井井巷风量及通风阻力计算表

序号	井巷名称	支护形式	$\alpha/\mathrm{N \cdot s^2 \cdot m^{-4}}$	L/m	U/m	$S/\mathrm{m^2}$	$S^3/\mathrm{m^3}$	$Q/\mathrm{m^3 \cdot s^{-1}}$	$Q^2/(\mathrm{m^3 \cdot s^{-1}})^2$	$H_{摩}$/Pa
1	主井	砼	—	—	—	—	—	—	—	—
2	井底车场	锚喷	—	—	—	—	—	—	—	—
—	—	—	—	—	—	—	—	—	—	—
合计										

附录 4 是前人通过大量实验和实测所得的、在标准状态（$\rho_0 = 1.2\text{kg/m}^3$）条件下各类井巷的摩擦阻力系数，即所谓标准值 α_0 值。当井巷中空气密度 $\rho \neq 1.2\text{kg/m}^3$ 时，其 α 值应进行修正，此时 $\alpha = \rho\alpha_0/1.2$。

例题：某设计巷道为梯形断面，$S = 8\text{m}^2$，$L = 1000\text{m}$，采用工字钢棚支护，支架截面高度 $d_0 = 14\text{cm}$，纵口径 $\Delta = 5$，计划通过风量 $Q = 1200\text{m}^3/\text{min}$，预计巷道中空气密度 $\rho = 1.25\text{kg/m}^3$，求该段巷道的通风阻力。

解：根据所给的 d_0、Δ、S 值，由附录 4 附表 4-4 查得

$$\alpha_0 = 284.2 \times 10^{-4} \times 0.88 = 0.025\text{N} \cdot \text{s}^2/\text{m}^4$$

则巷道实际摩擦阻力系数

$$\alpha = \alpha_0 \cdot \frac{\rho}{1.2} = 0.025 \times \frac{1.25}{1.2} = 0.026\text{N} \cdot \text{s}^2/\text{m}^4$$

巷道摩擦风阻为

$$R_f = \frac{\alpha LU}{S^3} = \frac{\alpha L \times 4.6\sqrt{S}}{S^3} = \frac{0.026 \times 1000 \times 11.77}{8^3} = 0.598\text{N} \cdot \text{s}^2/\text{m}^8$$

巷道摩擦阻力为

$$h_f = R_f Q^2 = 0.598 \times \left(\frac{1200}{60}\right)^2 = 239.2\text{Pa}$$

4.1.4 降低摩擦阻力的措施

为降低风流沿井巷流动时的能量损失，以节省通风电能，根据通风阻力定律，依据矿井具体情况，主要采取以下几方面措施降低井巷摩擦阻力。

（1）扩大巷道断面面积。当通过井巷的风量不变时，由于井巷摩擦阻力与巷道断面的三次方成反比，所以扩大巷道的断面面积可以大大降低井巷的风阻；当不能扩大巷道断面时，采用两条或多条巷道并联通风也可收到同样的效果。

（2）由于摩擦阻力与井巷断面的周界长度成正比，所以，要选用周界较小的井巷。在断面相同的条件下，以圆形断面的周长为最小，拱形次之，梯形最大。故井筒要采用圆形断面，主要巷道要采用拱形断面；只有采区内的服务期限不长的巷道可采用梯形断面。

（3）由于摩擦阻力与井巷长度成正比，所以，缩短井巷长度，减少风流流经的路线，可以减小通风阻力。例如，中央并列式通风系统的阻力过大时，可改为两翼式通风系统，以缩短回风路线。

（4）由于摩擦阻力与井巷的摩擦阻力系数成正比，所以保证井巷壁面光滑、支架排列整齐，可以降低通风阻力。选择摩擦阻力系数较小的支护方式，注意施工质量和维修质量，尽可能使井巷壁面平整光滑，是降低摩擦阻力不可忽视的措施。对于主要的井巷，要尽可能采用砌碹的支护方式；对于无支护的巷道，要尽可能使壁面平整；对于用棚子支护的采区巷道，也要尽可能使支架整齐、背好帮顶。

（5）当井巷参数不变时，摩擦阻力与风流的平均风速的平方成正比，所以流经井巷的风速不宜过大，以免造成阻力增加，损失风流能量。

4.2 局部阻力

4.2.1 局部阻力的意义

（1）局部阻力。风流在井巷内流动，流经局部地段（如巷道断面突然扩大、突然缩小、巷道转弯、巷道分叉等）时，由于风流速度的大小和方向发生急剧变化，引起空气质点相互间的激烈冲击和附加摩擦，会形成极为紊乱的涡流现象，从而造成风流能量的损失。在局部区段所产生的附加阻力称为井巷的局部阻力。

（2）局部阻力产生的地点。矿井内产生局部阻力的地点有井巷转弯处、巷道分岔和汇合处、巷道断面变化处、进回风井口等地点。

通常情况下，由于井巷内风流的速压较小，所产生的局部阻力也较小，井下各处局部阻力之和只占矿井总阻力的10%~20%。

4.2.2 局部阻力定律及计算

在完全紊流状态下，不论井巷局部地点的断面、形状和方向如何变化，所产生的局部阻力 h_r都和局部地点的前或后断面上的速压 h_{v1}或 h_{v2}成正比。

4.2.2.1 断面突然扩大的巷道局部阻力

如图4-2所示，风流流经井巷断面突然扩大处时，风流速度由 v_1变化到 v_2，风流空气质点间产生激烈冲击并出现涡流现象，从而造成风流的能量损失。

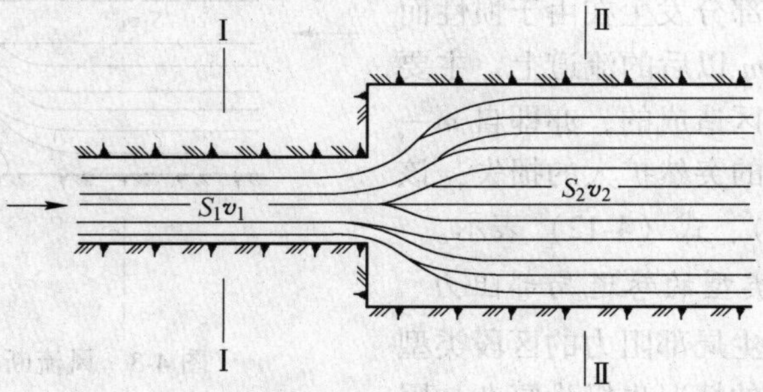

图4-2 风流断面突然扩大

该损失根据水力学包达-卡诺定律计算可得

$$h_r = \frac{(v_1 - v_2)^2}{2}\rho \tag{4-9}$$

因 $Q = S_1v_1 = S_2v_2$，故 $v_1/v_2 = S_2/S_1$，代入式（4-9），得

$$h_r = \frac{(v_1 - v_2)^2}{2}\rho = \left(1 - \frac{S_1}{S_2}\right)^2 \frac{v_1^2}{2}\rho = \left(\frac{S_2}{S_1} - 1\right)^2 \frac{v_2^2}{2}\rho \tag{4-10}$$

式中 v_1，v_2——分别为小断面和大断面的平均流速，m/s；

S_1，S_2——分别为小断面和大断面的面积，m^2；

ρ——空气平均密度，kg/m^3。

设 $\xi_1 = \left(1 - \frac{S_1}{S_2}\right)^2$，$\xi_2 = \left(\frac{S_2}{S_1} - 1\right)^2$，并将其代入式（4-10）可得

$$h_r = \xi_1 \frac{Q^2}{2S_1^2}\rho \tag{4-11}$$

或

$$h_r = \xi_2 \frac{Q^2}{2S_2^2}\rho \tag{4-12}$$

设 $R_r = \xi_1 \frac{\rho}{2S_1^2} = \xi_2 \frac{\rho}{2S_2^2}$，并将此式代入式（4-11）、式（4-12），得

$$h_r = R_r Q^2 \tag{4-13}$$

式中　ξ_1，ξ_2——局部阻力系数，无因次；

R_r——局部风阻，$N \cdot s^2/m^8$；

h_r——局部阻力，Pa。

式（4-13）即为完全紊流状态下的局部阻力定律。

4.2.2.2　断面突然缩小的巷道局部阻力

图 4-3 所示为风流经过井巷断面突然缩小处的情况。

风流从Ⅰ—Ⅰ断面流向 m—m 断面过程中，因风流收缩引起的空气质点间的内摩擦损失极为微小，可以忽略不计。因此，突然缩小时的能量损失大部分发生在由于惯性而形成的收缩断面 m—m 以后的流道上，主要是该断面附近的涡漩区造成的，亦即自 m—m 断面到Ⅱ—Ⅱ断面的突然扩大的损失，该损失可以用式（4-11）、式（4-12）表示。

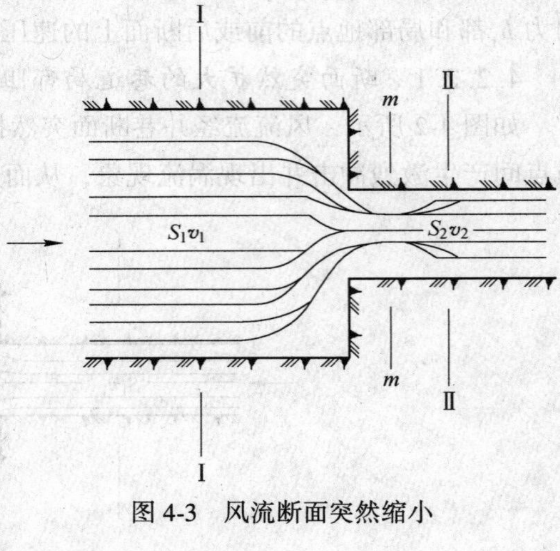

图 4-3　风流断面突然缩小

4.2.2.3　其他类型的巷道局部阻力

由于矿井井巷产生局部阻力的区段类型很多，风流流过其中的情况也极为复杂，因此，目前还不可能从理论上导出一个普遍适用的计算公式。但是，无论井巷在局部区段上的形状如何变化（如各种角度的拐弯、各种角度的巷道分叉等），所产生的局部阻力、引起局部能量损失的原因却是相同的。局部阻力的产生主要与涡漩区有关，涡漩区越大，能量损失越多，局部阻力越大。

因此，可以用突然扩大的局部阻力计算公式形式作为所有其他类型局部阻力计算公式的普遍形式，主要差别在于各种类型的局部阻力具有不同的局部阻力系数，局部阻力计算的关键是局部阻力系数的确定。

4.2.2.4　局部阻力系数

紊流局部阻力系数 ξ 一般取决于局部阻力物的形状，而边壁的粗糙程度为次要因素。下面分别讨论各种形式局部阻力物的阻力系数 ξ 的计算方法。

（1）巷道断面突然扩大。如图 4-2 所示，当忽略两断面间的摩擦阻力时，突然扩大的局部阻力 h_r 可按式计（4-11）或式（4-12）计算，其局部阻力系数为

$$\xi_1 = \left(1 - \frac{S_1}{S_2}\right)^2 \tag{4-14}$$

或

$$\xi_2 = \left(\frac{S_2}{S_1} - 1\right)^2 \tag{4-15}$$

式中，S_1、S_2 同前。

对于粗糙程度较大的矿井巷道，可按巷道的摩擦阻力系数 α 值对 ξ 值予以修正，修正后的局部阻力系数用 ξ' 表示，有

$$\xi' = \xi\left(1 + \frac{\alpha}{0.01}\right) \tag{4-16}$$

（2）巷道断面突然缩小。如图 4-3 所示，突然缩小的局部阻力系数 ξ 取决于巷道收缩面积比 S_2/S_1，对应于小断面的动压 $\frac{\rho v_2^2}{2}$，ξ 值可按式（4-17）计算

$$\xi = 0.5\left(1 - \frac{S_2}{S_1}\right) \tag{4-17}$$

如果考虑巷道粗糙程度的影响，突然缩小的局部阻力系数 ξ' 可用式（4-18）计算

$$\xi' = \xi\left(1 + \frac{\alpha}{0.013}\right) \tag{4-18}$$

（3）巷道断面逐渐扩大。逐渐扩大的局部阻力比突然扩大的局部阻力小得多，其能量损失可认为由摩擦损失和扩张损失两部分组成。

当 $\theta < 20°$ 时，渐扩段的局部阻力系数 ξ 可用式（4-19）计算

$$\xi = \frac{\alpha}{\rho \sin\frac{\theta}{2}}\left(1 - \frac{1}{n^2}\right) + \sin\theta\left(1 - \frac{1}{n}\right)^2 \tag{4-19}$$

式中 α——巷道的摩擦阻力系数，$N \cdot s^2/m^4$；

n——巷道大、小断面积之比，即 S_2/S_1；

θ——扩张角，(°)。

（4）巷道转弯、分叉与汇合。有关风流转弯、分叉与汇合的局部阻力系数计算比较复杂，而且这些公式都是半经验半理论的，通常是通过查阅有关矿井通风手册或采矿设计手册选取确定。

4.2.2.5 局部阻力的计算

在一般情况下，由于矿井内风流的速压较小，所产生的局部风阻也较小，井下各处的局部阻力之和只占矿井总阻力的 10%~20%左右，故在通风设计工作中，不逐一计算井下各处的局部阻力，只在该范围内估计一个总数。但对掘进通风用的风筒和风量较大的井巷，由于其中风流的速压较大，需要逐一计算局部阻力。

计算局部阻力时，用式（4-11）或式（4-12）比较简便。首先根据井巷局部地点的特征，对照前人实验所得附录 5，查出局部阻力系数的近似值，然后用图表中所指定的相应风速进行计算。

例如，某进风井内风速 $v=8\text{m/s}$，井口空气密度是 1.2kg/m^3，井口的净断面 $S=12.8\text{m}^2$，查附表 5-3 知该井口风流突然收缩的局部阻力系数是 0.6，则该井口的局部阻力和局部风阻为

$$h = 0.6 \times 8^2 \times 1.2/2 = 23.04\ \text{Pa}$$

$$R = 0.6 \times 1.2/2 \times 12.8^2 = 0.002197\ \text{N}\cdot\text{s}^2/\text{m}^8$$

4.2.3　降低局部阻力的措施

产生局部阻力的主要原因是由于局部阻力地点巷道断面的变化，引起了井巷风流速度的大小、方向、分布的变化。因此，降低局部阻力就是改善局部阻力断面的变化形态，减少风流流经局部阻力地点时产生的剧烈冲击和巨大涡流，减少风流能量损失，主要措施如下：

(1) 由于局部阻力与风速的平方或风量的平方成正比，故对于风速高、风量大的井巷，要尽可能避免断面的突然扩大或突然缩小。

(2) 尽可能避免巷道急转弯，在拐弯处的内侧和外侧要做成斜面或圆弧形，拐弯的弯曲半径应尽可能加大，还可设置导风板。

(3) 尽量避免巷道突然分叉和突然汇合，在分叉和汇合处的内侧要做成斜面或圆弧形，以减少局部阻力。

(4) 可在风筒或通风机的入风口安装集风器，在出风口安装扩散器。

(5) 在主要巷道内不得随意停放车辆、堆积木材或器材，必要时，宜把正对风流的固定物体做成流线形。

4.3　矿井风阻与矿井等积孔

4.3.1　矿井风阻及风阻特性曲线

(1) 矿井风阻。矿井风阻是反映矿井通风难易程度或通风能力大小的重要指标，风量相同时，风阻大的井巷或矿井通风阻力必大，表示通风困难，通风能力小；反之，风阻小的井巷或矿井通风阻力必小，表示通风容易，通风能力大。通风阻力相同时，风阻大的井巷或矿井风量必小，表示通风困难，通风能力小；反之，风阻小的井巷或矿井，风量必大，表示通风容易，通风能力大。所以，井巷或矿井的通风特性又称风阻特性。

(2) 风阻特性曲线。根据阻力定律 $h=RQ^2$，用纵坐标表示通风阻力，横坐标表示通过井巷的风量，则每给出一风量值，就可得到对应的阻力值，从而可画出一条抛物线，如图 4-4 所示。这条曲线就叫该井巷的风阻特性曲线，又称阻力特性曲线。风阻值越大，曲线越陡。

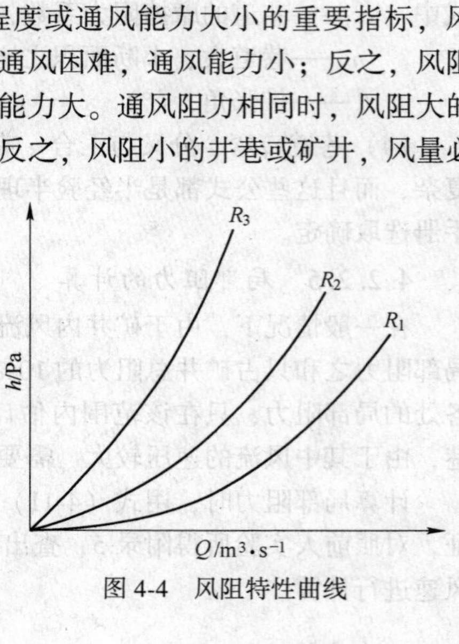

图 4-4　风阻特性曲线

应强调指出，对于特定井巷，风阻为定值，通过的风量越大，则通风阻力越大，且与风量的平方

成正比；反过来讲，需要增加风量，则必须使井巷两端的能量差（即通风压力）增大。能量差和通风阻力是等值的，前者是动力，后者是阻力。在生产矿井，特定井巷分配的风量取决于井巷的风阻和分配到该井巷的风压（能量差），而后者则取决于扇风机性能、矿井自然风压，以及整个通风网路中各分支风阻的匹配情况。因此，任一井巷中的风量不是可以任意给定的。

风阻特性曲线不但能直观地反映出井巷的通风难易程度，而且当用图解法计算简单通风网路和分析通风机工况时，都要用到井巷风阻特性曲线。故应理解曲线的意义，掌握其绘制方法。

4.3.2 矿井等积孔

4.3.2.1 *矿井通风等积孔*

矿井通风中，通常用一个和风阻的数值相当、意义相同的假想孔口的面积值来表示井巷或矿井的通风难易程度。这个假想的孔口叫做井巷或矿井的等积孔，用 A（m^2）表示。

假设在薄壁上有一个面积为 A（m^2）的孔口，当孔口通过的风量等于流过井巷的风量，而且孔口两侧的风压差等于井巷的通风阻力时，则孔口的面积 A 称为该井巷的等积孔值。

如图 4-5 所示，在薄壁上开有一面积为 A 的理想孔口，左右空气的绝对静压分别为 p_1、p_2，且其间的差值等于某井巷的通风阻力 h_r，空气在压力差的作用下，通过孔口的风量等于通过井巷的风量 Q。在上述条件下，在薄壁左侧距离孔口足够远处取截面Ⅰ—Ⅰ，其上的风速 v_1 近于零，在薄壁空气沿孔口流出后的断面收缩末端取截面Ⅱ—Ⅱ，其上的风速 v_2，则截面Ⅰ—Ⅰ与截面Ⅱ—Ⅱ之间的能量方程为

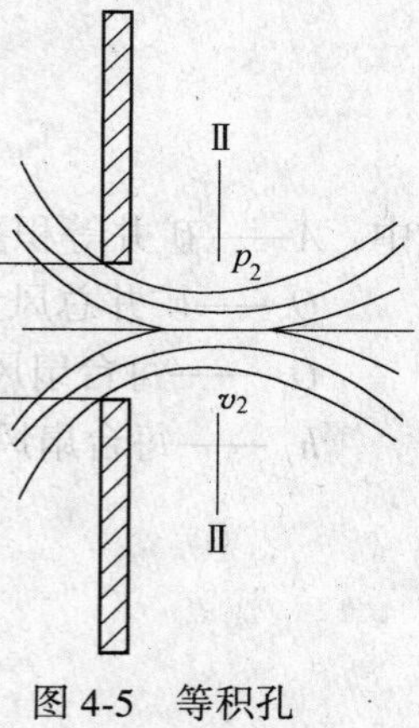

图 4-5 等积孔

$$p_1 + \frac{v_1^2}{2}\rho = p_2 + \frac{v_2^2}{2}\rho \tag{4-20}$$

由于 $v_1=0$，故有

$$p_1 - p_2 = \frac{v_2^2}{2}\rho = h_r \tag{4-21}$$

由此得

$$v_2 = \sqrt{\frac{2h_r}{\rho}} \tag{4-22}$$

在截面Ⅱ—Ⅱ处，风流断面为 A_2，根据水力学可知，其与孔口断面面积 A 的关系为 $A_2=0.65A$，由于 $Q=A_2v_2=0.65Av_2$，则

$$A = \frac{Q}{0.65\sqrt{\frac{2h_r}{\rho}}} \tag{4-23}$$

将矿内空气密度 $\rho=1.2\text{kg/m}^3$ 代入式（4-23），得

$$A = 1.19Q/\sqrt{h_r} \tag{4-24}$$

将阻力定律 $h=RQ^2$ 代入式（4-24）得出井巷风阻 R 与等积孔 A 之间的关系式

$$A = 1.19/\sqrt{R} \tag{4-25}$$

或

$$R = 1.42/A^2 \tag{4-26}$$

通常，根据矿井等积孔值或矿井风阻值的大小衡量、评定矿井通风的难易程度，将矿井分为三级，如表 4-2 所示。

表 4-2 矿井通风阻力等级表

矿井阻力等级	等积孔 A 值	风阻 R 值
大阻力矿井	<1	>1.42
中等阻力矿井	1~2	0.355~1.42
小阻力矿井	>2	<0.355

须指出的是，表中所列衡量矿井通风难易程度的等积孔值仅供参考，对小型矿井还有一定的实际意义，对大型矿井或采用多风机通风系统的矿井不一定适用。

4.3.2.2 *矿井等积孔值的计算*

（1）对于使用一台主要扇风机通风的矿井，矿井通风等积孔值按式（4-24）计算。

（2）对于使用 n 台主要扇风机通风的矿井，矿井通风的等积孔值计算公式为：

$$A = \frac{1.19Q^{3/2}}{\left(\sum_{i=1}^{n} Q_i h_i\right)^{1/2}} \tag{4-27}$$

式中 A——矿井等积孔值，m^2；

Q——矿井总风量，m^3/s；

Q_i——每台扇风机的风量，m^3/s；

h_i——每台扇风机的风压，Pa。

复习思考题

4-1 通风阻力和风压损失在概念上是否相同？它们之间有什么关系？

4-2 尼古拉茨实验揭示了哪些流体流动阻力的规律性？

4-3 井巷等积孔的意义是什么？它与井巷风阻有什么关系？

4-4 某运输平巷长 300m，用不完全棚架支护，支柱的直径为 20cm，柱子中心间的距离为 80cm。平巷的净断面积按巷道顶部宽度为 2.1m，底部宽度为 2.6m，高度为 2.1m 计算。试求该运输平巷的风阻值。

4-5 已知某巷道的风阻为 $46.6N \cdot s^2/m^8$，通过的风量为 $16m^3/s$，试求该巷道的通风阻力。

4-6 某梯形巷道用木支架支护全长 L（m），摩擦阻力系数 $a_0 = 0.0016N \cdot s^2/m^4$，现将 1m 巷道的支架改为抹面的混凝土砌碹，并使全巷道的风压损失由 $50mmH_2O$ 降到 $30mmH_2O$，求长度 l 为巷道全长 L 的多少倍？

4-7 井筒的净直径为 6m，井深 500m，井壁为混凝土砌碹，井筒中沿两排金属罐道梁有固定的罐道，纵口径 $\Delta = 16$，有两个罐笼间。井筒中的风速为 5m/s。试求井筒的通风阻力。

4-8 某通风巷道的断面由 $2m^2$ 突然扩大到 $10m^2$，若巷道中流过的风量为 $20m^3/s$，巷道的摩擦阻力系数为

0.0016N·s^2/m^4，求巷道突然扩大处的通风阻力。

4-9 巷道断面由 $10m^2$突然收缩到 $2m^2$，若巷道的摩擦阻力系数为 0.0016N·s^2/m^4，流过的风量为 $20m^3/s$，求巷道突然收缩处的通风阻力。

4-10 在 100m 长的平巷中，测得通风阻力为 5.95mmH_2O，巷道断面 $5m^2$，周界 9.3m，测定时巷道的风量为 $20m^3/s$，求该巷道的摩擦阻力系数。若在此巷道中停放一列矿车，风量仍保持不变，测得此段巷道的总风压损失为 7.32mmH_2O，求矿车的局部阻力系数。

4-11 某矿利用自然通风，自然风压为 40mmH_2O 时矿井总风量为 $20m^3/s$，若自然风压降为 30mmH_2O，但矿井风量仍要保持不小于 $20m^3/s$，问该矿井风阻应降低多少？矿井等积孔是多少？

4-12 降低摩擦阻力和局部阻力的措施有哪些？

5 矿井通风动力

矿井内空气沿着既定井巷源源不断地流动，要不断地将新鲜空气送至用风地点，将污风排出矿井，就必须使风流始末两端存在能量差或压差，在能量差或压差的作用下克服风流流动的阻力，促使风流流动。提供这种能量差或压差的动力就称为通风动力。

由前面章节可知，通风机风压和自然风压均是矿井通风动力。因此，根据通风动力来源不同，可将通风动力分为机械动力、自然动力两种。

矿井通风中，依靠机械动力通风称为机械通风，依靠自然动力通风称为自然通风。

5.1 矿井自然通风

在各种自然因素作用下，使风流获得能量并沿井巷流动的通风方法称为矿井自然通风。

5.1.1 自然风压的产生

如图 5-1 所示为一个简化的矿井通风系统，*a-b*、*d-e* 为矿井的进、回风井，*b-c* 为水平巷道，*c-d* 为倾斜巷道，*o-e* 为水平线。新鲜风流由进风井进入矿井内，与井巷壁面岩石发生热量交换，使得进、回风井的气温出现差异，从而使得进、回风井里的空气重率不同，由此形成的两空气柱作用在井筒底部的空气压力不相等，其压差就是自然风压。

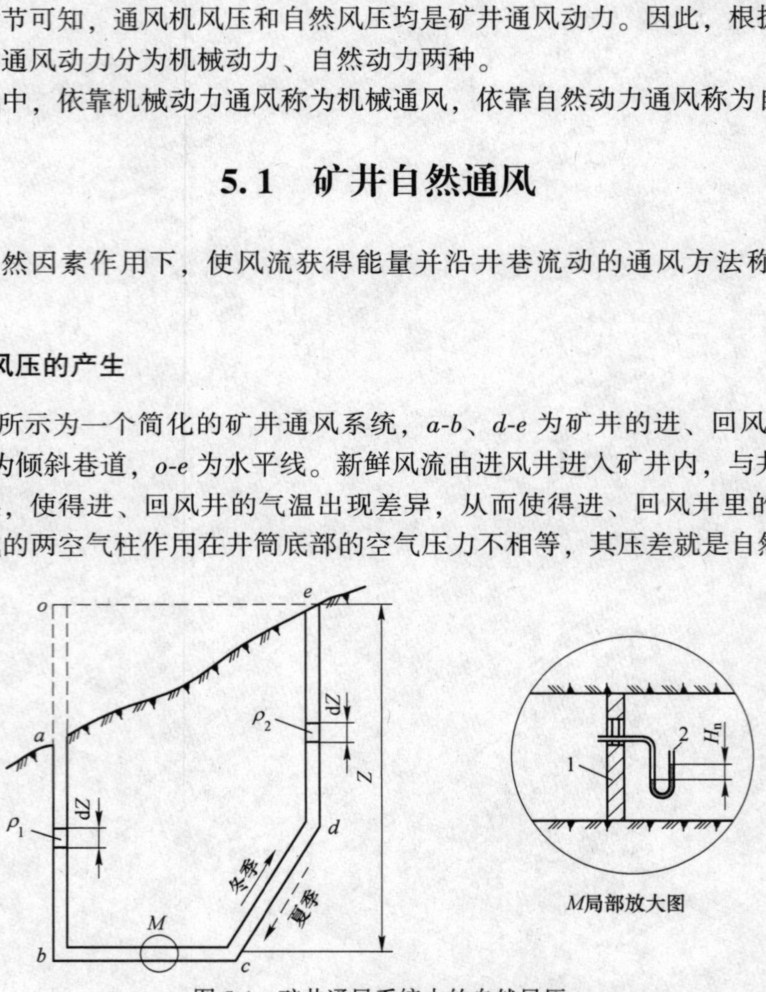

图 5-1 矿井通风系统中的自然风压

1—密闭墙；2—压差计

自然风压用 H_n 表示。

$$H_n = \int_0^b \rho_1 g \mathrm{d}Z - \int_c^e \rho_2 g \mathrm{d}Z \tag{5-1}$$

式中 H_n ——矿井自然风压，Pa；

ρ_1，ρ_2——井筒内空气柱的密度，kg/m³；

Z——井筒深度，m。

在夏季，地面气温较高，那么 $\rho_2 > \rho_1$，则有虚矢线所示方向的自然风压；在冬季，地面气温较低，那么 $\rho_1 > \rho_2$，则有实矢线所示方向的自然风压；当 $\rho_1 = \rho_2$，自然风压为0。

由于空气密度受多种因素影响，与高度 Z 成复杂的函数关系。因此利用式（5-1）计算自然风压较为困难。为了简化计算，一般采用测算出 *o-a-b* 和 *e-d-c* 井巷中空气密度的平均值 ρ_{m1} 和 ρ_{m2}，代替式（5-1）中的 ρ_1 和 ρ_2，则式（5-1）可写为

$$H_n = Zg(\rho_{m1} - \rho_{m2}) \tag{5-2}$$

5.1.2 自然风压的变化规律

矿井进风和出风两侧空气柱的高度和平均密度是矿井自然风压的两项影响因素，而空气柱的平均密度主要取决于空气的温度。因此，对于进、出风口高差较大，开采深度较浅的矿井，由于进风侧空气柱的平均密度随着地面四季气温的变化而变化，出风侧空气柱的平均密度常年基本不变，导致矿井的自然风压发生图5-2所示的季节性变化。对于开采深度较深的矿井，由于进风侧空气柱的平均密度随着地面四季气温的变化较小，致使矿井的自然风压受低温影响较小，所以自然风压的大小随四季变化不大，如图5-3所示。

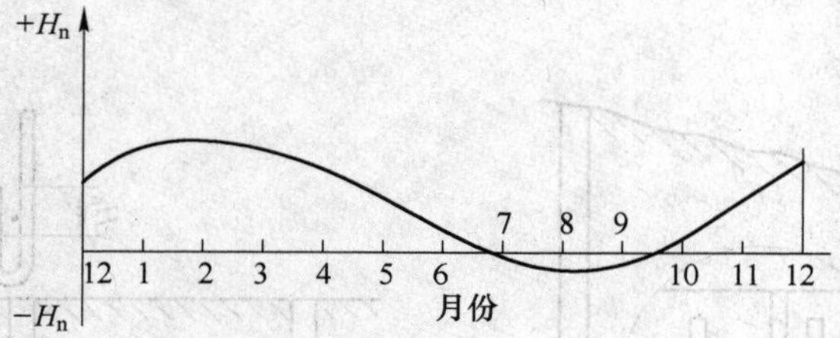

图5-2 开采深度较浅的矿井

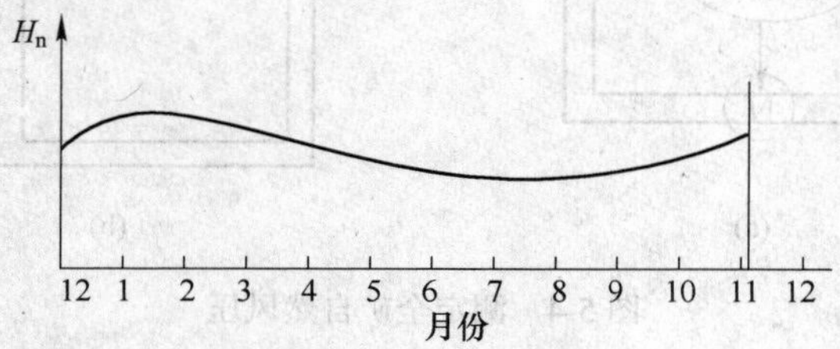

图5-3 开采深度较深的矿井

矿井自然通风的形成，使矿内空气与外界发生了热能或其他形式能量的交换而促使空气做功，用以克服井巷通风阻力，维持空气流动。

矿井在自然风压作用下的自然通风是客观存在的自然现象，其作用有时对矿井通风有利，有时却对矿井通风不利。所以，仅依靠自然风压通风的矿井，由于自然风压的改变会改变矿井通风风流流向，甚至使风流停滞，致使供风量不稳定，故不能满足矿井安全生产的需要。

5.1.3 自然风压的测定

在生产实践中，可以用测风仪表直接或间接地测出矿井自然风压。

(1) 直接测定法。如图 5-4（a）所示，若井下有扇风机，先停止扇风机的运转，在总风流流过的巷道中任何适当的地点建立临时风墙，停风 10～15min 待风流稳定后，立即用压差计测出风墙两侧的风压差，此值就是自然风压。如果矿井还有其他水平，则应同时将其他所有水平的自然风流用风墙隔断。可见，这个方法用于多水平矿井并不简便。而且，此种方法对生产中的煤矿，由于违反《煤矿安全规程》的规定而不能采用。

在有主扇通风的矿井，测定全矿自然风压的简便方法如图 5-4（b）所示。首先停止主扇运转，同时立即将风硐内的闸板放下，隔断自然风流，这时接入风硐内闸板前的压差计的读数就是全矿自然风压。

(2) 间接测定法。当主扇运转时，通过改变主扇转速，改变其工况，测出不同情况的主扇风量 Q 及其有效静压 H_s，则可得出能量方程

$$H_s + H_n = RQ^2 \tag{5-3}$$

然后，停止主扇运转，当仍有自然风流流过全矿时，立即在风硐或其他总风流中测出自然通风量 Q_n，则有方程 $H_n = RQ_n{}^2$，并与式（5-3）联立，则可得自然风压 H_n 和全矿风阻 R。

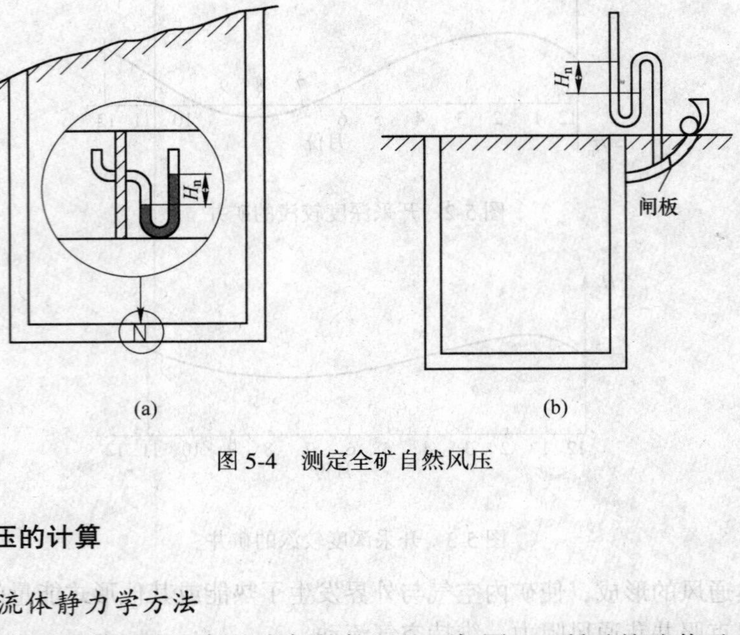

图 5-4 测定全矿自然风压

5.1.4 自然风压的计算

5.1.4.1 流体静力学方法

该方法的实质是计算两个空气柱底部的气压差。如图 5-5 所示的矿井无扇风机，但存在自然通风，风向为矢线；进风井口以上一段空气柱为 1-2，1 点与 5 点标高相同，此处大气压皆为 p_0，按式（5-1），且考虑标高向上为正，则自然风压为

$$H_n = \left(-\int_1^2 \rho_0 g \mathrm{d}Z - \int_2^3 \rho_1 g \mathrm{d}Z\right) - \left(-\int_5^4 \rho_2 g \mathrm{d}Z\right) \tag{5-4}$$

按流体静力学，气压增量为

$$dp = \rho g dZ \tag{5-5}$$

因此，假设各段空气柱的空气密度是各自不同的常量，则可对式（5-3）简单积分。但是，空气密度取决于空气状态变化过程，即与标高（或深度）或气压、温度等有关，是变量。为简化计算，现分两种情况来讨论。

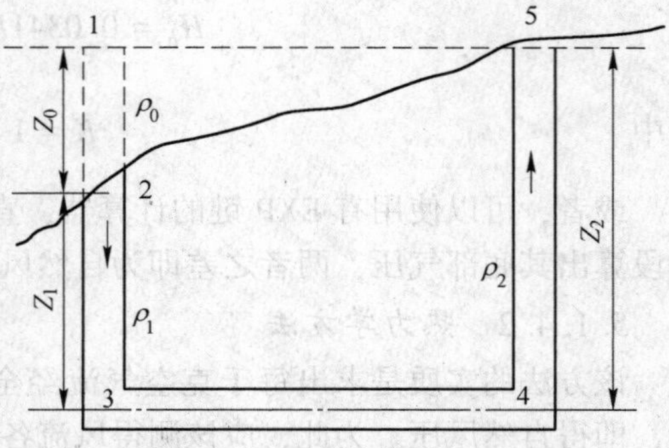

图 5-5　井口标高不同的矿井自然通风

（1）当井深在 100m 以内时，可近似视为等容过程，ρ 为常量，则式（5-4）可积分为

$$H_n = \rho_0 g Z_0 + \rho_1 g Z_1 - \rho_2 g Z_2 \tag{5-6}$$

式中　ρ_0，ρ_1，ρ_2——各段空气柱空气的平均密度，一般取空气柱始末两点的气压和气温，按式（2-4）或式（2-5）计算，再平均。

在生产矿井各处的气温、气压可从实测获得。新设计矿井时，进风井口气温可取该标高处地表的月平均气温，进风井底的气温应参考附近矿山的实际资料来确定。回风井底的气温可按该深度处岩体温度减去 1～2℃，回风井口的气温可按每上升 100m 气温下降0. 4～0. 5℃计算。

（2）当井深超过 100m 时，井筒空气状态变化可视为等温过程，则式（5-4）可写为

$$\frac{1}{\rho g}dp = dZ \quad 或 \quad \frac{TR}{g}\frac{dp}{p} = dZ$$

$$\frac{1}{g}\int_{p_0}^{p_i} RT\frac{dp}{p} = \int_0^Z dZ$$

积分得

$$p_i = p_0 e^{\frac{gZ}{RT_i}} \tag{5-7}$$

式中　p_0——井口气压，Pa；

p_i——井深为 Z 米处的气压，Pa；

T_i——井筒内空气平均温度，K；

R——空气的气体常数，$R = 287 J/(kg \cdot K)$。

为计算方便，将式（5-6）展开成级数，并略去第二项后各项，可得

$$p_i = p_0\left(1 + \frac{gZ_i}{RT_i}\right) \tag{5-8}$$

按式（5-7）分别计算出进、回风井底的气压，两者之差就是自然风压

$$H_n = p_1 - p_2 = gp_0\left(\frac{Z}{RT_1} - \frac{Z}{RT_2}\right) \tag{5-9}$$

式中　Z——由井口到井底最深处的深度，m；

其他符号意义与式（5-6）相同。

当矿井深度超过 100m 时，因略去展开级数中第二项以后各项所造成的误差较大，所以在式（5-9）右端乘以修正系数 K，并考虑到气体常数 $R = 287 J/(kg \cdot K)$，则式（5-9）可写成

$$H_n = 0.0341Kp_0Z(\frac{1}{T_1} - \frac{1}{T_2}) \tag{5-10}$$

式中

$$K = 1 + \frac{Z}{10000}$$

或者，可以使用有 EXP 键的计算器，直接按照式（5-6）分别对进、回风井由顶至底逐段算出其底部气压，两者之差即为自然风压。

5.1.4.2 热力学方法

该方法的实质是求出每千克空气流经全矿井所做的机械功，再乘以全矿平均空气密度，即得自然风压。为此，应该测得风流各点的气压 p 和比体积 ν_i。

5.1.5 自然风压的影响因素

根据矿井自然风压的定义，可以把自然风压看成是空气密度和井巷深度的函数，而空气密度与空气温度、压力、湿度和成分等密切相关。影响矿井自然风压的主要因素包括温度、空气状态、标高、扇风机工作状态、风量大小、矿井的工作水平数、开拓系统布局等，一些具体因素分析如下。

（1）温度。矿井某一回路中两侧空气柱温差是影响自然风压的主要因素。影响气温差的主要因素是地面入风口气温和风流与围岩的热交换，其影响程度随矿井的开拓方式、开采深度、地形和地理位置的不同而有所变化。如前所述，大陆性气候的山区浅井与深井，自然风压的大小和方向受地面气温的影响是不一样的。

（2）空气成分和湿度。空气成分和湿度影响空气密度，因而对自然风压也有一定的影响，但影响较小。

（3）矿井深度。当两侧空气柱温差一定时，自然风压与回路中最高与最低点（水平）之间的高差成正比。

（4）风机运转。风机运转对自然风压的大小和方向也有一定的影响。因为矿井主要通风机工作决定了主风流的方向，加之风流与围岩之间的热交换，使冬季回风井气温高于进风井，在进风井周围形成了冷却带后，即使风机停转或通风系统改变，两个井筒之间在一定时期内仍有一定的温差，从而仍有一定的自然风压起作用。有时甚至会干扰通风系统改变后的正常通风工作，这在建井时期表现尤为明显。

5.1.6 自然风压的控制与利用

自然风压是矿井通风动力的一种，其作用有时对矿井通风有利，有时却对矿井通风不利。因此研究自然风压的控制和利用，对于提高通风效率、确保矿井安全生产具有非常重要的意义。

实际工作中主要采取以下措施，以有效地利用和控制自然风压对矿井通风安全的影响。

（1）充分利用自然风压，以增加通风动力。在进行矿井开拓方案选择、拟定矿井的通风系统时，应综合考虑矿区自然地理条件、自然风压的方向及常年风向因素，充分利用全年大部分时间内自然风压的作用方向与机械风压一致的因素，以便利用自然风压，增加通风动力。如，在山区要尽量增大进、回风井井口的高差；进风井井口布置在背阳处等。

（2）适时调整主扇风机工况，满足矿井需风量要求。根据季节的变化，依据自然风压对矿井机械通风作用的变化规律，适时调整主扇风机工况点，既能满足矿井通风需要，又能节省电能。如，在冬季自然风压与机械通风方向一致时，可以减小风机叶片安装角度或调低转速以降低机械风压。

（3）人工调整进、回风井内空气的温差。如，有些矿井在进风井巷设置水幕或者淋水，以冷却空气，同时起到净化风流的作用。

（4）利用自然风压做好不同时期的通风。如，在建井时期，要注意因地制宜和因时制宜利用自然风压通风，如在表土施工阶段可利用自然通风；在主副井与风井贯通之后，有时也可利用自然通风；有条件时还可利用钻孔构成回路，形成自然风压，解决局部地区通风问题。在非常时期，一旦主要通风机因故遭受破坏时，便可利用自然风压进行通风。

（5）加强矿井自然风压的监测与管理，消除事故隐患，确保安全生产。在通风系统较复杂的矿井，尤其是多井口通风的山区矿井，要认真分析矿区自然风压的变化对矿井通风的消极影响，避免因自然风压作用造成某些巷道无风或局部反风而导致事故的发生。这对于高瓦斯、高二氧化碳或有煤与瓦斯突出危险的煤矿尤为重要。

5.2 矿井机械通风

在机械动力的作用下，使风流获得能量并沿井巷流动，这种现象称为矿井机械通风。在矿井通风中，用于通风的机械称为扇风机，扇风机是矿井通风的主要动力。

矿用扇风机按其服务范围可分为主要扇风机（用于全矿井或其一翼通风的扇风机，并且昼夜运转，简称主扇）、辅助扇风机（帮助主扇对矿井一翼或一个较大区域克服通风阻力，增加风量和风压的扇风机，简称辅扇）和局部扇风机（用于矿井下某一局部地点通风用的扇风机，简称局扇）三种；按其构造和工作原理可分为离心式和轴流式扇风机两种类型。

5.2.1 离心式扇风机

如图 5-6 所示，离心式扇风机主要由动轮（工作轮）1、螺旋形机壳 5、吸风管 6 和锥形扩散器 7 组成。

有些离心式扇风机还在动轮前面装设具有叶片形状的前导器，其作用是使气流在进入动轮的速度方向发生扭曲，以调节扇风机产生的风压和风量。动轮是由固定在主轴 3 上的轮毂 4 和其上的叶片 2 所组成。如图 5-7 所示，离心式扇风机叶片按其在动轮出口处安装角的不同，分为径向式、后倾式和前倾式三种。叶片出口角 β_2 大于 90°的叫做前倾式叶片，等于 90°的叫做径向式叶片，小于 90°的叫做后倾式叶片。

其工作原理是当电动机经传动装置带动叶轮在机壳中旋转时，叶片间的空气随叶片的旋转而旋转，获得离心力，经叶片端被抛出叶轮，并汇集在螺旋状机壳里。在机壳内空气流速逐渐减小，压力升高，然后经扩散器排出。与此同时，由于动轮中气体外流，在叶片的入口处形成负压区，吸风口处的空气便在此负压的作用下进入动轮叶道，因此形成连续流动的风流。

离心式扇风机按其工作轮入风口方式不同可分为单侧吸风和双侧吸风两种。

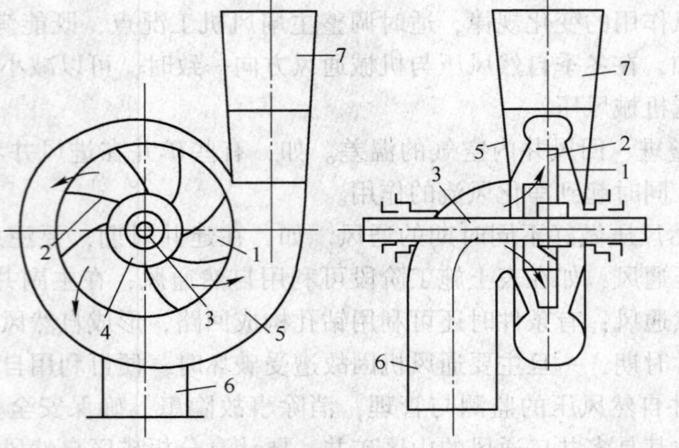

图 5-6 离心式扇风机构造

1—动轮；2—叶片；3—主轴；4—轮毂；
5—螺旋形机壳；6—吸风管；7—锥形扩散器

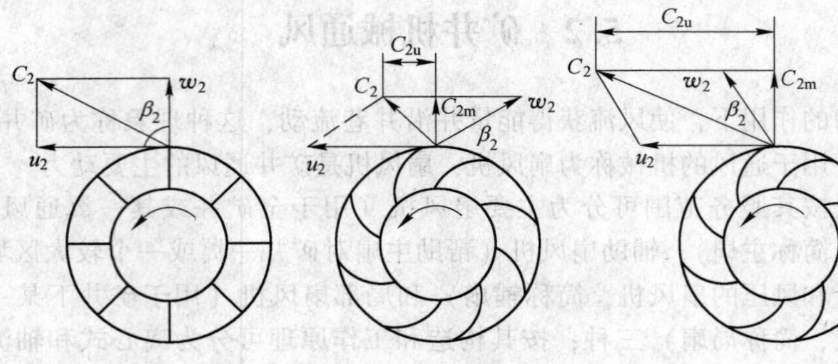

图 5-7 离心式扇风机按叶片安装角度分类

（a）径向式 $\beta_2=90°$；（b）后倾式 $\beta_2>90°$；（c）前倾式 $\beta_2<90°$

w_2—空气沿叶片出口的相对速度；u_2—动轮外缘圆周速度；
c_2—合速度；C_{2u}—C_2 的切向分量；C_{2m}—C_2 的径向分量

5.2.2 轴流式扇风机

轴流式扇风机用途非常广泛，之所以称为“轴流式”，是因为气体平行于风机轴流动。如图 5-8 所示，轴流式扇风机主要由动轮 1、圆筒形机外壳 3、集风器 4、整流器 5、前流线体 6 和环形扩散器 7 组成。集风器是外壳呈曲线形且断面收缩的风筒。流线体是一个遮盖动轮轮毂部分的曲面圆锥形罩，它与集风器构成环形入风口，以减少入口对风流的阻力。

动轮是由固定在轮轴上的轮毂和等间距安装的叶片 2 组成。

叶片的安装角一般可以根据需要调整。国产轴流式扇风机的叶片安装角一般可调为 15°、20°、25°、30°、35°、40°和 45°七种，使用时可以每隔 2. 5°调一次。一个动轮和它后面一个有固定叶片的整流器组成一段。为了提高扇风机的风压，有些轴流式扇风机安装两段动轮。

其工作原理如图 5-9 所示，叶片按等间距安装在动轮上，当动轮的叶片在空气中快速扫过时，由于叶片的凹面与空气冲击，给空气以能量，产生正压，使空气从叶道流出；而叶片的背面牵动空气，产生负压，将空气吸入叶道。如此一压一吸便造成空气流动。整流器安装在每一级叶轮之后，其作用是整理由动轮流出的旋转气流，以减少涡流损失。环形扩散器的作用是使环状气流过渡到柱状气流时，速压逐渐减少，以减少冲击损失，同时使静压逐渐增加。

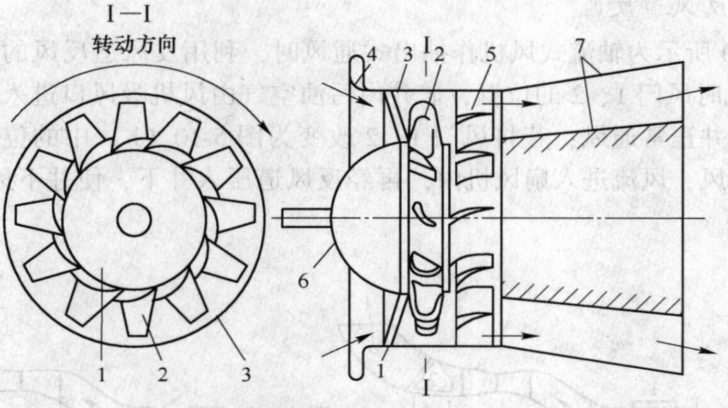

图 5-8　轴流式扇风机构造

1—动轮；2—叶片；3—圆筒形机外壳；4—集风器；
5—整流器；6—前流线体；7—环形扩散器

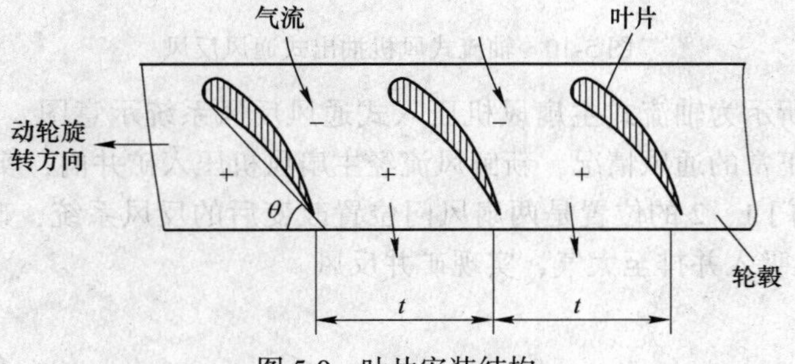

图 5-9　叶片安装结构

5.2.3　扇风机的附属装置

在矿井通风中，由主扇风机及其附属装置配合使用，实现矿井通风功能。扇风机附属装置包括反风装置、防爆门、风硐和扩散器等。

5.2.3.1　反风装置

反风就是使正常风流反向。实现矿井风流反向的通风附属设施称为反风装置。

《煤矿安全规程》第 127 条规定：“生产矿井主要通风机必须装有反风设施，必须能在 10min 内改变巷道内的风流方向。”《冶金矿山安全规程》第 215 条规定：“主扇应有使矿井风流在 10min 内反向的措施。每年至少进行一次反风试验，并测定主要风路反风后的风量。”

矿井生产期间，当进风井筒附近或井底车场等进风流发生火灾或瓦斯煤尘等爆炸时，会产生大量的一氧化碳和二氧化碳等有毒有害气体，如扇风机照常运转，就会将这些有毒有害气体带入采掘工作面，危及工人的生命安全。为此，采取主扇的反风装置迅速将矿井内风流方向反转过来，将这些有毒有害气体迅速排出矿井，以有效控制这些危害的扩大。

反风装置的类型随风机类型和结构的不同而不同。目前常用的反风方法有设专用反风道反风、主扇风机反转反风，也有利用备用风机作反风道反风和调节叶片安装角度反风的方法。

A　设专用反风道反风

（1）图 5-10 所示为轴流式风机作抽出式通风时，利用反风道反风的示意图。图 5-10（a）为正常通风时风门 1、2 的位置，矿井内污浊空气由风机吸风口进入并通过扇风机排至大气，实现矿井正常通风；若将风门 1、2 改变为图 5-10（b）中的位置，扇风机将从大气中吸入新鲜风，风流进入扇风机内，再经反风道压入井下，使井下风流的方向改变，实现矿井反风。

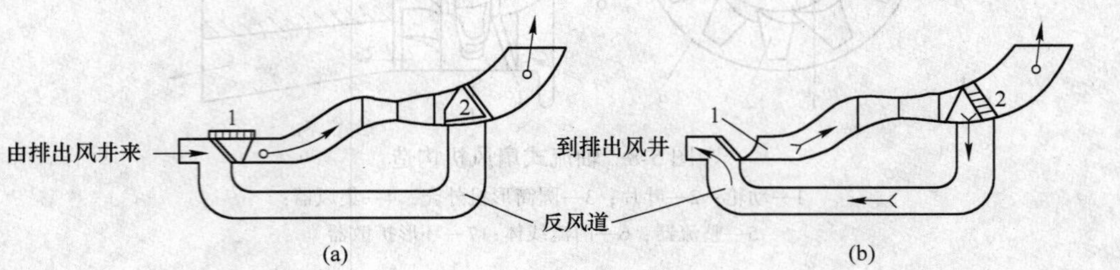

图 5-10　轴流式风机抽出式通风反风

（2）图 5-11 所示为轴流式主扇风机压入式通风反风系统示意图。图 5-11（a）中风门 1、2 的位置是正常的通风情况，新鲜风流经主扇风机压入矿井内，实现矿井正常通风。图 5-11（b）中风门 1、2 的位置是两扇风门位置改变后的反风系统，矿井内污浊空气通过反风道被扇风机吸入并排至大气，实现矿井反风。

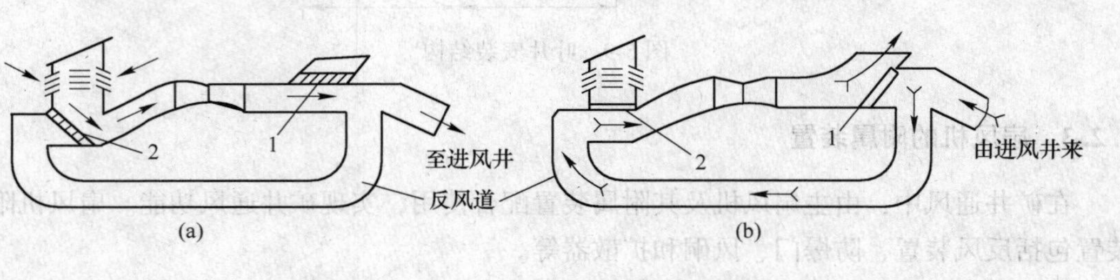

图 5-11　轴流式风机压入式通风的反风

（3）图 5-12 所示为离心式主扇风机反风时的通风系统。正常通风时，风门 1、2 处于实线位置，矿井内污浊空气由风机吸风口进入并通过扇风机排至大气；反风时，风门 1 打开，风门 2 关闭，新鲜风流自风门 2 进入扇风机，再从风门 1 进入反风道 3，经风井压入井下，实现矿井反风。

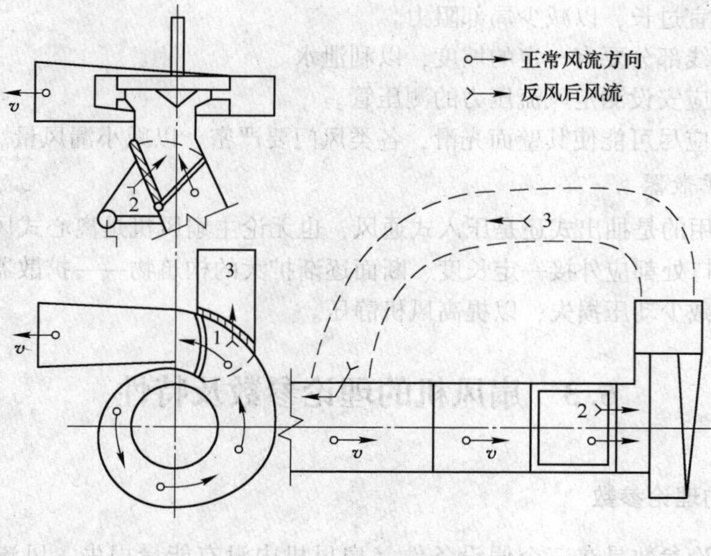

图 5-12 离心式风机反风系统

B 主扇风机反转反风

此种反风只适应于轴流式主扇风机工作的矿井。在反风时，调换电动机电源的任意两相，使电动机改变旋转方向，从而改变主扇风机动轮的旋转方向，使井下风流反向，从而实现矿井反风。这种反风方法不需要做反风道，基建费用小，反风方便，这也是为什么轴流式主扇风机在矿井中使用较广泛的原因之一。

5.2.3.2 防爆门

《煤矿安全规程》第 127 条规定："……装有主要通风机的出风井口应安装防爆门……。"通常，在斜井口设防爆门，在立井口设防爆井盖。其作用是：当井下一旦发生瓦斯、煤尘或其他爆炸时，爆炸气浪可将防爆门冲开，从而保护主扇风机免受损坏。防爆井盖在正常情况下是气密的，以防止风流短路。

图 5-13 所示为无提升的通风立井口的钟形防爆井盖，井盖 1 用钢板焊接而成，通常在四周用四条钢丝绳绕过滑轮 3，以平衡锤 4 牵住防爆盖，其下端放入井口圈 2 的凹槽中，槽中盛水，以防止漏风，凹槽的深度必须大于防爆门内外的压力差。

装有提升设备的井筒设置的井盖门一般为铁木结构，与门框接合处要加严密的胶皮垫层以防漏风。

5.2.3.3 风硐

风硐是矿井主扇风机和出风井之间的一段联络巷道。由于通过风硐的风量很大，而且其内外的压力差较大，因此应特别注意降低风硐阻力和减少漏风。风硐设计和施工时应满足以下要求：

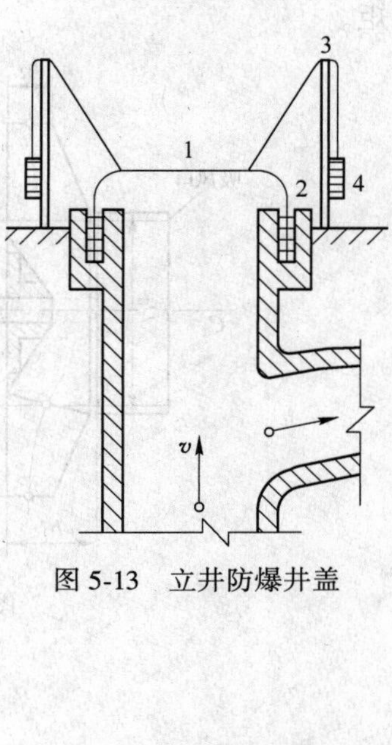

图 5-13 立井防爆井盖

(1) 风硐的断面不宜太小，其风速以 10~15m/s 为宜。

(2) 风硐不宜过长，以减少局部阻力。

(3) 风硐直线部分要有一定的坡度，以利泄水。

(4) 风硐内应安设测定风流压力的测压管。

(5) 施工时应尽可能使其壁面光滑，各类风门要严密，以减小漏风量。

5.2.3.4 扩散器

无论矿井采用的是抽出式还是压入式通风，也无论主扇风机是离心式风机还是轴流式风机，在风机出口处都应外接一定长度、断面逐渐扩大的构筑物——扩散器。其作用是降低出风口速压，减少动压损失，以提高风机静压。

5.3 扇风机的理论参数及特性

5.3.1 扇风机的理论参数

扇风机的理论参数是在三个假设条件（扇风机内没有能量损失、风流在扇风机内是稳定连续流动、动轮叶片无限多且其厚度忽略不计）下的参数。包括理论风压 H_{ft0} 、理论风量 Q_{f0} 、理论功率 N_t 和效率 η 。

5.3.1.1 扇风机的理论风压

A 离心式扇风机的理论风压

如图 5-14 所示，扇风机叶轮入口和出口的直径分别为 D_1、D_2，半径为 R_1、R_2，叶片宽度为 b_1、b_2，力臂为 L_1、L_2，在以上三个假设条件下，流体质点在叶道内的运动一方面随叶轮旋转，做圆周运动，速度为 u(m/s)，同时沿叶片以相对速度 w(m/s) 从内缘向外缘运动，二者的合成速度就是空气质点的绝对速度 C(m/s)，随着质点位置的改变，绝对速度不断发生变化，这些变化是由于空气接受了外加能量而产生的。根据动力矩定理，单位时间内流体由一个断面流向另一断面时动力矩的增量等于加给这两断面间流体的外力矩。

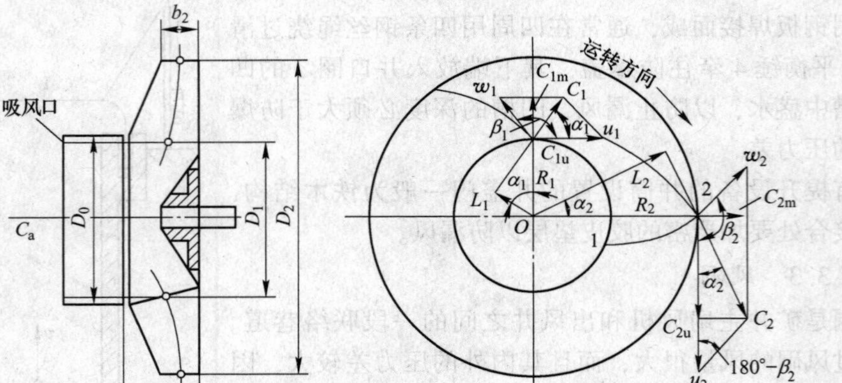

图 5-14 离心式扇风机流质点速度分布

设每秒钟流过动轮的空气质量为 m(kg/s)，则入口处空气的动力矩 $M_1=mC_1L_1$，出口处空气的动力矩 $M_2=MC_2L_2$，由于 $m=\rho Q$，作用在叶轮轴上的外力矩 M 和叶轮的角速度 ω 的乘积就是叶轮轴上的理论功率 N_{ft0}，即 $M=N_{ft0}/\omega$，按动力矩定理 $M=M_2-M_1$，则得

$$\frac{Q_{f0}H_{ft0}}{\omega}=m(C_2L_2-C_1L_1)=Q_{f0}\rho(C_2L_2-C_1L_1) \tag{5-11}$$

简化可得

$$\begin{aligned}H_{ft0}&=\rho(\omega C_2L_2-\omega C_1L_1)\\&=\rho(\omega C_2R_2\cos\alpha_2-\omega C_1R_1\cos\alpha_1)\\&=\rho(C_2u_2\cos\alpha_2-C_1u_1\cos\alpha_1)\\&=\rho(C_{2u}u_2-C_{1u}u_1)\end{aligned}$$

即

$$H_{ft0}=\rho(C_{2u}u_2-C_{1u}u_1) \tag{5-12}$$

式中 C_{1u}，C_{2u}——入口、出口处空气质点的旋转速度，m/s；

α——C 与 u 的夹角；

ω——动轮的角速度，rad/s。

式（5-12）表明：扇风机的理论风压取决于圆周速度和旋转速度。在叶轮前安装前导器的扇风机，改变前导器的叶片角度，可以改变 α_1 的大小，α_1 角越大，则 C_{1u} 越小，H_t 越大。

叶轮前未安装前导器的扇风机，风流径向流入叶轮，$\alpha_1=90°$，则 $C_{1u}=0$，有

$$H_{ft0}=\rho C_{2u}u_2 \tag{5-13}$$

B 轴流式扇风机的理论风压

对于轴流式扇风机，由于动轮旋转时风流沿圆柱面流动，因而在圆柱面上入口和出口的圆周速度相等，即 $u_1=u_2=u$，将其代入式（5-12），则得轴流式扇风机的理论风压为：

$$H_{ft0}=\rho u(C_{2u}-C_{1u}) \tag{5-14}$$

没有前导器时，风流轴向流入叶轮，$C_{1u}=0$，则轴流式扇风机的理论风压为

$$H_{ft0}=\rho uC_{2u} \tag{5-15}$$

5.3.1.2 扇风机的理论风量

A 离心式扇风机的理论风量

在不考虑叶片厚度所占面积的情况下，由于离心式扇风机动轮叶片出风口断面面积 $S=\pi D_2b_2$，则风量 Q_{f0}（m^3/s）为

$$Q_{f0}=SC_{2m}=\pi D_2b_2C_{2m} \tag{5-16}$$

式中 D_2——动轮外缘直径，m；

b_2——叶片宽度，m；

C_{2m}——绝对速度 C_2 的径向分速度。

B 轴流式扇风机的理论风量

在不考虑叶片厚度所占面积的情况下，由于轴流式扇风机动轮叶片出风口断面面积 $S=\frac{\pi}{4}(D^2-d^2)$，则风量 Q_{f0} 为

$$Q_{f0}=SC_a=\frac{\pi}{4}(D^2-d^2)C_a \tag{5-17}$$

式中 D，d——动轮外直径与轮毂直径，m；

C_a——绝对速度 C_2 的轴向分速度，m/s。

5.3.2 扇风机的理论风压特性

掌握了理论风压、理论风量的相关因素之后，还需进一步分析二者之间的关系，从中找出其函数关系式。

5.3.2.1 离心式扇风机的理论风压特性

从离心式扇风机风流速度图 5-14 中可导出

$$C_{2u}=u_2+C_{2m}\cot\beta_2 \tag{5-18}$$

将式（5-16）代入式（5-18）可得

$$C_{2u}=u_2+\cot\beta_2 Q_{f0}/S=u_2+\cot\beta_2 Q_{f0}/(\pi D_2 b_2) \tag{5-19}$$

将式（5-19）代入式（5-13），可得

$$H_{ft0}=\rho C_{2u}u_2=\rho u_2^2-\rho u_2\frac{\cot\beta_2}{\pi D_2 b_2}Q_{f0} \tag{5-20}$$

该式即为离心式扇风机的理论风压特性方程。

5.3.2.2 轴流式扇风机的理论风压特性

轴流式扇风机（叶片出口角 $\beta>90°$）的理论风压特性方程为

$$H_{ft0}=\rho u^2-\rho u\frac{\cot\beta_2}{\frac{\pi}{4}(D^2-d^2)}Q_{f0} \tag{5-21}$$

两种扇风机理论风压与理论风量的函数关系可用式（5-22）表示

$$H_{ft0}=A\pm BQ_{f0} \tag{5-22}$$

式（5-22）中，当 $\beta_2>90°$ 时，即离心式扇风机叶片是后倾式的和轴流式扇风机，式中间符号为“-”；当 $\beta_2=90°$ 时，即离心式叶片径向式的扇风机，式中第二项为零；当 $\beta_2<90°$ 时，即离心式扇风机叶片是前倾式的，式中间符号为“+”。

将式（5-22）表示的理论风压与理论风量的函数关系绘在 H_{ft0}-Q_{f0} 坐标图上，即得到如图 5-15 所示的理论风压特性曲线。

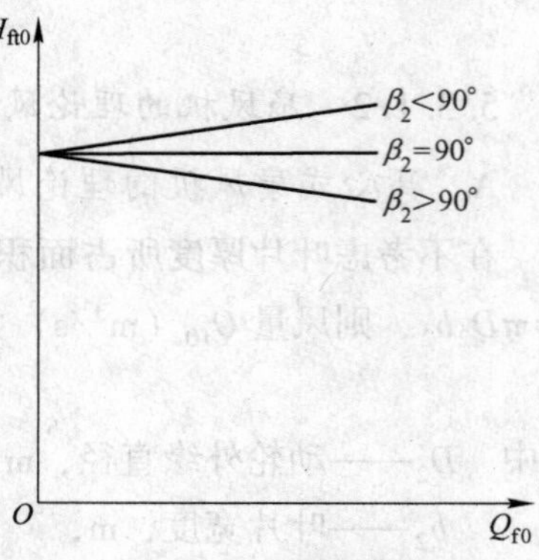

图 5-15 理论风压特性曲线

5.4　扇风机的实际特性

扇风机的实际特性，可用实际风量分别与装置风压 H_{ft}、输入功率 N、效率 η 相关的三种特性曲线来表示。矿井通风中，将 H_{ft}-Q 曲线称为个体风压特性曲线，N-Q 曲线称为个体功率特性曲线，η-Q 曲线称为个体效率特性曲线。三种曲线是选择评价主扇风机的关键。

5.4.1　扇风机的实际特性曲线

5.4.1.1　扇风机的风压特性曲线

前面是在三个假设条件下分析扇风机理论参数，而事实上，扇风机动轮叶片数量有限，空气流经扇风机时是有能量损失的。所以，理论风压与实际风压存在较大差别。造成风压损失的原因如下：

（1）扇风机内风流是紊流状态，风流通过动轮叶片等过风部件产生的阻力造成风压损失，这份风压损失与风速的平方成正比，可用图 5-16 中的二次抛物线 a 表示。

（2）空气在扇风机内受到叶片的打击而快速流动，而且不断发生方向和速度的改变，空气的冲击产生较大的风压损失。其与风量的关系如图 5-16 中的 b 曲线所示。

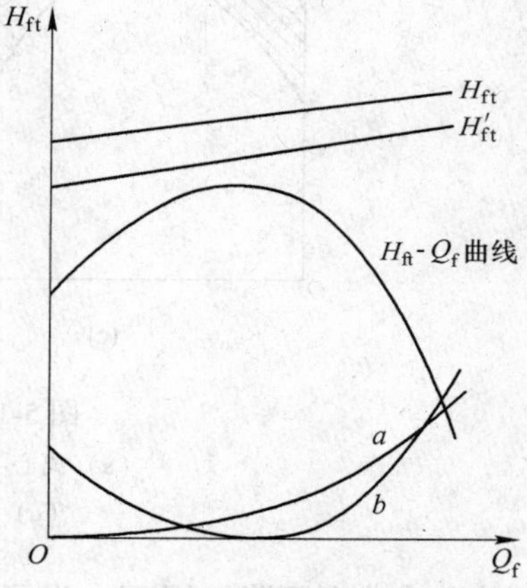

图 5-16　风压特性曲线

（3）由于动轮叶片数目有限，叶道内空气因惯性作用，将在叶道内产生与动轮旋转方向相反的反向环流，形成环流损失，使得出口速度 C_{2u} 降低，风压减小。通常用环流系数 k 表示这一影响，即风压降低到 $H'_{ft}=KH_{ft}$（其中 $k<1$），因此，从 H'_{ft} 的纵坐标值按对应风量减去 a 与 b 两曲线的纵坐标值，就可得到如图 5-16 所示的扇风机实际风压特性曲线 H_{ft}-Q_f。

事实上，由于扇风机的构造和空气动力性质不同，风压特性曲线形状亦不同。图 5-17 所示为离心式、轴流式扇风机不同条件下的风压特性曲线。

图 5-17 中，理论特性直线与实际特性曲线间阴影部分，表示不同风量下所损失的风压。图 5-17 中 a 曲线比较稳定，即风量变化时风压变化比较均匀，可使效率提高，故离心式主扇风机使用后倾式叶片；c 曲线表示风量变化时风压变化不均匀，但在某一风量下风压较高，故非矿用的高压鼓风机多用前倾式叶片；d 曲线为轴流式扇风机风压特性曲线的一般形式，具有一段马鞍形（又叫驼峰）曲线的特点。

5.4.1.2　扇风机的功率特性曲线

扇风机的功率特性曲线描述了扇风机输入功率（轴功率）与风量变化的关系。

离心式扇风机输入功率（轴功率）随风量 Q 增加而增大，只有在接近风流完全短路

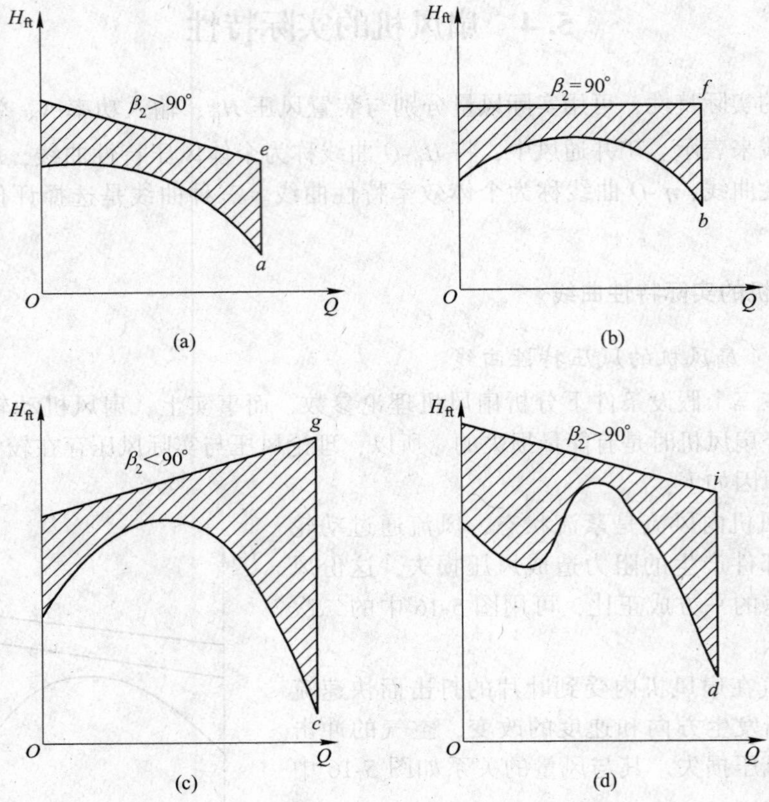

图 5-17　不同扇风机风压特性曲线
（a）离心-叶片后倾式；（b）离心-叶片径向式；
（c）离心-叶片前倾式；（d）轴流式

时，功率才略有下降。因而，为了保证风机安全启动，避免因启动负荷过大而损坏电动机，离心式风机在启动时应将风硐中的闸门全关闭，以减少启动负荷，待其达到正常工作转速后，再将闸门逐渐打开。

轴流式风机的叶片安装角不太大时，在稳定工作段内，功率随 Q 增加而减小。所以轴流式风机应在打开闸门、风阻最小、风量最大时启动，以减少启动负荷。

5.4.1.3　扇风机的效率特性曲线

扇风机的效率特性曲线描述了扇风机效率与风量变化的关系。

扇风机装置的全压效率

$$\eta_t = \frac{H_{ft} Q_f}{1000N} \tag{5-23}$$

扇风机装置的静压效率

$$\eta_s = \frac{H_{fs} Q_f}{1000N} \tag{5-24}$$

式中　η_t，η_s ——扇风机装置的全压、静压效率；

H_{ft}，H_{fs} ——扇风机装置的全压、静压，Pa；

Q_f ——扇风机的实际风量，m^3/s。

扇风机的效率特性曲线可按上述有关公式计算并绘图。根据全风压特性曲线与功率特性曲线的相应各坐标值，按全压效率公式计算效率并绘制曲线；静压效率特性曲线根据静风压特性曲线与输入功率特性曲线的相应各坐标值，按静压效率公式计算并绘制曲线。

5.4.1.4 扇风机的工况与选择

如图 5-18 所示，扇风机的工况点就是矿井总风阻曲线与 H-Q 曲线的交点 M。工况点对应的坐标值就是该扇风机工作实际产生的静压和风量，通过 M 点作垂线分别与 N-Q 曲线和 η-Q 曲线的交点的纵坐标 N 值与 η_s 值，分别为扇风机实际的轴功率和静压效率。

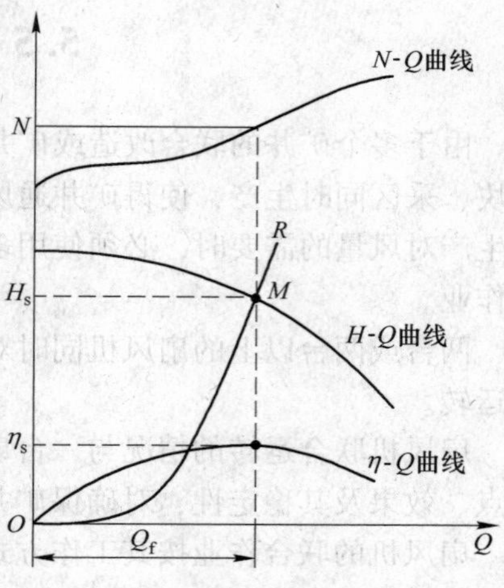

图 5-18 扇风机个体特性曲线

在矿井通风设计中，可根据矿井所需风量以及矿井通风容易、困难时期通风阻力，从许多条表示不同型号、尺寸、不同转数或不同叶片安装角的扇风机的特性曲线中选择合理的特性曲线，所选的特性曲线代表了所选择的主扇风机。

为使所选择的主扇风机运转稳定，实际应用的风压不能超过最大风压的 90%。对于轴流式扇风机，其工况点应落在马鞍形驼峰的右侧区域内。同时，为实现主扇风机高效、经济运转，扇风机的静压效率不应低于 60 %。

5.4.2 影响扇风机实际特性的参数分析

扇风机实际特性的影响因素较多。一方面，诸如轴流式扇风机动轮叶片安装角度、前导器叶片角度和扇风机的新旧程度对实际特性的影响，可以通过试验检测而确定；另一方面，对于扇风机动轮的转数、动轮的直径以及空气的重率对同类型扇风机实际特性的影响，可以用比例定律求得。

同类型（或同系列）通风机是指通风机的几何尺寸、运动和动力相似的一组通风机。两个通风机相似是气体在通风机内流动过程相似，或者说它们之间在任一对应点的同名物理量之比保持常数。同一系列风机在相似工况点的流动是彼此相似的。对同类型的通风机，当转数 n、叶轮直径 D 和空气密度 ρ 发生变化时，通风机的性能也发生变化。这种变化可应用通风机的比例定律说明其性能变化规律。根据通风机的相似条件，可求出通风机的比例定律为

$$\frac{H_{通1}}{H_{通2}} = \frac{\rho_1}{\rho_2}\left(\frac{n_1}{n_2}\right)^2\left(\frac{D_1}{D_2}\right)^2 \tag{5-25}$$

$$\frac{Q_{通1}}{Q_{通2}} = \frac{n_1}{n_2}\left(\frac{D_1}{D_2}\right)^3 \tag{5-26}$$

$$\frac{N_1}{N_2} = \frac{\rho_1}{\rho_2}\left(\frac{n_1}{n_2}\right)^3\left(\frac{D_1}{D_2}\right)^5 \tag{5-27}$$

$$\eta_1 = \eta_2 \tag{5-28}$$

式（5-25）~式（5-28）说明：通风机的风压与空气密度的一次方、转数的二次方、叶轮直径的二次方成正比；通风机的风量与转数的一次方、叶轮直径的三次方成正比；通风机的功率与空气密度的一次方、转数的三次方、叶轮直径的五次方成正比；通风机对应工作点的效率相等。

5.5 扇风机联合运转

由于多个矿井的联合改造或矿井本身开采范围的扩大，开采水平的延深，多个水平或矿块、采区同时生产，使得矿井通风系统变得复杂，仅靠单台扇风机作业不能满足矿井安全生产对风量的需要时，必须使用多台扇风机联合通风，形成多风机共同在通风网路中联合作业。

两台或两台以上的扇风机同时对矿井通风风网进行工作，叫做扇风机的联合作业或联合运转。

扇风机联合运转的情况与一台扇风机单独运转有些不同。分析研究扇风机联合运转的特点、效果及其稳定性，对确保矿井通风的安全尤为重要。

扇风机的联合作业按其工作方式可分为串联作业和并联作业两种。

5.5.1 扇风机串联作业

一台扇风机的出风口直接或通过一段巷道或风筒连接到另一台扇风机的吸风口，两台或多台扇风机同时运转，称为扇风机串联作业。

扇风机串联工作的特点是：通过网路的总风量等于每台扇风机的工作风量，两台扇风机的工作风压之和等于所克服网路的总阻力。

扇风机串联工作按其配置可分为风压特性曲线不同、相同、有无自然风压作用等情况。

5.5.1.1 风压特性曲线不同的扇风机串联运转

如图 5-19 所示，两台不同型号的扇风机 A_1 和 A_2 的风压特性曲线分别为 a 和 b。

根据风量相等和风压相加的原理，得到串联合成特性曲线 c。此即为 A_1 和 A_2 两扇风机串联工作的等效风机的特性曲线。

串联等效风机的工况点是网路风阻特性 R-Q 曲线与串联合成特性曲线 c 的交点 M，过 M 作横坐标的垂线，与曲线 a 和 b 的交点分别为 M_1 和 M_2 两点，此即风机 A_1 和 A_2 串联

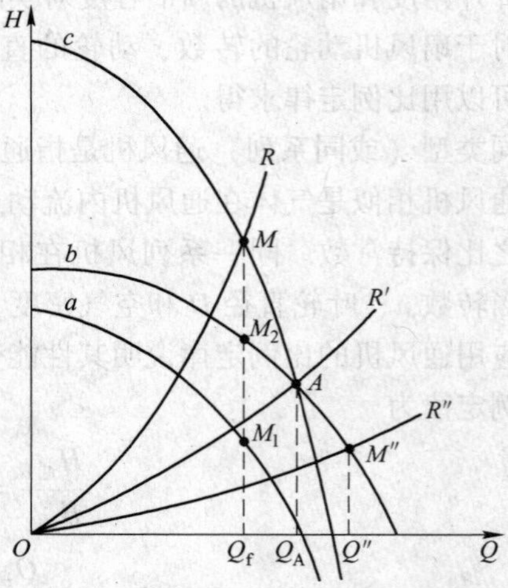

图 5-19 风压特性曲线不同的扇风机串联运行

工作时各自的实际工况点。

衡量扇风机串联运转的效果，可用联合工作产生的风压与能力较大的扇风机单独在网路工作所产生的风压之差来表示。如图5-19所示，通常将合成特性曲线与风机A_2特性曲线b的交点A称为临界点，其对应的风压称为临界风压。当矿井风阻曲线R-Q较陡，也就是矿井通风风阻较大时，工况点M高于临界点A，表示两台扇风机的风压共同起克服阻力的作用，串联通风有效。当矿井风阻曲线R''-Q较缓，也就是矿井通风风阻较小时，工况点M''就是或在临界点A以下，表示两台扇风机串联工作，其中一台做无用功或成为大风机运行的阻力，串联通风无效。

5.5.1.2　风压特性曲线相同的两台风机的串联工作

图5-20所示为两台风压特性曲线相同的风机串联工作。由图5-20可见，临界点A位于Q轴上。这就意味着在整个合成特性曲线上都是有效的。

总之，多台扇风机串联工作适用于因风阻过大而风量不足的网路，通过扇风机串联运转，可增加风压，克服通风网路过大的阻力，确保必要的供风量。同时，风压特性曲线相同的风机串联工作好于风压特性曲线不同的风机串联工作效果。

5.5.1.3　扇风机与自然风压串联

如图5-21所示，H-Q曲线为矿井主扇风机单独工作时的风压特性曲线，事实上，任何矿井都有自然风压存在，而且都和主扇风机进行串联作业。

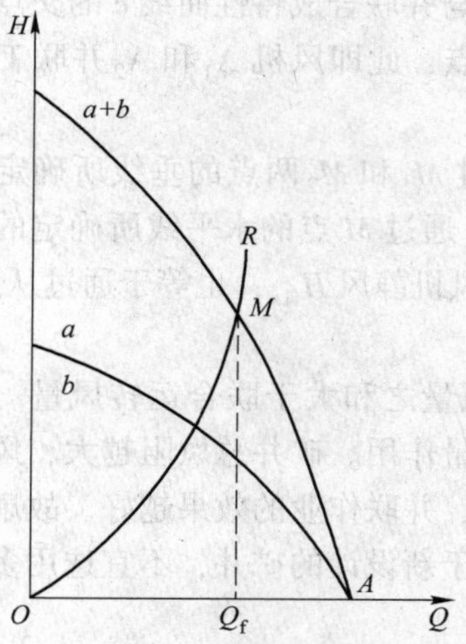

图5-20　风压特性曲线相同的两台风机的串联工作

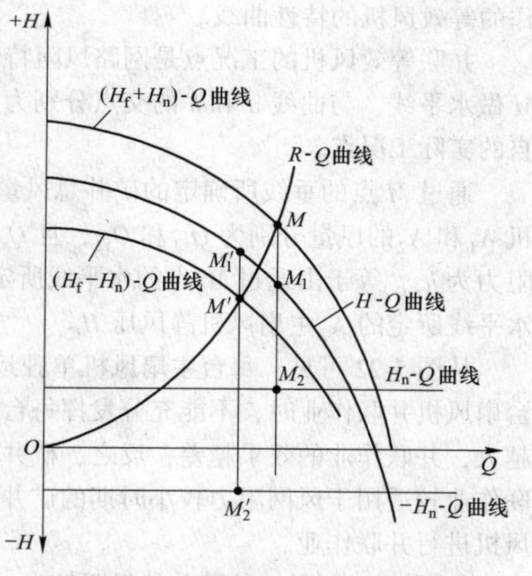

图5-21　扇风机与自然风压串联

若自然风压方向与主扇风机风压方向相同，矿井自然风压特性直线为H_n-Q，合成曲线为(H_f+H_n)-Q，矿井的风阻曲线为R-Q，那么，风机串联工作的工况点为M。

若自然风压方向与主扇风机风压方向相反，矿井自然风压特性直线为H_n-Q，合成曲线为(H_f-H_n)-Q，矿井的风阻曲线为R-Q，那么，串联工作的工况点为M'。由M，M'作垂直于横坐标的直线，与H-Q曲线分别交于M_1、M_1'点，由M与M_1、M'、M_1'对应关系可知，当自然风压为正时，风压与自然风压共同作用克服矿井通风阻力，可提高矿井的供风量，有助于矿井通风；当自然风压为负时，将成为扇风机的阻力。由于自然风压的影响，热天矿井总风量可能不足，冷天矿井风量可能富余，所以，在矿井通风管理工作中，应充分考虑自然风压的作用，及时采取相应措施，一方面确保矿井需风量的供应，另一方面尽量降低电力消耗以降低通风成本。

5.5.2 扇风机并联作业

两台或多台扇风机的吸风口或出风口直接或经过一段井巷连接的工作方式称为扇风机并联作业。

扇风机并联运转一般按其布置方式分为在同一井口并联作业、两翼对角作业、主扇与辅扇联合作业三种形式。

5.5.2.1 扇风机在同一井口并联作业

扇风机并联工作的特点是：通过网路的总风量等于每台扇风机的工作风量之和，工作风压与每台扇风机的工作风压相同。

A 风压特性曲线不同的风机并联作业

如图 5-22 所示，两台不同型号的扇风机 A_1 和 A_2 的风压特性曲线分别为 a 和 b。根据风压相等和风量相加的原理，得到并联合成特性曲线 c。此即为 A_1 和 A_2 两扇风机并联工作的等效风机的特性曲线。

并联等效风机的工况点是网路风阻特性 R-Q 曲线与并联合成特性曲线 c 的交点 M，过 M 做水平线，与曲线 a 和 b 的交点分别为 M_1 和 M_2 两点，此即风机 A_1 和 A_2 并联工作时各自的实际工况点。

通过 M 点的垂线所确定的矿井总风量为 Q_0，通过 M_1 和 M_2 两点的垂线所确定两扇风机 A_1 和 A_2 的风量分别为 Q_{f1} 和 Q_{f2}，且 $Q_0=Q_{f1}+Q_{f2}$，通过 M 点的水平线所确定的矿井总阻力为 h_r，等于由通过 M_1 点的水平线所定的 A_1 主扇风机静风 H_{f1s}，也等于通过从 M_2 点的水平线所定的 A_2 主扇风机静风压 H_{f2s}。

从图 5-22 可见，每台主扇风机单独运转时，其风量之和大于联合运转风量。所以多台扇风机并联作业时，不能充分发挥每台扇风机的风量作用。矿井总风阻越大，风量差值越大，并联作业的效果越差；反之，矿井总风阻越小，并联作业的效果越好。故扇风机并联作业较适用于风网阻力较小时期的矿井通风；而对于新设计的矿井，不宜选用多台主扇风机进行并联作业。

如图 5-22 所示，若矿井的风阻较大，其风阻曲线为 R'-Q 时，自 M' 画水平线分别与 a 和 b 交于 M_1'、M_2'，因 M_2' 点落在第二象限内，A_2 主扇风机的风量为负值，这时矿井的总供风量是两台扇风机风量之差，A_2 主扇风机的风量成为 A_1 主扇风机的短路风量，反而使矿井总风量减少。要避免这种不合理的情况出现，必须使两台主扇风机联合工作的工况点落在 c 曲线驼峰右侧，同时每台主扇风机的工况点须落在各自的风压曲线的合理使用范围内。

衡量扇风机并联运转的效果，可用联合工作产生的风量与能力较大的扇风机单独在网路工作所产生的风量之差来表示。通常将合成特性曲线与风机 A_1 特性曲线的交点 A 称为临界点。扇风机联合工作的工况点 M 位于临界点 A 右侧时，表示扇风机并联有利于矿井风量的增加，联合工作有效。工况点 M 就是或在临界点 A 以左时，表示两台扇风机并联无效或出现一台扇风机反向进风。

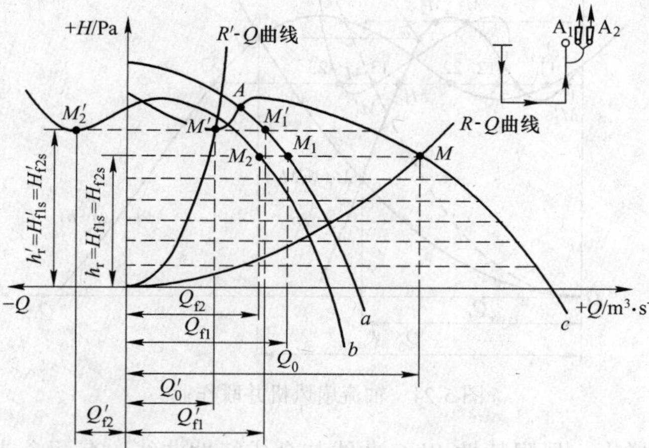

图 5-22 风压特性曲线不同的风机并联作业

B 风压特性曲线相同的风机并联作业

图 5-23 所示为两台风压特性曲线相同的风机并联作业。风阻特性 R-Q 曲线与并联合成特性曲线 c 的交点 M 即为风机并联工作时的实际工况点。过 M 点做水平线，与单个扇风机特性曲线的交点为 M'，M' 为扇风机并联工作各自的工况点。

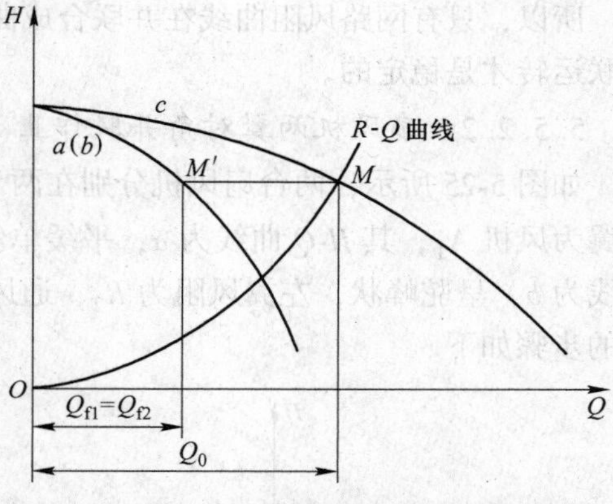

图 5-23 风压特性曲线相同的风机并联作业

如图 5-24 所示，两台同型号的轴流扇风机 A_1 和 A_2 的风压特性曲线分别为 a 或 b，并联合成特性曲线为 c。由于轴流式扇风机的风压曲线有驼峰或马鞍形区段，图上有一段在同一风压时有两个或三个风量值，表示当工况点在这段部位时，可能出现风量不稳定。基于这个原因，在作并联合成曲线时，若风机 H-Q 曲线上同一风压有几个风量值，如图上的 1、2 和 3 点，则并联合成曲线对应的风量值的个数可运用排列组合的乘法定理求得，如图上的 11、12、22、13、23 和 33 点。如果两台主扇风机风压特性曲线 a 和 b 不相同，即不重合，那就最多可能有九个合成风量值，并联合成曲线的峰谷部位附近可能形成“∞”形区段。如果两风机的风压曲线不一样，或者是其他的形状，如驼峰状，那么并联合成曲线的峰部形状也就各异。

并联等效风机的工况点是风阻特性 R-Q 曲线与并联合成特性曲线 c 的交点 M，过 M 做水平线，与曲线 a 或 b 的交点为 M_1 或 M_2 点，此即风机 A_1 和 A_2 并联工作时各自的实际工况点。

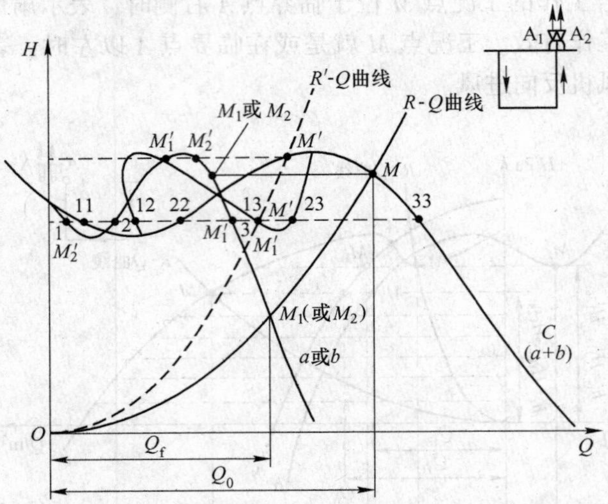

图 5-24 轴流扇风机并联作业

如果矿井风阻增大，风阻特性 R'-Q 曲线与合成特性曲线 c 有两个或三个交点 M'。这就意味着这种并联运转是极其不稳定的。因为风机 A_1 或 A_2 的实际工况点是在曲线的峰谷部位飘移，两台风机的实际风量交替变化，各风机的供风量也随之变化，并联运转的通风效果极差。

所以，只有网路风阻曲线在并联合成曲线驼峰以外通过，只获得一个工况点时，风机并联运转才是稳定的。

5.5.2.2 *扇风机两翼对角并联作业*

如图 5-25 所示，两台扇风机分别在两个井口并联运转是较常见的一种机械通风方式。右翼为风机 A_1，其 H-Q 曲线为 a，平缓单斜状，右翼风阻为 R_1。左翼为风机 A_2，其 H-Q 曲线为 b，呈驼峰状，左翼风阻为 R_2，通风网路公共段风阻为 R。图解法绘制联合特性曲线的步骤如下。

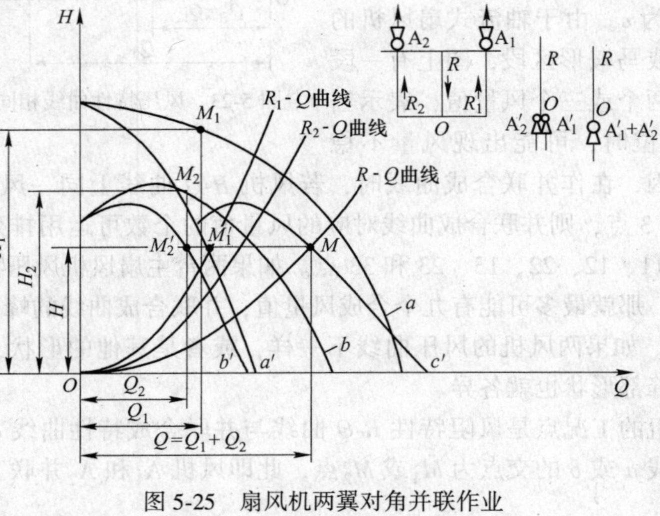

图 5-25 扇风机两翼对角并联作业

A 绘制各自主扇风机特性曲线

将两台风机风压特性曲线、风阻特性曲线以及公共风阻特性曲绘在图上。

B 简化系统，绘制风机变位特性曲线

将 A_1 与 A_2 风机变位，设想将它们移至 O 点。通过风机的风量等于通过风阻为 R_1 井巷的风量，风阻为 R_1 井巷的风压损失是由风机 A_1 来负担的。因此，设想将其移至 O 点，则变化后的风机的风压就应减少风阻 R_1 所需的风压损失。具体方法是按等风量从曲线 a 的风压减去曲线 R_1 的风压，就可获得风机 A_1 的变位曲线 a'，同理可获得风机 A_2 的变位曲线 b'。

C 绘制变位后风机联合特性曲线

通过风机变位，相当于两台曲线分别为 A_1'、A_2' 的风机在 O 点并联运转。绘制并联合成曲线 $a'+b'$，即 c'，相当于一台等值风机在 O 点克服风阻 R 而运转。

D 工况点分析

$a'+b'$ 合成曲线 c' 与 R 曲线的交点 M 就是等效风机的工况点，其横坐标是流过公共段 R 的风量，亦即两风机的风量之和。过 M 点做水平线分别交曲线 a' 和 b' 于 M_1'、M_2'，M_1'、M_2' 就是两台变位风机的工况点，由于两台风机变位前后风量是相等的，故从 M_1'、M_2' 分别做垂线与曲线 a 和 b 分别交于 M_1、M_2，M_1、M_2 分别为风机 A_1 和 A_2 并联工作时各自的实际工况点。

从图 5 -25 可知，这种并联运转是稳定的，因为所有工况点都分别在各自相应曲线的稳定段，而且使得总风量得到了很大提高。

如果公共段风阻 R 变大，其风阻曲线 R 变为 R'、R'' 或更大，那么并联工况点 M 就可能落在 H-Q 曲线的不稳定段，甚至出现不止一个工况点，两台风机中其中一台的实际工况点也可能落在不稳定段，甚至其中一台的工况点落在曲线的第二象限部位，风量为负值。在这种情况下，风机并联作业不能提高总供风量，通风效果极差。

为保证扇风机两翼并联作业的稳定和有效，应该注意以下几点：

(1) 尽量降低两台风机并联作业的网路的公共段井巷的风阻。

(2) 尽可能使通风系统两翼的风量和风压接近相等，首先，尽可能达到两翼风阻接近相等，以便采用相同型号的风机并联运转。如果两翼风阻和风量都不相等，因而风压都相差很大，则应该分别选用不同规格和性能参数的风机，大小对应匹配。

(3) 当因矿井生产的变化要求其中一台扇风机进行调整，需增大转数、增大叶片安装角等时，应该注意这种工况的调控可能带来的影响是不仅影响整个网路的风流状况，而且也会影响并联作业的稳定性。如果需要较大幅度地增加全矿风量，应首先考虑同时调整两翼扇风机。

(4) 单机运转稳定，当它与另一台扇风机并联运转时就不一定稳定，反之亦然。

5.5.3 扇风机并联与串联作业的比较

图 5-26 中两台型号相同的离心式扇风机的风压特性曲线为Ⅰ，两者串联和并联工作的特性曲线分别为Ⅱ和Ⅲ，N-Q 为其功率特性曲线，R_1、R_2 和 R_3 为大小不同的三条风网风阻特性曲线。当风阻为 R_2 时，正好通过两曲线的交点 B。若并联则扇风机的实际工况

点为 M_1，而串联则实际工况点为 M_2，显然在这种情况下，串联和并联工作增风效果相同。但从消耗能量（功率）的角度来看，并联的功率为 N_P，而串联的功率为 N_S，显然 $N_S>N_P$，故采用并联是合理的。当扇风机的工作风阻为 R_1，并联运行时工况点 A 的风量比串联运行工况点 F 时大，而每台扇风机实际功率反而变小，故采用并联较合理。当扇风机的工作风阻为 R_3，并联运行时工况点为 E，串联运行工况点为 C，则串联比并联增风效果好。对于轴流式通风机则可根据其风压和功率特性曲线进行类似分析。

多台扇风机联合作业与一台扇风机单独作业有所不同。如果不能掌握扇风机联合作业的特点和技术，将会事与愿违，后果不良，甚至可能损坏扇风机。因此，在选择扇风机联合作业方案时，应从扇风机联合运转的特点、效果、稳定性和合理性出发，在考虑风网风阻对工况点影响的同时，还要考虑运转效率和轴功率大小。在保证增加风量或按需供风后应选择能耗较小的方案。

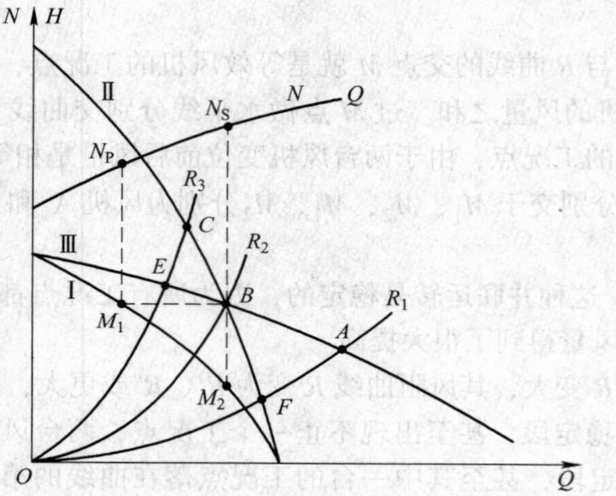

图 5-26 扇风机并联与串联作业的比较

复习思考题

5-1 说明矿井产生自然风流的原因。

5-2 影响自然风压大小和方向的因素是什么？

5-3 如何测定矿井自然风压？

5-4 能否用人为的方法形成或加强自然风压？可否利用与控制自然风压？

5-5 说明自然通风的特点。

5-6 扇风机的工作性能由哪些参数表示？表示这些参数的特性曲线有哪些？

5-7 什么是扇风机的工况？选择扇风机时对工况有什么要求？

5-8 扇风机串联工作时特性曲线有何变化？应在哪种情况下使用？

5-9 扇风机并联工作时特性曲线有何变化？应在哪种情况下使用？

5-10 某自然通风矿井如题图 5-1 所示，已知 $p_0 = 750$mmHg，$t_0 = -10$℃、$t_1 = 12.5$℃、$t_2 = 12.1$℃、$t_3 = 11.5$℃，求 $ADEC$、BEC 及 $ADEB$ 风路的自然风压各是多少？

5-11 某自然通风矿井，如题图 5-2 所示，已知各段井巷中的平均气温为 $t_1 = 8$℃，$t_2 = 10$℃，$t_3 = 12$℃，地表大气压力 $p_0 = 760$mmHg，求矿井自然风压。

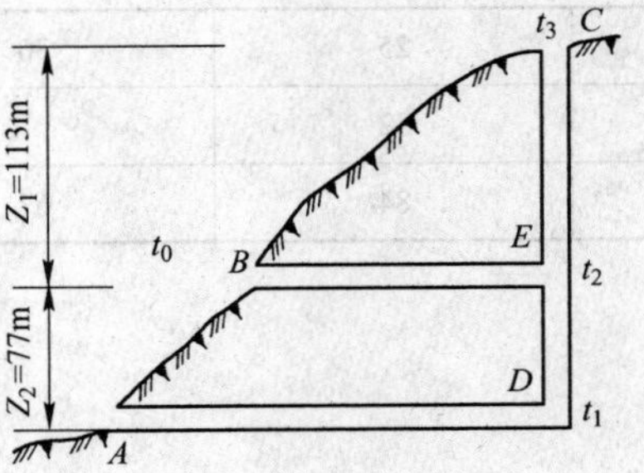

题图 5-1

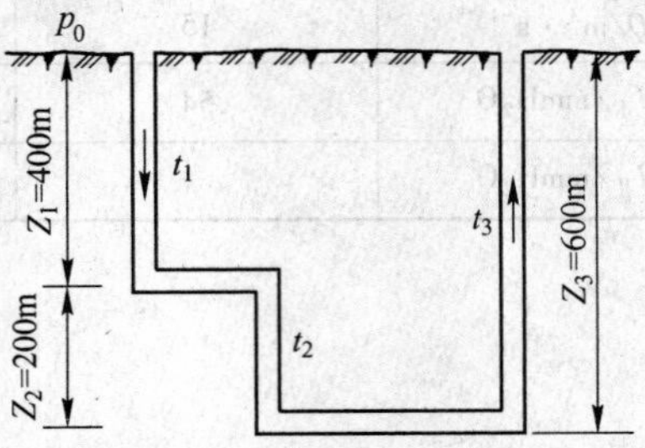

题图 5-2

5-12 某矿主扇为 $70B_2$-21 型№.12，n = 1000r/min，θ = 30°，扇风机的风量 Q = 16m³/s，风压 H = 80mmH_2O。当转数不变，叶片角调到 θ=40°和 θ=45°时（参考附录扇风机特性曲线图），求扇风机的风量、风压和功率分别为多少？

5-13 矿井通风系统如题图 5-3 所示，各巷道的风阻为 $R_1 = R_2$ = 0.20N · s^2/m^8，R_3 = 0.05N · s^2/m^8，扇风机的特性如题表 5-1 所示，求正常通风时各巷道的风量及扇风机的工况。若其中一翼因发生事故全部隔绝无风流通过，求此时扇风机的工况，并提出改善扇风机工作状况的措施。

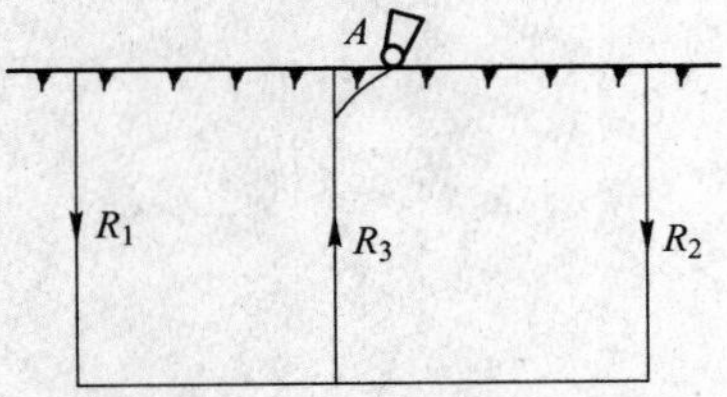

题图 5-3

题表 5-1　风机特性表

风量/$m^3 \cdot s^{-1}$	5	11	20	25	30	35	45	55
风压/mmH_2O	100	84	100	120	135	125	77	20
效率/%		23	40	50	63	69	52	

5-14 通风系统如题图 5-4 所示，已知巷道风阻 R_1 = 0.05N · s^2/m^8，R_2 = 0.10N · s^2/m^8，R_3 = 0.013N · s^2/m^8，扇风机Ⅰ、Ⅱ的特性如题表 5-2 所示，求扇风机Ⅰ、Ⅱ的工况及巷道 1、2、3 的风量为多少？

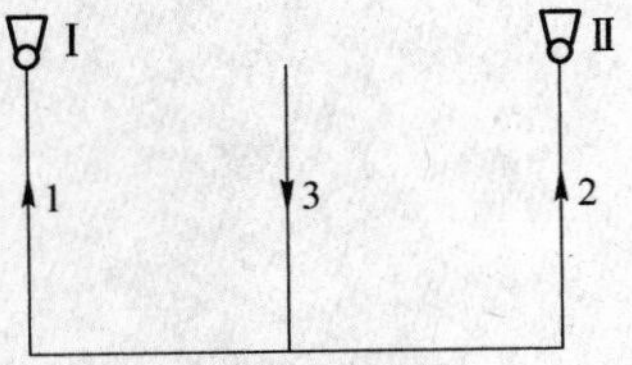

题图 5-4

题表 5-2　风机特性表

$Q/m^3 \cdot s^{-1}$	15	20	25	30
H_{I}/mmH_2O	54	45	32	
H_{II}/mmH_2O		95	84	67

6 矿井通风网路中风量分配与调节

矿井的通风系统是由通风巷道及其交汇点组成的网路系统，通常，将三条以上巷道的交汇点称为节点，两节点之间的联络巷道称为分支巷道，两条或两条以上的分支巷道形成的一闭合回路称为回路或网孔，由多条分支巷道及回路或网孔所形成的通风回路称为通风网路。

风流在通风网路中流动，风量分配形式有两种：一种是按需分配，另一种是自然分配。但无论是哪种分配形式，风流在网路中流动，除服从能量守恒定律外，还遵守风量平衡定律、风压平衡定律和阻力定律。

6.1 网路中风流流动的基本定律

矿井通风中，风流在网路中流动的基本定律有风量平衡定律、风压平衡定律和阻力定律。

6.1.1 风量平衡定律

在通风网路中，流进节点或闭合回路的风量等于流出节点或闭合回路的风量，也就是任一节点或闭合回路的风量代数和为零，此称为风量平衡定律。如图6-1 所示。

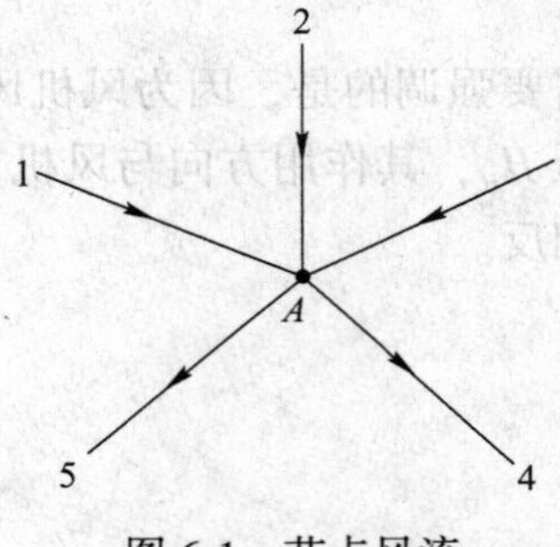

图 6-1 节点风流

图中点 A 称为节点，根据风量平衡定律，当空气密度不变时，各风量之间的关系为

$$Q_1 + Q_2 + Q_3 = Q_4 + Q_5$$

即 $$Q_1 + Q_2 + Q_3 - Q_4 - Q_5 = 0$$

如图 6-2 所示，在闭合回路 2—4—6—8—2 中，各风量之间有关系

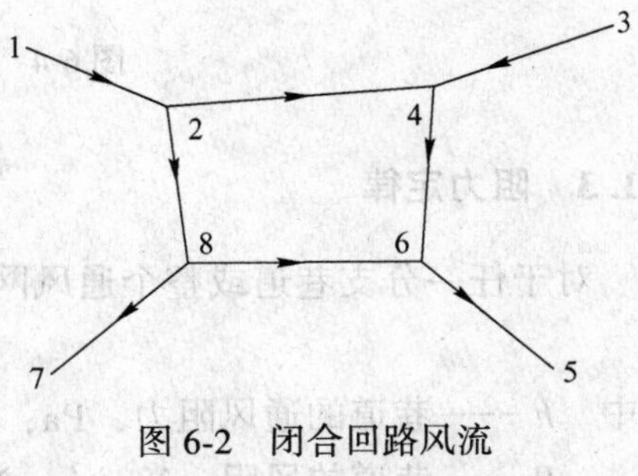

图 6-2 闭合回路风流

$$Q_{1-2} + Q_{3-4} = Q_{6-5} + Q_{8-7}$$

即 $$Q_{1-2} + Q_{3-4} - Q_{6-5} - Q_{8-7} = 0$$

数学表达式为： $$\sum Q_i = 0 \qquad (6\text{-}1)$$

式中 Q_i ——流入或流出节点的风量。

6.1.2 风压平衡定律

6.1.2.1 网路中无自然风压及风机工作

如图 6-3 所示，在任一闭合回路中，无自然风压及风机工作时，根据伯努利方程，各分支巷道压降或阻力的代数和等于零；或者说，顺时针流向分支的压降或阻力之和等于逆时针流向分支的压降之和。这称为风压平衡定律。

$$h_1 + h_2 + h_4 + h_5 = h_3 + h_6 + h_7$$

或

$$h_1 + h_2 + h_4 + h_5 - h_3 - h_6 - h_7 = 0$$

即

$$\sum h_i = 0 \tag{6-2}$$

式中 h_i——闭合回路中任一巷道的风压损失。

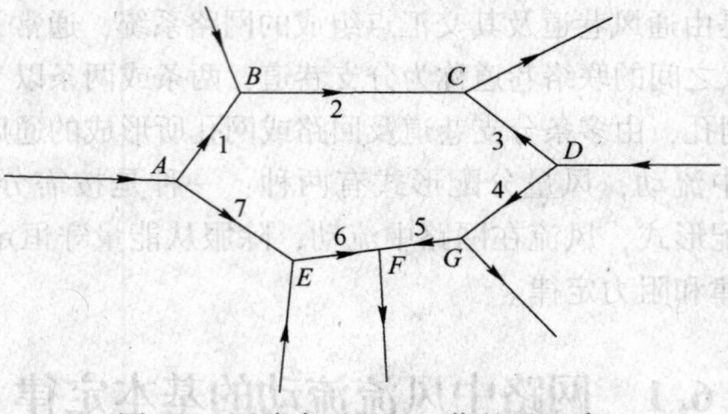

图 6-3 网路中无风机工作的风压降

6.1.2.2 网路中有自然风压及风机工作

如图 6-4 所示，当闭合回路中有自然风压及扇风机工作时，设自然风压为 H_n，风机风压为 H_f，此时的风压平衡定律为

$$h_1 + h_2 + h_3 - h_4 - h_5 = H_f + H_n$$

即

$$\sum h_i = \sum H_i + \sum H_n \tag{6-3}$$

需要强调的是，因为风机风压是动力，故它与风机所在分支的阻力符号相反，对于自然风压 H_n，其作用方向与风机方向相同时，其符号与风机风压相同，否则与风机风压的符号相反。

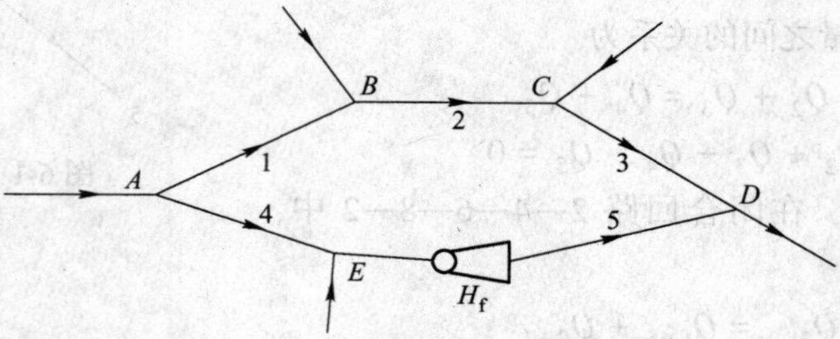

图 6-4 网路中有风机工作的风压降

6.1.3 阻力定律

对于任一分支巷道或整个通风网路系统，风流流动都遵守阻力定律。即

$$h = RQ^2 \tag{6-4}$$

式中 h——巷道的通风阻力，Pa；

R——巷道的风阻，$N \cdot s^2/m^8$；

Q——通风巷道的风量，m^3/s。

6.2 串联、并联通风网路的基本性质

通风网路中，为满足安全生产需要，巷道的联结形式多种多样，但基本联结形式可分为串联、并联、角联和复杂联结。

6.2.1 串联风路

由两条或两条以上分支彼此首尾相连，中间没有风流分汇点的线路称为串联风路。图 6-5 所示为由 1、2、3、4、5 五条分支组成串联风路。串联通风的特点如下。

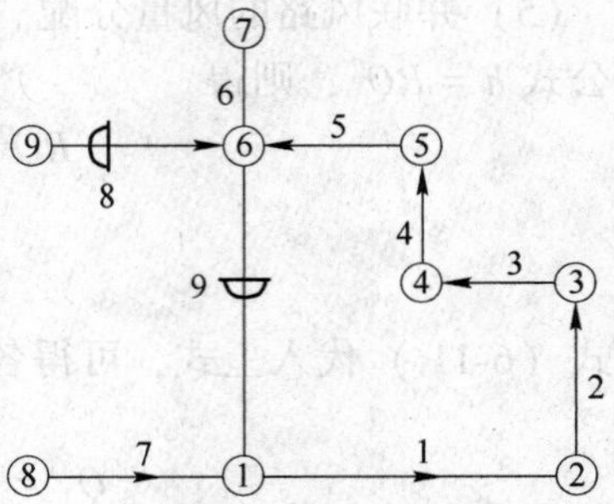

图 6-5 串联风路

（1）风量关系。根据风量平衡定律，在串联通风网路中，各条巷道的风量相等，即

$$Q = Q_1 = Q_2 = Q_3 = \cdots = Q_n \tag{6-5}$$

（2）风压关系。根据风压平衡定律，在串联通风网路中，各条巷道的总风压降为各巷道风压降之和，即

$$h = h_1 + h_2 + h_3 + h_4 + \cdots + h_n = \sum_{i=1}^{n} h_i \tag{6-6}$$

（3）风阻关系。根据阻力定律，串联通风网路的总风阻等于各条巷道风阻之和。

$$R = R_1 + R_2 + R_3 + \cdots + R_n \tag{6-7}$$

（4）网路巷道等积孔

$$\frac{1}{A^2} = \frac{1}{A_1^2} + \frac{1}{A_2^2} + \frac{1}{A_3^2} + \cdots + \frac{1}{A_n^2} \tag{6-8}$$

6.2.2 并联风路

在图 6-6 中，采区内由进风上山供风给左右回采工作面，乏风经各自回风巷道汇集在采区总回风巷道，形成通风网路中进风 a、回风 b 两节点之间有两条或多条巷道存在，这种巷道之间的关系称为并联风路。

如图 6-6 所示，风路 1、2、3、4、5 之间构成并联风路。并联通风的特点如下。

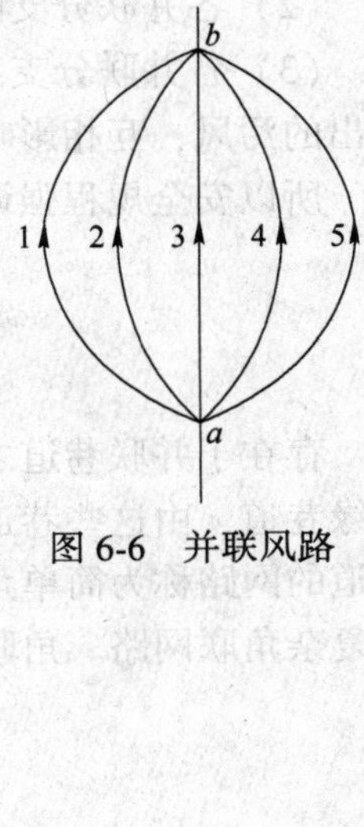

图 6-6 并联风路

（1）风量关系。根据风量平衡定律，在并联通风网路中，总风量等于各条巷道的风量之和，即

$$Q = Q_1 + Q_2 + Q_3 + \cdots + Q_n \tag{6-9}$$

（2）风压关系。根据风压平衡定律，在并联通风网路中，并联网路总风压等于各条巷道的风压降。即

$$h = h_1 = h_2 = h_3 = \cdots = h_n \tag{6-10}$$

（3）风阻关系。由于 $h = RQ^2$，则 $Q = \sqrt{h/R}$，代入式(6-10)，可得

$$\frac{1}{\sqrt{R}}=\frac{1}{\sqrt{R_1}}+\frac{1}{\sqrt{R_2}}+\frac{1}{\sqrt{R_3}}+\cdots+\frac{1}{\sqrt{R_n}} \tag{6-11}$$

由式（6-11）可知，并联网路的总风阻比任一并联分支巷道的风阻小。

（4）网路巷道等积孔

$$A = A_1 + A_2 + A_3 + \cdots + A_n \tag{6-12}$$

（5）并联风路的风量分配。由于并联风路总阻力等于各分支巷道阻力，根据阻力计算公式 $h = RQ^2$，则得

$$RQ^2 = R_1Q_1^2 = R_2Q_2^2 = \cdots = R_nQ_n^2$$

故

$$Q_i = \sqrt{\frac{R}{R_1}}Q$$

将式（6-11）代入上式，可得各分支巷道风量

$$Q_1 = \frac{Q}{1+\sqrt{\frac{R_1}{R_2}}+\sqrt{\frac{R_1}{R_3}}+\cdots+\sqrt{\frac{R_1}{R_n}}}$$

$$Q_2 = \frac{Q}{1+\sqrt{\frac{R_2}{R_1}}+\sqrt{\frac{R_2}{R_3}}+\cdots+\sqrt{\frac{R_2}{R_n}}}$$

$$\vdots$$

$$Q_n = \frac{Q}{\sqrt{\frac{R_n}{R_1}}+\sqrt{\frac{R_n}{R_2}}+\sqrt{\frac{R_n}{R_3}}+\cdots+1} \tag{6-13}$$

6.2.3 串联网路与并联网路的比较

矿井通风中，各工作地点供风应尽量采用并联网路，避免串联。并联网路与串联网路通风系统比较具有以下优点：

（1）总风阻及总阻力较小，并联网路的总风阻比其中任一分支的风阻都小。

（2）各并联分支的风量都可通过改变分支风阻等方法，按需要进行风量调节。

（3）各并联分支都有独立的新鲜风流，串联时则不然，后一风路的入风是前一风路排出的污风，互相影响大，尤其是在发生爆炸、火灾事故时，串联的危害更为突出。

所以安全规程强调各工作面要独立通风，尽量避免采用串联通风。

6.3 角联通风网路的基本性质

存在于并联巷道之间，连通两侧的联络巷道称为角联或对角巷道，两侧并联巷道称为边缘巷道，由这些巷道组成的通风网路称为角联通风网路。如图 6-7 所示，仅有一条对角巷道的网路称为简单角联网路。如图 6-8 所示，网路中有两条或两条以上的对角巷道时称为复杂角联网路。角联网路的特点是对角巷道的风流方向不稳定。对角风道中的风流流动

方向可以有以下三种情况。

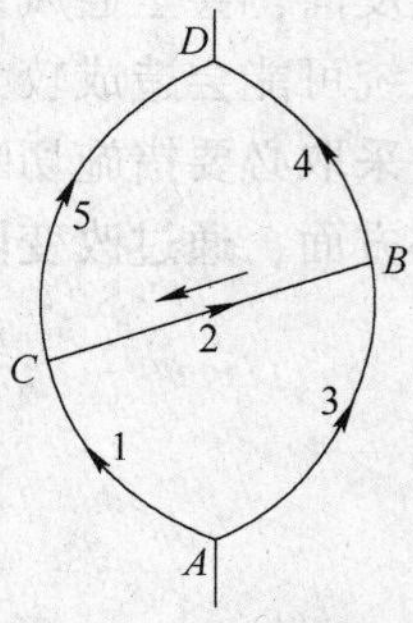

图 6-7 简单角联网路

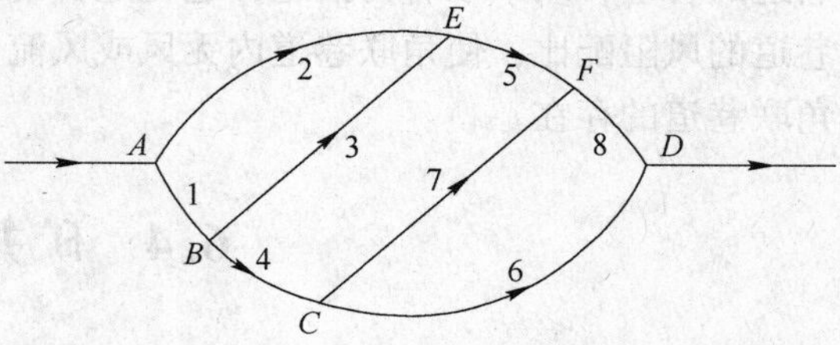

图 6-8 复杂角联网路

6.3.1 角联巷道中无风流流动

如果角联巷道 BC 中没有风流流动，即 $Q_{BC}=0$，两点压力相等，两点间无压差存在，根据风压平衡定律、阻力定律可得

$$\frac{R_1}{R_5}=\frac{R_3}{R_4} \quad 或 \quad \frac{R_1}{R_5}\Big/\frac{R_3}{R_4}=K=1 \tag{6-14}$$

也就是说，若角联通风网路中左侧边缘巷道在对角巷道前的风阻与对角巷道后的风阻之比等于右侧边缘巷道相应巷道风阻之比，则对角巷道中无风流流动。

6.3.2 角联巷道中有风流流动

6.3.2.1 风流由 B 向 C 流动

角联巷道 BC 中有风流流动，而且风流流向由 B 向 C 流动，即 $Q_{BC}\neq 0$，B、C 两点压力不相等，B 点的压力大于 C 点的压力，则有

$$\frac{R_1}{R_3}>\frac{R_5}{R_4} \quad 或 \quad \frac{R_1}{R_3}\Big/\frac{R_5}{R_4}=K>1 \tag{6-15}$$

6.3.2.2 风流由 C 向 B 流动

由 6.3.2.1，同理可得

$$\frac{R_1}{R_3}<\frac{R_5}{R_4} \quad 或 \quad \frac{R_1}{R_3}\Big/\frac{R_5}{R_4}=K<1 \tag{6-16}$$

当角联通风网路的一侧分流中，对角巷道前的巷道风阻与对角巷道后的巷道风阻之比，大于另一侧分流相应巷道风阻之比，则对角巷道中的风流流向该侧；反之，风流流向另一侧。

综上所述，确定对角巷道的风流方向，主要取决于对角巷道前后各边缘巷道风阻的比值，而与对角巷道本身风阻大小无关。因此，要改变对角巷道的风流方向，只有改变边缘巷道风阻的比例关系，才能达到目的。

矿井生产实践中，基于安全生产的需要，通常在进风系统或回风系统施工一些联络巷道，即角联巷道，这使矿井通风系统变得复杂，给矿井通风管理带来很多问题。一方面，

由于角联巷道的存在，可能会造成边缘巷道风流流向不稳，用风地点供风不足；另一方面，由于角联巷道通风设施管理不善，可能会形成局部风流反向，甚至通风系统紊乱。所以，生产实践中，要重点加强对角联巷道，特别是对通风系统可能会造成较大危害的角联巷道的管理，须采取有力措施，避免危害的产生。一方面，采取必要措施切断或调整边缘巷道的风阻配比，使角联巷道内无风或风流保持稳定；另一方面，通过改变网路结构消除角联巷道的存在。

6.4　矿井风量调节

在矿井通风网路中，风量的分配形式有两种：一种是按巷道的风阻大小自然分配；另一种是根据工作地点需风量的大小按需分配。矿井生产实践中，随着生产矿井开采水平的延深，生产区域的变化，矿井通风网路及其结构也发生相应的变化。所以，必须及时、有效地进行风量的调节，以满足需风地点风量的要求。

风量调节是矿井通风管理职能部门的重要工作内容之一，它是一项经常性的工作，对于确保矿井的安全生产尤为重要。风量调节按其范围可分为局部风量调节和矿井总风量调节。

6.4.1　局部风量调节

局部风量调节是指在采区内部各工作面间、采区之间或生产水平之间，根据需风量的要求进行的风量调节。通常，风量调节方法有增阻法、减阻法及增加风压法三种。

6.4.1.1　增加风阻的风量调节方法

增加风阻调节的实质是在并联网路阻力较小的分支中安装调节风窗，从而增加风阻，以调节风量，确保风量按需分配。

A　风窗口调节原理及面积

如图 6-9 所示，分支巷道 1、2 的风阻分别为 R_1、R_2，通过网路及分支巷道的风量为 Q、Q_1、Q_2，由于自然分配的风量 Q_1、Q_2 不能满足需风地点对风量的要求，因此必须通过调节，使得巷道 1、2 的风量达到既定要求的 Q_1'、Q_2'。

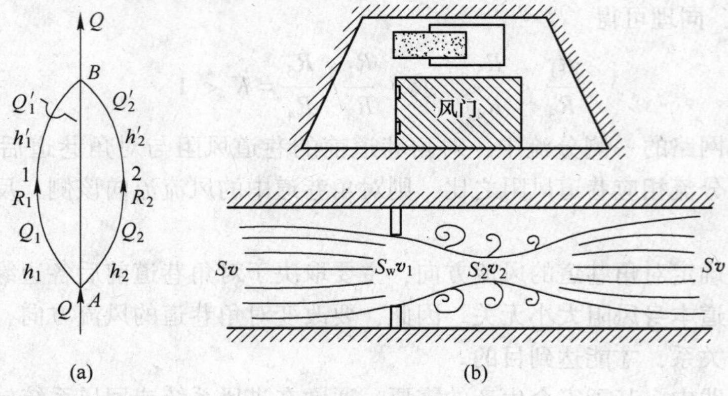

图 6-9　增阻调节风窗

(a) 通风网路图；(b) 巷道调节风窗口布置

若分支巷道 2 风量不足，所需风量 $Q_2'>Q_1'$，则需在分支巷道 1 中设调节风窗，使其巷道风阻增大为 R_1'。即

$$R_1' = R_1 + \Delta R$$

增阻后，两分支巷道的阻力为 h_1'、h_2'，根据巷道并联通风的特点，并联网路总风压等于各条巷道的风压降。

即
$$h = h_1' = h_2'$$

则
$$R_2 Q_2'^2 = (R_1 + \Delta R) Q_1'^2$$

可得增加风阻

$$\Delta R = R_2 \frac{Q_2'^2}{Q_1'^2} - R_1 \tag{6-17}$$

由图 6-9 不难理解，巷道中设置调节风窗，实际上增加的是调节风窗产生的局部风阻，风流流经调节风窗，风流收缩到最小断面 S_2，之后扩大到原有断面 S，其间所造成的风压损失 h_w 为：

$$h_w = \rho (v_2 - v)^2 / 2 \tag{6-18}$$

式中 v_2——风流流经调节风窗后在最小收缩断面处的风速，m/s；

v——巷道内的风流平均风速，m/s。

以下分两种情况分析风窗面积的计算方法。

（1）实验发现，当风窗面积与巷道断面面积之比即 $S_w/S \leqslant 0.5$ 时，风流通过风窗时的收缩系数为

$$K = S_2/S_w = 0.65$$

因风流是连续流动的，所以有

$$Q = Sv = S_2 v_2 = K S_w v_2$$

由此得风窗面积为

$$S_w = Q/(v_2 K) \tag{6-19}$$

由式（6-18）得

$$v_2 = \sqrt{2h_w/\rho} + v \tag{6-20}$$

将式（6-20）、$K=0.65$、$\rho = 1.2\text{kg/m}^3$、$v = Q/S$ 代入式（6-19）中，简化后得

$$S_w = \frac{QS}{0.65Q + 0.84S\sqrt{h_w}} \tag{6-21}$$

或
$$S_w = \frac{S}{0.65 + 0.84S\sqrt{R_w}} \tag{6-22}$$

式中 S_w——风窗面积，m^2；

S——设置风窗处的巷道断面面积，m^2；

h_w——风窗的阻力，Pa；

R_w——风窗的风阻，kg/m^7。

（2）当 $S_w/S > 0.5$，根据实验得知风流通过风窗时的速度变化有以下比例关系

$$\frac{v_2 - v}{v_1 - v} = 1.6 \sim 1.8 \approx 1.7$$

式中　v_1——风流流经调节风窗处巷道内的平均风速，m/s。

若通过调节风窗和巷道的风量为 Q，则上式可写成

$$v_2 - v = 1.7(v_1 - v) = 1.7\left(\frac{Q}{S_w} - \frac{Q}{S}\right) \tag{6-23}$$

将式（6-23）代入式（6-18），并取 $\rho = 1.2\text{kg/m}^3$，化简得

$$S_w = \frac{QS}{Q + 0.76S\sqrt{h_w}} \tag{6-24}$$

或

$$S_w = \frac{S}{1 + 0.76S\sqrt{R_w}} \tag{6-25}$$

在实际生产条件下，S_w/S 之值大多小于 0.5，所以一般先按式（6-21）或式（6-22）计算风窗面积 S_w，然后验算 S_w 与 S 的比值，若大于 0.5，则改用式（6-24）或式（6-25）计算风窗面积 S_w。

B　增阻调节的分析

在采用增阻调节法调控巷道风量时，在满足局部分支巷道需风量的同时，会对矿井通风网路造成或大或小的影响，主要表现在以下几个方面。

（1）增阻调节法会使通风网路的总风阻增大，如果主扇风机性能曲线不变，总风量就会减少。

如图 6-10 所示，已知主要通风机的风压特性曲线Ⅰ和两分支的风阻曲线 R_1、R_2，并联风网的总风阻曲线 R。R 与Ⅰ的交点 a 即为主要通风机的工况点，自 a 作垂线和横坐标相交，得出矿井总风量 Q。从 a 作水平线和 R_1、R_2 交于 b、c 两点，由这两点作垂线分别得两风路的风量 Q_1 和 Q_2。

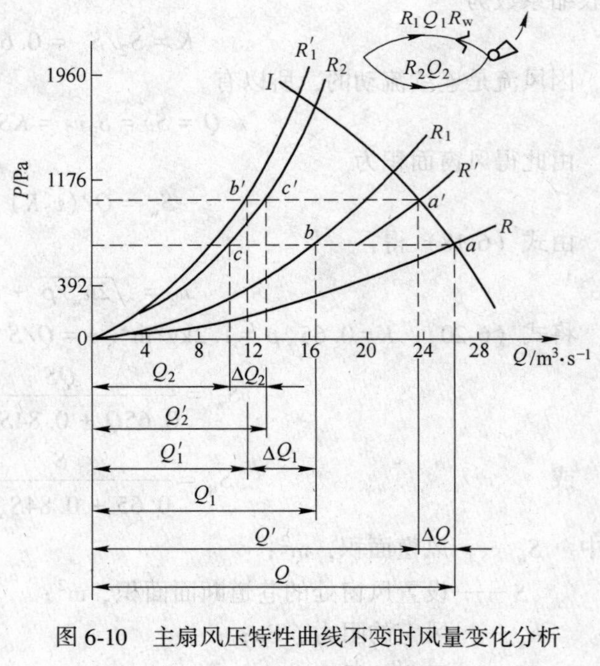

图 6-10　主扇风压特性曲线不变时风量变化分析

当风机性能不变时，由于矿井总风阻增加，使总风量减少，其减少值为 $\Delta Q = Q - Q'$，安装调节风门的分支中风量也减少，其减少值为 $\Delta Q_1 = Q_1 - Q_1'$；另一分支风量增加，其增加值为 $\Delta Q_2 = Q_2' - Q_2$。显然减少的多，增加的少，说明一条风路风量的减少并没有完全增加到另一条风路，其差值就等于总风量的减少值，即 $\Delta Q = \Delta Q_1 - \Delta Q_2$。

（2）总风量的减少值 ΔP 与主扇性能曲线的关系。

如图 6-11 所示，Ⅰ为轴流式通风机的风压曲线，Ⅱ为离心式通风机的风压曲线。R、

R'为调节前后的风阻曲线，与Ⅰ、Ⅱ分别交于 a、b 和 a'、b'；从而得出总风量的减少值 ΔQ 和 $\Delta Q'$。

从图中看出，$\Delta Q'>\Delta Q$，表明扇风机的风压曲线愈陡，总风量的减少值愈小，反之则愈大。

（3）增阻调节方法的适用范围。

如图 6-10 所示，若扇风机性能曲线不变，则并联网路中随着 R_w 的不断增加，风阻曲线变陡，风量 Q_1' 不断减少，风量 Q_2' 不断增大。当风阻曲线陡到一定程度，也就是风量 Q_2' 增加到一定限度以后，其增加率变小。这说明增阻调节方法有一定的使用范围，超过这个范围效果就不明显。

（4）在实际操作时，要注意调节风门位置的选择，一方面，要便于运输、行人；另一方面，要避免因重复设置而增大电耗。

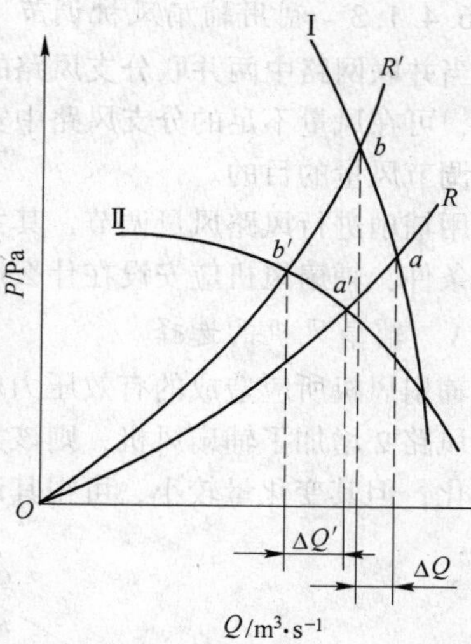

图 6-11 扇风机性能曲线对调节风量的影响

总之，增加风阻调节法操作简单易行、见效快，它是局部并联风路间风量调节的主要方法。但这种方法会使矿井总风阻增加，如果主扇风压曲线不变，势必造成矿井总风量下降，要想保持总风量不减少，就得改变主扇风压曲线，提高风压，增加通风电费。因此，在安排作业面和布置巷道时，应尽量使各风路的阻力不要相差太悬殊，以避免在通过风量较大的主要风路中安设调节风门。

6.4.1.2 降低风阻的调节方法

在并联风路中，降低风阻调节的实质是以阻力较小分支风路的阻力值为基础，采取措施降低阻力较大的分支风路的风阻，从而减小通风阻力，以调节风量，确保风量按需分配。由此可见，降阻调节法与增阻调节法相反，它是以并联网路中风阻较小风路为基础，采取一定措施，使阻力较大的风路降低风阻，从而实现并联网路各风路的阻力平衡，以达到调节风量的目的。

实现降阻调节的关键是如何降低风路通风阻力，前面讲过，巷道的风阻包括摩擦风阻和局部风阻。当局部风阻较大时，应首先采取措施降低局部风阻，当局部风阻较小摩擦风阻较大时，则应降低摩擦风阻。

降低风阻调节法的优点是能使矿井总风阻减小。若主扇风机性能曲线不变，采用降低风阻调节法会使矿井总风量增加。增加风量的风路中风量增加值大于另一风路的风量的减少值，其差值就是矿井总风量的增加量。其缺点是工程量大、施工时间长、投资大，有时需要停产施工。所以降阻调节法多在矿井年产量增大、原设计不合理或涉及的巷道严重失修等特殊情况下，用于降低主要风路中某一段巷道的阻力，以实现风量调节的目的。

在实际操作中，通常采取以下措施降低巷道风阻：

（1）当所需降低的巷道阻力不大时，应首先考虑减少局部阻力；

（2）根据具体情况，可在阻力大的巷道一侧开掘并联巷道；

（3）在一些老矿井中，应首先考虑利用废旧巷道作为并联风路供风，以减小风路阻力。

6.4.1.3　利用辅扇风机调节（增加风压）方法

当并联网路中两并联分支风路的阻力相差悬殊，用增阻和降阻调节法都不合理或不经济时，可在风量不足的分支风路中安设辅扇，以提高克服该段巷道阻力的通风压力，从而达到调节风量的目的。

用辅扇进行风路风量调节，其关键是以什么为依据来选择辅扇风机，辅扇风机应满足什么条件，辅扇风机应安设在什么地方。

A　辅扇风机的选择

辅扇风机所应造成的有效压力应等于两并联风路中的阻力差值。如图 6-12 所示，由于在风路 2 增加了辅扇风机，则该并联系统的总风量增加，因此风路 1 的风量也会发生一些变化，但其变化量较小，可视其调节前后风量近似相等。

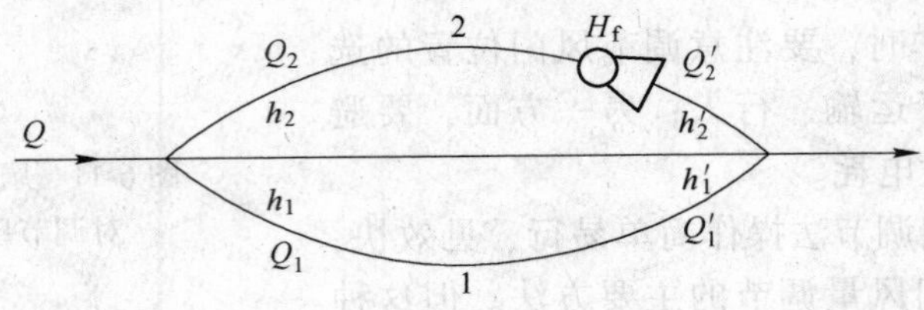

图 6-12　辅扇风机调节风量

选用辅扇风机时，其特性应能保证在工作风量等于或大于 Q_2'时，工作风压稍大于 H_f，否则调节风量不足；但如果辅扇风机的能力过大，就有可能使风路 1 中没有风流、风量不足，甚至出现风流发生反向或逆转，而风路 2 中风量过剩，达不到预期风量调节的效果。

B　辅扇风机的安装使用方法

生产实践中，辅扇调节的使用方法有两种：一种是有风墙的辅扇调节法，另一种是无风墙的辅扇调节法。

（1）有风墙的辅扇调节法。如图 6-13（a）所示，在安设辅扇的巷道断面上，除辅扇外其余断面均用风墙封闭，巷道内的风流全部通过辅扇。通常在风墙上开设小门，以便于检修。

如图 6-13（b）所示，如果运输巷道断面较小，为不妨碍运输，可另开一巷道，将辅扇安设在绕道内，但在巷道中应至少安设两道风门，其风门的间距必须大于一列车的长度，以便于列车通过时确保风流的稳定。

特别值得注意的是：如果辅扇停止运转，必须立即打开巷道中的风墙或风门，以便利用主扇单独通风。当主扇停止运转时，辅扇也应立即停止运转，同时打开风墙或风门，避免出现相邻采区风流逆转的情况。

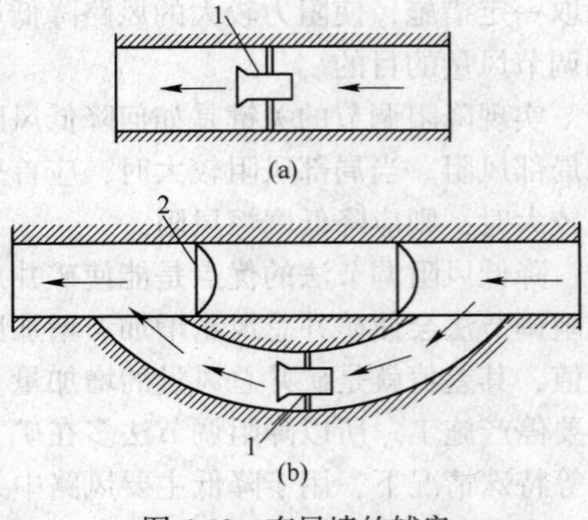

图 6-13　有风墙的辅扇
1—辅扇风机；2—风门

（2）无风墙的辅扇调节法。如图 6-14 所示，这种方式不需要风墙、风门及绕道，只是在巷道内的辅扇出风侧加装一段圆锥形的引射器。由于引射器出风口的面积比较小，使得通过辅扇的风量从这个出风口射出时速度较大，一方面，给巷道内风流增加能量，共同克服风路阻力；另一方面，由于高速风流的诱导作用，带动部分风量从辅扇以外流过，从而增加风路的风量，达到调节风量的目的。

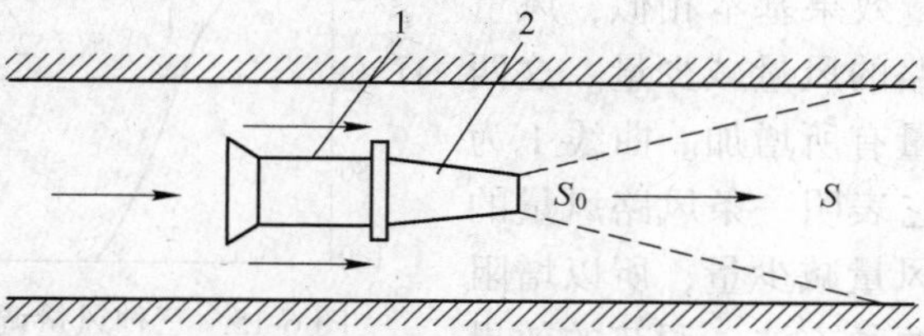

图 6-14 无风墙的辅扇
1—辅扇风机；2—引射器

无风墙的辅扇调节法安装方便，对运输影响小，但因增加的能量有限，故提高风路上的风量不多，特别当辅扇产生的上述动能不足时，还会在引射器的出风侧和辅扇的进风侧之间造成循环风。

C 使用辅扇风机应注意的事项

（1）一般应把辅扇安设在进风流巷道中，并避免含腐蚀性、爆炸性物质的污风通过扇风机侵蚀设备，发生爆炸事故。

（2）辅扇的选择应合理，使用不当容易造成循环风流，出现风流反向或逆转。

（3）有风墙的辅扇风量调解，当辅扇停止运转时，应将其控制风门打开，以利用主扇产生的风压通风。

（4）在煤矿，特别要加强辅扇的管理，启动前应检查风流中的瓦斯浓度，只有不超过规定要求时方允许启动。

6.4.1.4 几种风量调节方法比较

A 优缺点及适应条件分析

辅扇调节法和降阻调节法比较，由于前者在阻力较大的风路中安装辅扇，故可不必提高主扇用于这条风路上的风压，而相当于降低了主扇工作风阻，这点和降阻调节法很类似。通常，它要比降阻调节法施工快，施工也较方便，但管理较复杂，安全性比较差；前者经济性较好，但尚需进行具体分析比较。和增阻调节法比较，虽然辅扇调节法需要增加辅扇的购置费、安装费、电力费和绕道的开掘费等，但它若能使主扇的电力费降低很多、服务时间延长时，还是比较经济的；缺点是管理比较复杂，安全性比较差，施工比较困难。

总之，在并联风路中各条风路的阻力相差比较悬殊，主扇的风压满足不了阻力较大的风路需要时，不能采用增阻调节法。当采用降阻调节法在时间上来不及时，可采用安装辅扇的增压调节法。

B 风量调节结果分析

上述三种风量调节方法的调节结果虽使一些巷道风量得到增加，同时也必然导致另一些巷道风量的变化。以两条调节风路的简单并联为例，对不同调节方法的风量变化情况进行比较分析。

如图 6-15 所示，图中横坐标表示一条风路风量的增加量（%），纵坐标表示另一条风路风量的减少量（%）。从图 6-15 中可以看出：降阻调节曲线 2 与辅扇调节曲线 3 近似重合，所以调节风量效果基本相似，风量增加量大于另一条风路的风量减少量。这两种调节方法都使总风量有所增加。曲线 1 为增阻调节法的效果，它表明一条风路风量的增加量小于另一风路风量减少量，所以增阻调节的效果不如其他两种方法。调节的效果必须联系所调系统在矿井通风系统中的地位和风机特性来全面分析。

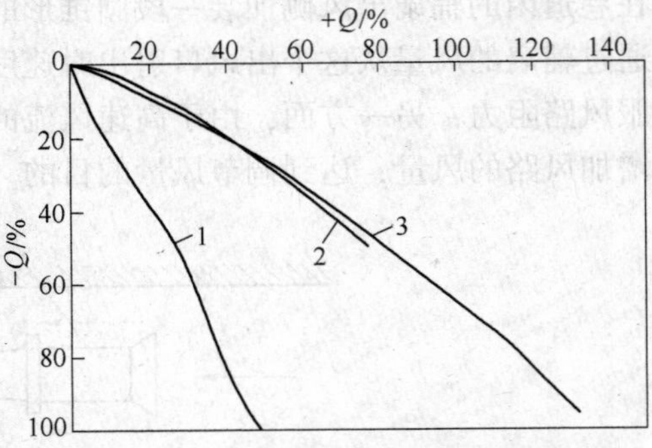

图 6-15　三种风量调节的风量变化曲线

1—增阻调节；2—降阻调节；3—辅扇调节

6.4.2　矿井总风量调节

矿井生产过程中，由于生产区域衔接、生产水平延深、生产规模调整、开采工艺变化等因素影响，矿井通风网路及需风量将随之发生变化。为满足矿井通风安全需要，不仅要进行局部风量的调节，而且还要进行矿井总风量的调节。

矿井总风量调节主要是通过调整主扇风机的工况点来实现，其方法主要有改变主扇风机工作特性曲线的调节法及改变矿井通风网路的风阻特性曲线调节法。

6.4.2.1　改变主扇风机工作特性曲线的调节法

A　改变扇风机的转数

当矿井总风阻一定时，扇风机产生的风量、风压及消耗的功率分别与风机转数的一次方、二次方和三次方成正比。所以，改变扇风机转数可以得到不同的风量、风压和消耗不同的功率。

调整扇风机转数有以下几种主要方法：

（1）如果扇风机和电动机之间是间接传动形式，可通过改变传动比的方法调整扇风机转数。

（2）如果扇风机和电动机之间是直接传动的，则可通过改变电动机的转数或更换电动机来改变扇风机转数。

（3）对于矿井大型主扇风机，可以利用变频调速技术调整电动机转数来调整风机转数。

B　改变轴流式扇风机动轮叶片的安装角度

由于轴流式扇风机的特性曲线随着动轮叶片安装角的变化而变化，所以，调整轴流式扇风机动轮叶片的安装角可以改变扇风机的供风量及风压。叶片安装角度越大，风量、风压越大。这种调节方法使用比较方便，效果也较好。

C　扇风机安装前导器

调整扇风机前导器的叶片角度可以调整动轮入口的风流速度，从而调整扇风机所产生的风压。但由于风流通过前导器时有风压损失，会造成主扇风机效率降低，所以，为避免降低扇风机效率，采用前导器调节的范围不宜过大，只能作为辅助性调节手段。

6.4.2.2 改变矿井通风网路的风阻曲线的调节方法

如图 6-16 所示，在矿井主扇风机性能曲线不变的情况下，主扇风机在风阻为 R 的通风网路中运转，其工况点为 M，风量为 Q。若矿井通风网路风阻加大，则风阻曲线变为 R_1，扇风机工况点变为 M_1，风量变为 Q_1；若矿井通风网路风阻减小，则曲线变为 R_2，扇风机工况点变为 M_2，风量变为 Q_2。由此可见，改变矿井通风网路风阻特性曲线，就等于调整扇风机工况点，从而实现矿井风量调整的目的。

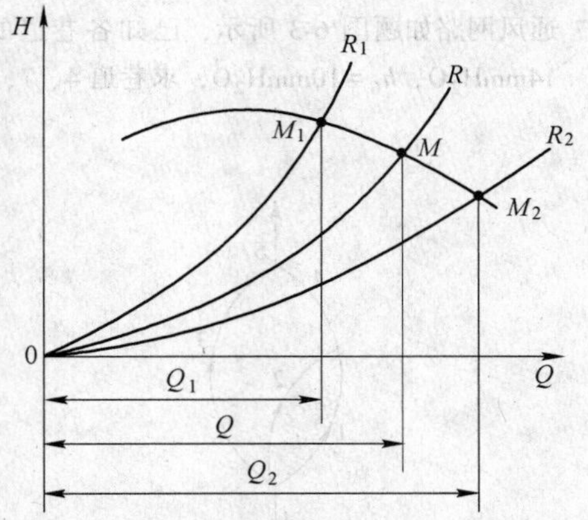

图 6-16 改变风阻调节风量

矿山实践中，一般采用改变巷道断面、设置调节风窗等方法进行降阻、增阻调节，以实现改变矿井通风网路风阻特性曲线的目的。

矿井投产初期所需风量较少，对于离心式扇风机，可采取在风硐中调节闸门开启等措施增加风阻，使扇风机的工况点移动，从而达到调节供风量的目的。对于轴流式扇风机，由于其在正常工作段通常随着风阻增加风量减少，轴功率增大，因而可采用减小叶片安装角或降低风机转数的办法减少风量，而不必采取增加风阻的办法减少风量。

随着矿井生产的延续，当矿井需风量大于扇风机供风量时，可通过降低矿井总风阻，改变主扇风机工况点或更换较大能力的风机等措施提高矿井总供风量，以满足矿井安全生产需要。

复习思考题

6-1 简述矿井通风网路中风流流动的三大基本定律，写出它们的表达式。

6-2 某自然分风的通风网路，由入风口到排风口存在若干条通风路线，各条风路的总风压损失之间有什么关系？

6-3 某并联通风网路，若在两并联巷道之间开凿一条对角巷道，构成角联网路，其总风阻与原来并联网路相比，大小如何？

6-4 矿井局部风量调节的方法有哪些？比较它们的优缺点。

6-5 通风网路如题图 6-1 所示，已知巷道的阻力 $h_1 = 18\text{mmH}_2\text{O}$，$h_2 = 10\text{mmH}_2\text{O}$，巷道 3 的风阻 $R_3 = 0.02\text{N}\cdot\text{s}^2/\text{m}^8$，求巷道 3 的风量及风流方向。

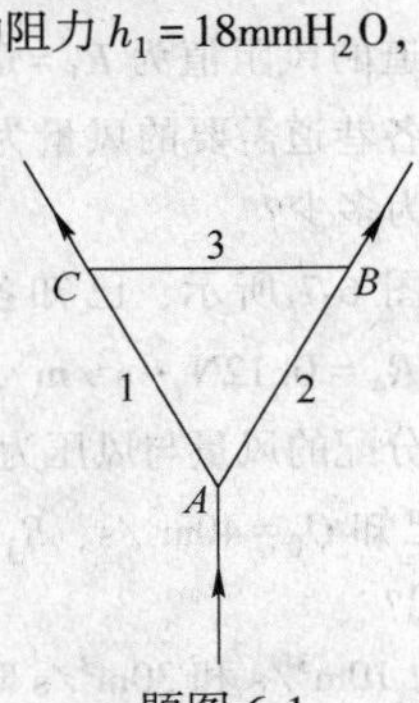

题图 6-1

6-6 某局部通风网路如题图 6-2 所示，已知各巷道的风阻 $R_1 = 0.12\text{N}\cdot\text{s}^2/\text{m}^8$，$R_2 = 0.25\text{N}\cdot\text{s}^2/\text{m}^8$，$R_3 = 0.30\text{N}\cdot\text{s}^2/\text{m}^8$，$R_4 = 0.06\text{N}\cdot\text{s}^2/\text{m}^8$，$A$、$B$ 间的总风压为 $50\text{mmH}_2\text{O}$，求各巷道的风量及 A、B 间的总风阻为多少？

6-7 通风网路如题图 6-3 所示，已知各巷道的阻力 $h_1 = 8\text{mmH}_2\text{O}$，$h_2 = 10\text{mmH}_2\text{O}$，$h_3 = 3\text{mmH}_2\text{O}$，$h_5 = 14\text{mmH}_2\text{O}$，$h_6 = 10\text{mmH}_2\text{O}$，求巷道 4、7、8 的阻力及巷道 7、8 的风流方向。

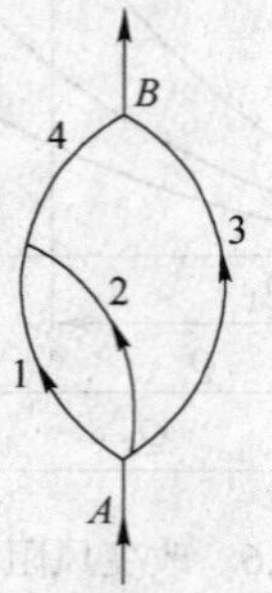

题图 6-2

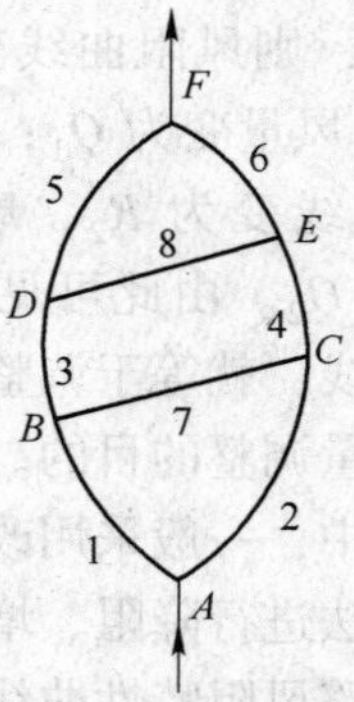

题图 6-3

6-8 某通风网路如题图 6-4 所示，总风量 $Q_0 = 30\text{m}^3/\text{s}$，各巷道风阻 $R_1 = 0.080\text{N}\cdot\text{s}^2/\text{m}^8$，$R_2 = 0.020\text{N}\cdot\text{s}^2/\text{m}^8$，$R_3 = 0.100\text{N}\cdot\text{s}^2/\text{m}^8$，$R_4 = 0.040\text{N}\cdot\text{s}^2/\text{m}^8$，$R_5 = 0.020\text{N}\cdot\text{s}^2/\text{m}^8$，$R_6 = 0.040\text{N}\cdot\text{s}^2/\text{m}^8$，$R_7 = 0.050\text{N}\cdot\text{s}^2/\text{m}^8$，求各巷道自然分配的风量和风压为多少。

6-9 一并联通风系统如题图 6-5 所示，已知 $Q_0 = 40\text{m}^3/\text{s}$，$R_1 = 0.121\text{N}\cdot\text{s}^2/\text{m}^8$，$R_2 = 0.081\ \text{N}\cdot\text{s}^2/\text{m}^8$，巷道 1、2 中的风量将如何分配？若巷道 1、2 所需风量分别为 $10\text{m}^3/\text{s}$，$30\text{m}^3/\text{s}$，将如何调节？

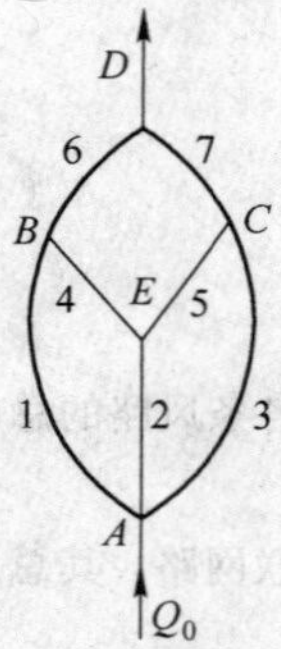

题图 6-4

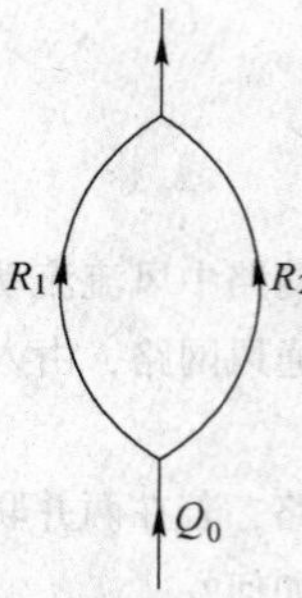

题图 6-5

6-10 并联通风系统如题图 6-6 所示。各巷道的风阻值为 $R_1 = 0.12\text{N}\cdot\text{s}^2/\text{m}^8$，$R_2 = 0.25\text{N}\cdot\text{s}^2/\text{m}^8$，$R_3 = 0.30\text{N}\cdot\text{s}^2/\text{m}^8$，$R_4 = 0.06\text{N}\cdot\text{s}^2/\text{m}^8$，各巷道需要的风量为 $Q_1 = Q_2 = Q_3 = 10\text{m}^3/\text{s}$，问在哪些巷道上应加风窗调节？调节的风阻值 ΔR_w 各为多少？

6-11 某压入式通风系统的排风风路如题图 6-7 所示，已知各巷道的风阻 $R_1 = 0.08\text{N}\cdot\text{s}^2/\text{m}^8$，$R_2 = 0.15\text{N}\cdot\text{s}^2/\text{m}^8$，$R_3 = 0.04\text{N}\cdot\text{s}^2/\text{m}^8$，$R_4 = 0.12\text{N}\cdot\text{s}^2/\text{m}^8$，$R_5 = 0.10\text{N}\cdot\text{s}^2/\text{m}^8$，巷道的风量 $Q_\text{A} = 60\text{m}^3/\text{s}$，$Q_\text{C} = 80\text{m}^3/\text{s}$，求各巷道自然分配的风量与风压为多少？并求巷道 2、4 的风流方向。

6-12 有一并联通风系统如题图 6-8 所示。已知 $Q_0 = 40\text{m}^3/\text{s}$、$R_1 = 1.21\text{N}\cdot\text{s}^2/\text{m}^8$、$R_2 = 0.81\text{N}\cdot\text{s}^2/\text{m}^8$。问：（1）巷道 1、2 中的风量如何分配？

（2）若巷道 1、2 所需风量分别为 $10\text{m}^3/\text{s}$ 和 $30\text{m}^3/\text{s}$ 时，如何调节？

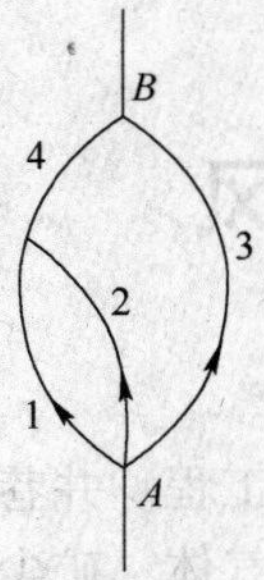

题图 6-6

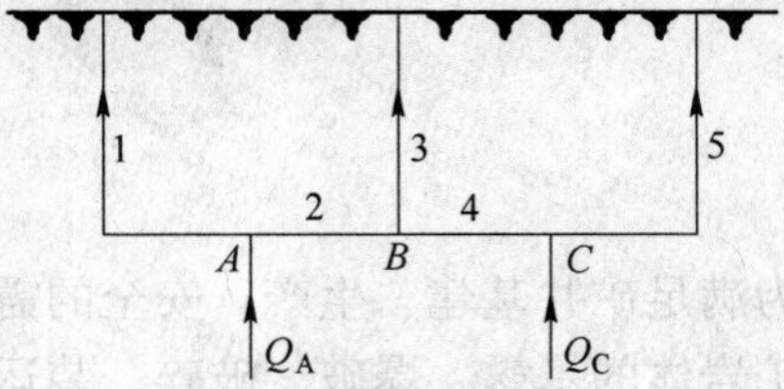

题图 6-7

6-13 某通风系统如题图 6-9 所示。各巷道风阻值 $R_1=0.08\text{N}\cdot\text{s}^2/\text{m}^8$、$R_2=1.60\text{N}\cdot\text{s}^2/\text{m}^8$、$R_3=0.81\text{N}\cdot\text{s}^2/\text{m}^8$、$R_4=1.50\text{N}\cdot\text{s}^2/\text{m}^8$、$R_5=0.13\text{N}\cdot\text{s}^2/\text{m}^8$，系统的总风量 $Q=45\text{m}^3/\text{s}$，各分支需要的风量为 $Q_2=15\text{m}^3/\text{s}$、$Q_3=10\text{m}^3/\text{s}$、$Q_4=20\text{m}^3/\text{s}$。

问：(1) 若用风窗调节时（设风窗处巷道断面 $S=4\text{m}^2$），求风窗的面积和位置。调节后全系统的总风阻为多少？

(2) 若用辅扇调节风量，辅扇应安装在哪两条巷道上，其辅扇的风压分别为多少？

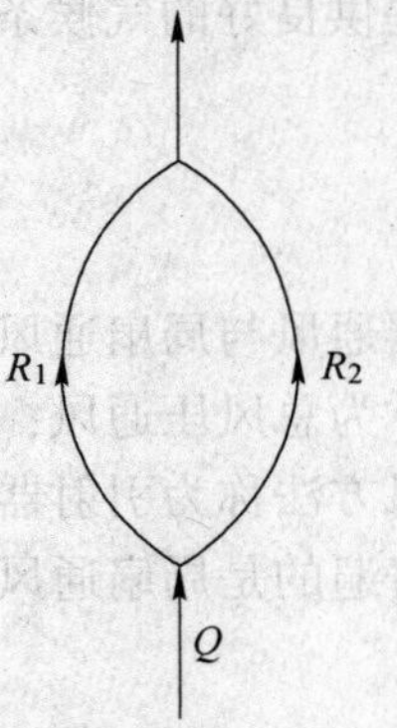

题图 6-8

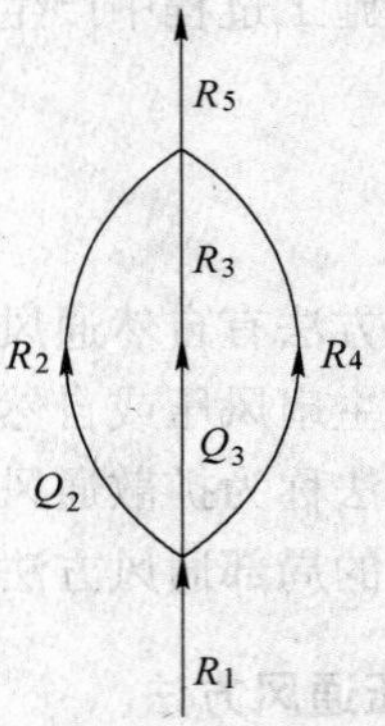

题图 6-9

7 局部通风

为满足矿井基建、生产、安全的需要，需开掘大量的井巷工程。井巷工程的施工，特别是矿岩体的暴露、爆破、破碎、装运等环节产生的有毒有害气体、矿尘等严重污染工作环境，加之其施工通常为单一巷道独头施工，巷道的通风不能形成贯穿风流，其危害极其严重。

一方面，有毒有害气体在工作地点积聚，可导致发生工作人员窒息、中毒、爆炸等灾害事故，如煤矿的瓦斯、煤尘爆炸等灾害事故；另一方面，极易导致尘肺等职业病的发生，严重威胁职工的身体健康。所以，为了确保施工安全，必须采取必要的设施、设备，对独头井巷掘进工作面进行有效通风。

为开掘井巷而进行的通风称为掘进通风，亦称局部通风。掘进通风的目的就是稀释并排除井巷掘进施工过程中产生的有毒有害气体与矿尘，并提供良好的气候条件。

7.1 局部通风的方法

掘进通风方法有自然通风、矿井主扇风压通风、引射器通风与局扇通风。

利用矿井主扇风压或自然风压为动力的局部通风方法称为总风压通风；利用扩散作用的局部通风方法称为扩散通风；利用引射器通风的局部通风方法称为引射器通风；利用局部扇风机通风的局部通风方法称为局扇通风。其中应用最普遍的是局扇通风。

7.1.1 总风压通风方法

总风压通风方法不需要增设其他动力设备，可直接利用矿井总风压，借助于风墙、风障或风筒等导风设施，将新鲜风流导入施工工作面，以排出其中的污浊空气。

（1）利用纵向风墙导风。如图 7-1 所示，在施工巷道内用纵向风墙将巷道分为两部分，一边进风，另一边回风。风墙的构筑材料可分为砖、石、混凝土风墙、木板墙等刚性风障和帆布、塑料等柔性风障。前者刚性风墙漏风小，导风距离可超过 500m；后者柔性风障导风设施漏风大，只适用于短距离的导风。图 7-1 中 1 为纵向风墙，2 为带有调节风窗的调节风门，以便行人和调节导入掘进工作面的风量。

（2）利用风筒导风。如图 7-2 所示，利用风筒导风需要在进风巷道适当位置设置挡风墙 2，墙上开有调节风窗的调节风门 3，以便调节风量、行人用，由风筒 1 实现导风。

（3）利用平行巷道通风。如图 7-3 所示，巷道施工采取双巷平行掘进，两巷之间按一定距离开掘联络巷道，前一个联络巷道贯通后，后一个联络巷道便密封，一条巷道进风，另一条巷道回风。两条平行的独头巷道可用风筒导风。

平行巷道掘进常用于煤矿的中厚煤层的煤巷施工，短距离通风有时采用巷道导风实现巷道通风。

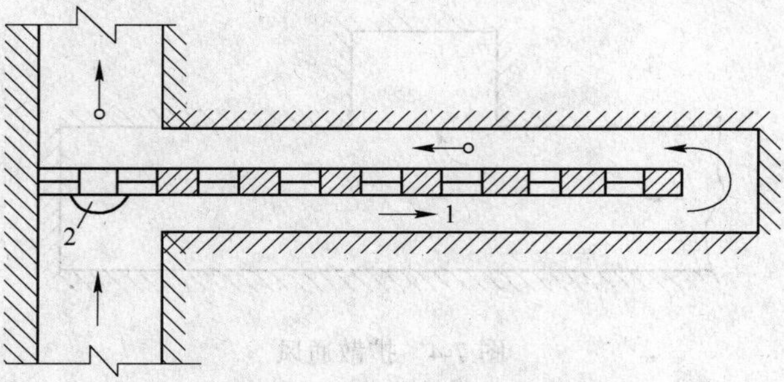

图 7-1　纵向风墙导风

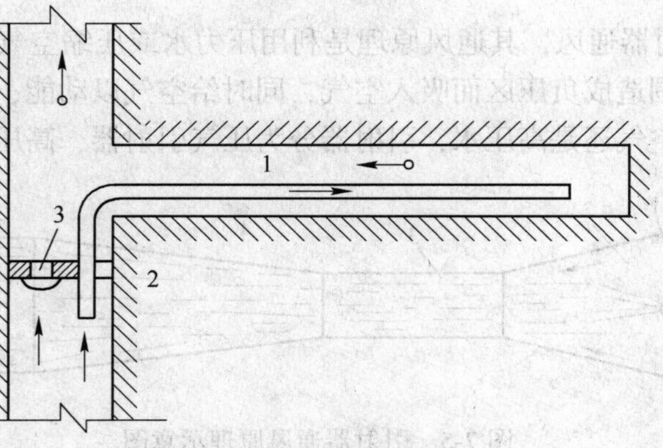

图 7-2　导风筒导风

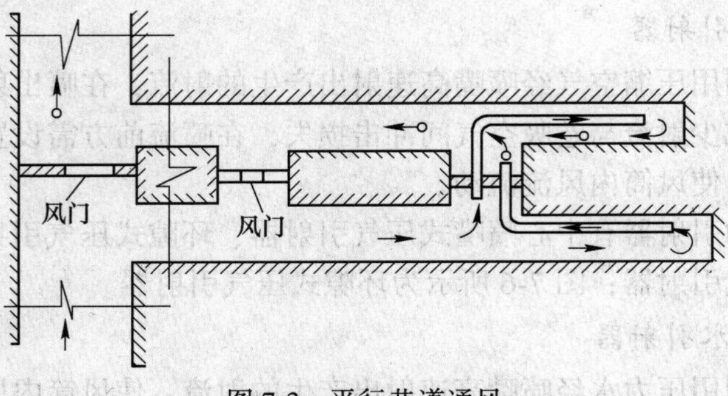

图 7-3　平行巷道通风

总风压通风法的最大优点是安全可靠，管理方便，但要有足够的总风压以克服导风设施的阻力。同时，由于须在巷道内建立风墙、风门等设施，将增加施工难度，并使得巷道有效断面利用率降低，不便于行人、设备材料运输等，所以，利用总风压实现掘进巷道通风理论上可行，工程实践上却很少采用。

7.1.2　扩散通风

如图 7-4 所示，扩散通风方法不需要任何辅助设施，主要靠新鲜风流的紊流扩散作用清洗工作面。它只适用于短距离的独头工作面。一般用于巷道掘进初始或短距离的硐室施工时的通风。

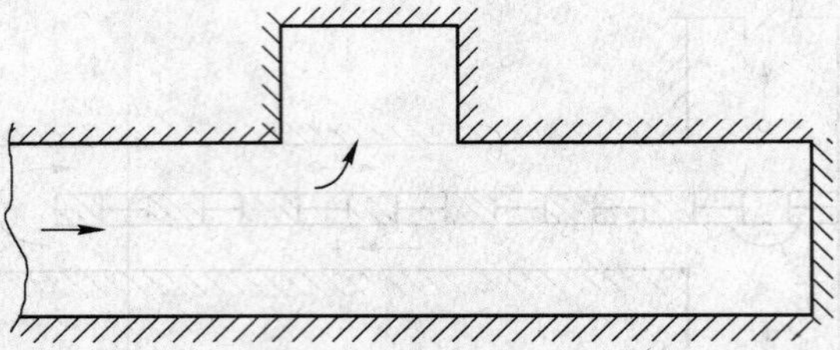

图 7-4 扩散通风

7.1.3 引射器通风

图 7-5 所示的引射器通风，其通风原理是利用压力水或压缩空气，经喷嘴高速射出产生射流，在喷出射流周围造成负压区而吸入空气，同时给空气以动能，使风筒内风流流动。根据流经喷嘴的是压缩空气还是高压水，引射器分为压气引射器、高压水引射器两种。

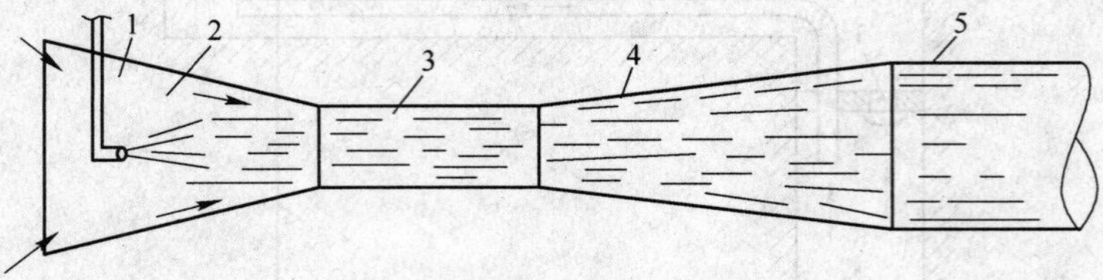

图 7-5 引射器通风原理示意图
1—动力管；2—喷嘴；3—混合管；4—扩散管；5—风筒

7.1.3.1 压气引射器

其通风原理是利用压缩空气经喷嘴高速射出产生的射流，在喷出射流周围造成负压区而吸入空气。为了减少射流与卷吸空气间冲击损失，在喷流前方需设置混合整流管，风流经整流后向前运动，使风筒内风流流动。

矿井井下常用的引射器有中心喷嘴式压气引射器、环隙式压气引射器两种。图 7-5 所示为中心喷嘴式压气引射器；图 7-6 所示为环隙式压气引射器。

7.1.3.2 高压水引射器

其通风原理是利用压力水经喷嘴高速射出产生的射流，使风筒内风流流动。

如图 7-7 所示，高压水引射器的射流分成核心区、混合区、水滴区。高压水引射器的通风效果因喷嘴形状、水压大小而不同，通常，其工作水压为 1.5~3.0MPa，喷嘴出口口径为 2~4mm。

引射器通风的优点是安全，尤其在煤与瓦斯突出矿井煤巷掘进时，用它代替局扇安全性会更高；同时，设备简单、有利于除尘和降温。其缺点是产生的风压低，送风量小，效率低，费用高，且只有掘进巷道附近有高压水源或压气时才能使用，局限性较大。

7.1.4 局扇通风

局扇通风是矿井广泛采用的掘进通风方法，按其工作方式可分为压入式、抽出式和混合式通风。

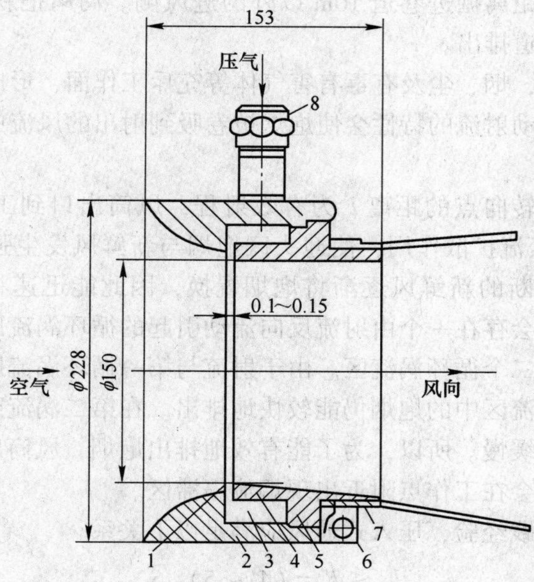

图 7-6 环隙式压气引射器

1—环隙；2—集压器；3—环形室；4—凸缘；

5—喷头；6—卡箍；7—扩散器；8—接头

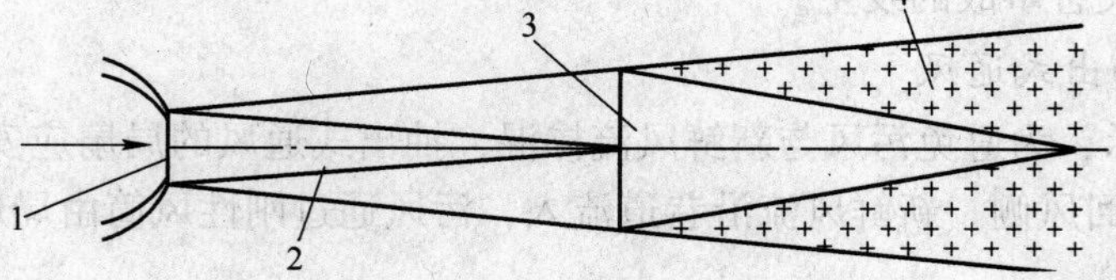

图 7-7 高压水引射器原理

1—高压水流；2—等速核心区；3—混合区；4—水滴区

7.1.4.1 压入式通风

如图 7-8 所示，为避免局扇吸入巷道排出的污风，产生循环风现象，压入式通风的局

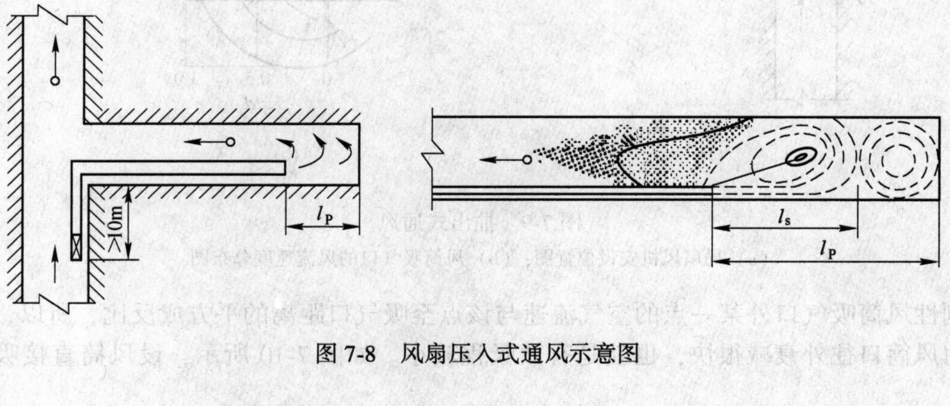

图 7-8 风扇压入式通风示意图

扇和启动装置均安装在距离掘进巷道 10m 以外的进风侧。局扇把新鲜风流经风筒压送到掘进工作面，污风沿巷道排出。

掘进工作面爆破后，烟、尘及有毒有害气体等充斥工作面，形成一个炮烟抛掷区。风流由风筒射出后，按紊动射流的特性会使炮烟被卷吸到射出的风流中，两者掺混共同向前移动。

风流从风筒出口到转向点的距离 l_s 为有效射程，风筒出口到工作面的距离为 l_p。当 $l_p \leqslant l_s$ 时，由于射流的紊流扩散作用，使迎头区炮烟与新鲜风发生强烈掺混，炮烟浓度逐渐趋于均匀化，源源不断的新鲜风逐渐将炮烟置换，因此能迅速将炮烟排走；当 $l_p \geqslant l_s$ 时，在有效射程以外，会存在一个由射流反向流动引起的循环涡流区，如果风筒口距离工作面更远，还可出现第二个循环涡流区。由于射流与第一循环涡流区的交换作用还比较强烈，因此，第一循环涡流区中的炮烟仍能较快地排出。在第二涡流区，因其涡流扩散强度很小，炮烟排出将十分缓慢。所以，为了能有效地排出炮烟，风筒出口与工作面的距离不能超过有效射程，否则会在工作点附近出现烟流停滞区。

根据理论分析和实践经验，压入式通风应满足以下关系

$$l_p \leqslant l_s = (4 \sim 5)\sqrt{S} \tag{7-1}$$

式中 S——掘进巷道净断面面积，m^2。

压入式通风扇风机把新鲜风流经风筒压送到工作面，而污浊空气沿巷道排出，采用这种通风方式，工作面的通风时间短，但全巷道的通风时间长，因此长距离通风解决后路巷道污风充斥问题很关键，如若是瓦斯矿井煤巷掘进，后路巷道有可能积聚瓦斯等有毒有害气体，甚至导致灾害事故的发生。

7.1.4.2 抽出式通风

如图 7-9 所示，为避免污风与新鲜风流掺混，抽出式通风的局扇应安装在距离掘进巷道口 10m 以外的回风侧。新鲜风流沿巷道流入，污风通过刚性风筒由局扇排出。

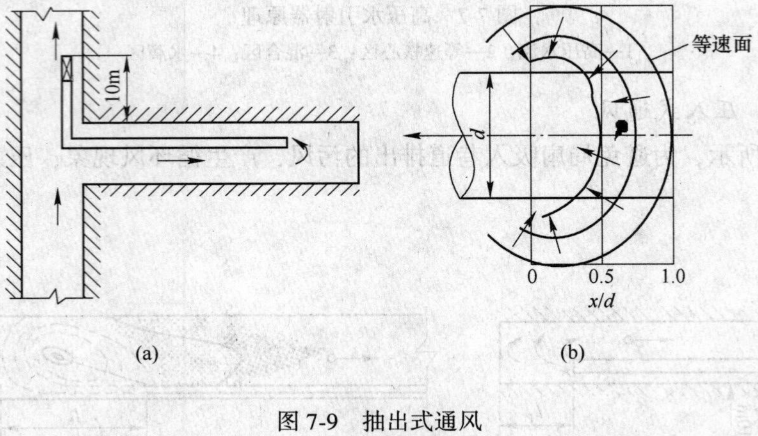

图 7-9 抽出式通风

(a) 局扇风机安设位置图；(b) 风筒吸气口的风流速度分布图

刚性风筒吸气口外某一点的空气流速与该点至吸气口距离的平方成反比，所以，吸风速度由风筒口往外衰减很快，也就是有效吸程较小。如图 7-10 所示，设风筒直接吸出炮

烟的有效作用范围即有效吸程为 l_x，风筒吸口到工作面的距离为 l。当 $l \leqslant l_x$ 时，迎头区炮烟与新风流发生强烈掺混，并逐渐靠近吸风口，因此能迅速将炮烟等污浊空气排除；当 $l \geqslant l_x$ 时，在有效吸程以外会形成循环涡流区，炮烟处于停滞状态，炮烟只是靠紊流扩散进入有效吸程范围，并与新鲜风混合至吸风口，通风效果极差。

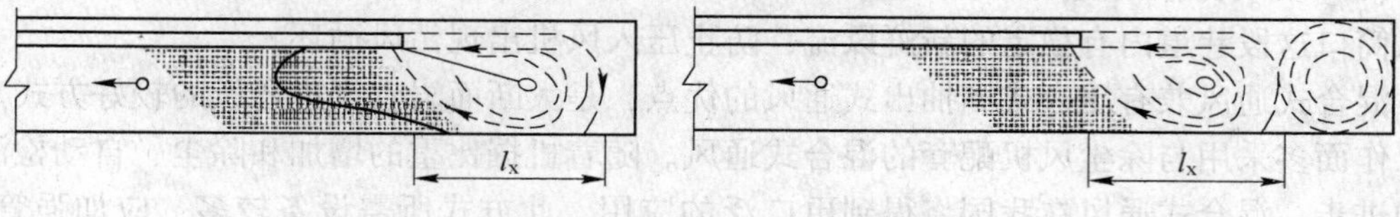

图 7-10 吸风口距工作面不同距离的通风状况

因此，抽出式通风风筒口距离工作面的距离 l 应小于有效吸程 l_x，否则会在工作地点附近出现烟流停滞区。在巷道条件下，其应满足以下关系

$$l \leqslant l_x \leqslant 1.5\sqrt{S} \tag{7-2}$$

式中 S——掘进巷道净断面面积，m^2。

抽出式通风的优点体现在新鲜风流沿巷道进入工作面，使整个井巷空气清新，劳动环境好，只要保证风筒吸入口到工作面的距离在有效吸程内，抽出式风量比压入式风量要小得多。

其缺点主要表现为：

(1) 污风通过风机，若风机不具备防爆性能，则抽出爆炸性气体时可能发生爆炸事故。

(2) 有效吸程小，生产过程中很难确保 $l \leqslant l_x$，所以，往往延长通风时间，排烟效果不好。

(3) 不能使用柔性风筒，只能使用刚性风筒，成本增加，不便于安装、拆运及管理。

所以，对于煤矿特别是瓦斯矿井的煤巷掘进施工一般不使用抽出式局扇通风。但对于非煤矿山特别是在立井开凿施工时，采用抽出式通风，既可以迅速排出炮烟又可以抽出粉尘，所以应用较广泛。

7.1.4.3 混合式通风

井巷通风使用两套局部扇风机及风筒装置，一套向工作面供新鲜风，一套为工作面排污风，这种通风方法称为混合式通风（见图 7-11）。它兼有压入和抽出式的优点，同时可避免各自缺点，通风效果较好，多用在大断面、长距离、瓦斯涌出量不大的巷道掘进时的通风。

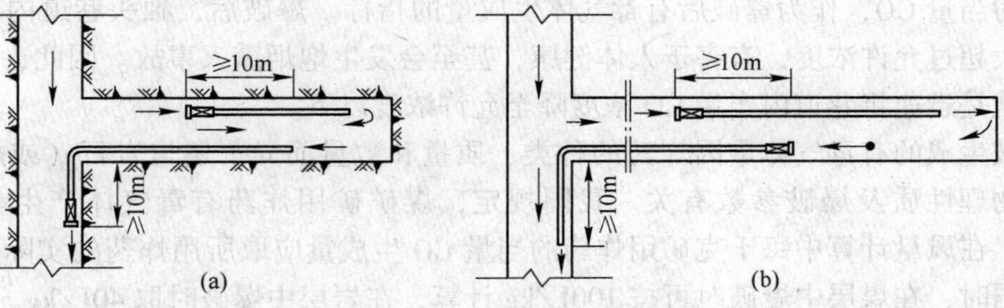

图 7-11 混合式通风

采用混合式通风时，为了提高通风效果，避免发生循环风现象，应遵守下述要求：

（1）向掘进头供风的风筒出口距工作面的距离应小于有效射程 l_s。

（2）抽出式风筒的吸风口或压出式局扇的吸风口应超前压入式局扇 10m 以上，它与工作面的距离应大于或等于炮烟抛掷距离。

（3）要确保抽出式风机吸风量大于等于压入式扇风机排出风量，并使压入风机至抽出风筒口这段巷道内有稳定的新鲜风流，防止压入风机出现污风循环。

混合式通风兼有压入式和抽出式通风的优点，是大断面岩巷掘进通风的较好方式。机掘工作面多采用与除尘风机配套的混合式通风。随着机掘比重的增加和除尘、自动检测技术的进步，混合式通风在我国将得到更广泛的应用，此方式所需设备较多，应加强管理，现行《煤矿安全规程》规定：在沼气喷出区域或煤与沼气突出的煤层中，不得采用混合式通风。在煤巷、半煤岩巷掘进中使用时，应遵守规程有关规定。

7.2 掘进通风的风量计算

矿井类别不同，井巷施工层位、用途不同，工作面产生的有毒有害气体种类、性质也不同。对于冶金矿山，独头工作面污浊空气的成分主要是爆破后的炮烟及各种作业所产生的矿尘，所以局部通风所需风量也就以排出炮烟和矿尘作为计算依据。而对于煤矿，特别是瓦斯矿井，更重要的是排除巷道内的瓦斯，所以，其需风量主要应满足瓦斯浓度不超标的要求。

7.2.1 矿井局部通风风量计算

巷道的掘进施工，无论是金属矿山还是煤矿，是岩石巷道还是脉内巷道，后者是煤、半煤岩巷道，其施工工艺无论是爆破掘进，还是机械掘进，独头工作面污浊空气的成分主要是爆破、机械切割、煤岩体暴露及各种作业工序所产生的矿尘和有毒有害气体，所以，掘进局部通风所需风量也就以排出这些有毒有害气体和矿尘作为计算依据。

通常情况下，煤矿与冶金矿山不尽相同。对于煤矿瓦斯矿井，无论是穿煤岩巷，还是煤层巷道，掘进工作面污浊空气的成分除了爆破后的炮烟及各种作业工序所产生的矿尘外，还有瓦斯、煤尘等，所以，掘进通风所需风量也就不仅以排出炮烟和矿尘作为计算依据，同时还要考虑排除瓦斯等爆炸性气体，避免瓦斯积聚导致事故的发生。

巷道掘进施工炸药爆破后，会产生大量一氧化碳、氮氧化物等有毒有害气体。氮氧化物毒性大且不稳定，通常按毒性将其折算成 CO（一份氮氧化物相当于 6.5 份 CO），二者之和称为当量 CO，作为爆破后有毒气体生成量的指标。爆破后，独头巷道内有毒气体的浓度大大超过允许浓度，有害于人体健康，甚至会发生炮烟熏人事故。因此，爆破后通风的任务就是迅速将巷道内当量 CO 浓度降至允许浓度以下。

爆破生成的有毒气体量因炸药的种类、质量和数量而异，还与岩石（或煤）的化学成分、物理性质及爆破参数有关。我国规定，煤矿矿用炸药有毒气体产生量不得超过 80L/kg。在风量计算中每千克矿用炸药的当量 CO 生成量应取所用炸药的实际数据，当无实际数据时，在煤层中爆破时可按 100L/kg 计算，在岩层中爆破时取 40L/kg。

爆破后，工作面附近的一段巷道内充满了炮烟，该炮烟区的长度称为炮烟抛掷长度，

用 L_t 表示，该长度的大小首先取决于爆破方式，其次是炸药量。

根据生产实践，用电雷管起爆时，炮烟抛掷长度可用式（7-3）计算

$$L_t = 15 + \frac{A}{5} \tag{7-3}$$

用火雷管起爆时，炮烟抛掷长度可用式（7-4）计算

$$L_t = 15 + A \tag{7-4}$$

式中　A——一次爆破的炸药消耗量，kg。

爆破生成的有毒气体、水蒸气、尘粒以气溶胶的雾状形态悬浮于空气中。假定炮烟抛掷区内炮烟的分布是均匀的，可用式（7-5）计算爆破后炮烟区的当量 CO 初浓度 C_0：

$$C_0 = \frac{Ab}{10L_tS} \tag{7-5}$$

式中　b——每千克炸药爆炸生成的 CO 量，一般取 100L/kg；

S——巷道断面面积，m^2。

7.2.1.1　压入式通风的风量计算

对于压入式通风，为了有效地排出工作面的炮烟，风筒出口到工件面的距离要求小于风流有效射程，工作面需风量 Q 可按式（7-6）计算

$$Q_{yp} = \frac{19}{t}\sqrt{ALS} \tag{7-6}$$

式中　Q_{yp}——压入式通风时工作面所需供风量，m^3/s 或 m^3/min；

t——通风时间，s 或 min；

A——一次爆破的炸药消耗量，kg；

L——巷道通风长度，m；

S——巷道断面面积，m^2。

7.2.1.2　抽出式通风的风量计算

对于抽出式通风，为了有效地排出工作面的炮烟，风筒吸口到工件面的距离要求小于风流有效吸程，工作面需风量 Q_{cp} 按式（7-7）计算

$$Q_{cp} = \frac{18}{t}\sqrt{AL_tS} \tag{7-7}$$

式中　Q_{cp}——抽出式通风时工作面所需供风量，m^3/s 或 m^3/min；

t——通风时间，s 或 min；

A——一次爆破的炸药消耗量，kg；

L_t——炮烟抛掷长度，m；

S——巷道断面面积，m^2。

7.2.1.3　混合式通风的风量计算

（1）长抽短压的通风方式。采取长抽短压的通风方式时，应满足抽出式风筒入口的风量 Q_{cp} 大于压入式风筒出口的风量 Q_{yp}，以防止循环风和维持风筒重叠段内的巷道中具有排尘或稀释有毒有害气体的最低风速。

混合式长抽短压的通风方式风量计算方法有两种，两种方法都需要首先确定压入式风量 Q_{yp}，然后根据 $Q_{cp} > Q_{yp}$ 来确定抽出式风量。

一种是先用式（7-6）计算压入式风量认 Q_{yp}，然后用式（7-8）计算抽出风筒口的风量 Q_{cp}

$$Q_{cp} = Q_{yp} + 60vS \tag{7-8}$$

式中 v——最低风速，排尘的最低风速不低于 0.15~1.25m/s；

S——风筒重叠段的巷道断面积，m^2。

另一种是根据式（7-9）确定抽出式风机风量

$$Q_{cp} = (1.2 \sim 1.25) Q_{yp} \tag{7-9}$$

（2）长压短抽的通风方式。采取长压短抽的通风方式时，为防止产生循环风和风筒重叠段内无风或微风现象，应满足压入式风筒出口的风量 Q_{yp} 大于抽出式风筒入口的风量 Q_{cp}。

混合式长压短抽的通风方式风量计算方法有两种，两种方法都需要首先确定压入式风量 Q_{yp}，然后根据 $Q_{yp} > Q_{cp}$ 来确定压入式风量。

一种是先用式（7-7）计算抽出式风量 Q_{cp}，然后用式（7-10）计算压入式风筒口的出风量 Q_{yp}

$$Q_{yp} = Q_{cp} + 60vS \tag{7-10}$$

式中，v、S 同式（7-8）。

另一种是根据式（7-11）确定抽出式风机风量

$$Q_{yp} = (1.2 \sim 1.25) Q_{cp} \tag{7-11}$$

7.2.2 巷道掘进防尘、除尘通风

通过局部扇风机进行掘进通风，就是将掘进巷道内矿尘稀释或净化至允许浓度，同时以恰当的风速将空气中悬浮的矿尘排走。

要取得好的排除尘效果，必须使风速大于最低排尘风速，避免矿尘在工作地点迂回悬浮，同时又必须使风速低于二次飞扬风速，避免矿尘二次或多次尘化，加重矿尘污染。所以选择最优排尘风速，使巷道内粉尘浓度最低尤为重要。最优排尘风速的大小与矿尘种类、粒径大小、巷道潮湿状况和有无产尘作业等有关。矿井最优排尘风速一般为 0.5~0.7m/s。

按风流稀释粉尘的要求，掘进巷道排尘风量为

$$Q_{排尘风量} = \frac{G}{G_{max} - G_j} \tag{7-12}$$

式中 $Q_{排尘风量}$——掘进巷道排尘风量，m^3/min；

G——掘进巷道单位时间内产生的矿尘量，mg/min；

G_{max}——掘进巷道最高允许含尘浓度，mg/m^3；当矿尘中含游离 SiO_2 大于 10% 时，为 $2mg/m^3$；矿尘中含游离 SiO_2 低于 10%时，为 $10mg/m^3$；对含游离 SiO_2 小于 10%的水泥粉尘，为 $6mg/m^3$；

G_j——掘进巷道进风流允许含尘浓度，一般不超过 $0.5mg/m^3$。

根据式（7-12）计算风量后，需验算巷道内风速 v 是否符合通风防、排尘风速的要求。

$$v = \frac{Q_{排尘风量}}{60S} > v_d \tag{7-13}$$

式中 S——巷道断面面积，m^2；

v_d——最低排尘风速，m/s。

总之，掘进通风的风量计算，原则上应按排炮烟、排瓦斯、排矿尘等因素分别计算，取其大者，然后按最低风速验算，并从中选取高者作为掘进供风量。

通常，实际工作中一般按次要因素计算的风量较小，故可择其主要影响因素进行计算。如高瓦斯煤矿中煤巷掘进时，按沼气计算；金属矿山或无沼气煤矿岩巷爆破法掘进时，按排烟和防尘通风进行计算。

7.3 掘进通风设备

掘进通风设备的选择主要包括导风装置（风筒）及局部通风动力（局扇）的选择。选择并及时调整掘进通风设备对于确保通风安全，降低通风费用尤为重要。

7.3.1 风筒

矿井内掘进风筒的选择应遵循抗静电、漏风量小、安全、使用寿命长、价格低廉、便于拆装、运输等原则。

7.3.1.1 风筒的种类

掘进通风使用的风筒分为刚性和柔性两种。

刚性风筒通常用金属板或玻璃钢制成。一般由厚 2~3mm 的铁板卷制而成，常见的铁风筒规格如表 7-1 所示。铁风筒的优点是坚固耐用，使用时间长，各种通风方式均可使用；缺点是成本高，易腐蚀，笨重，拆、装、运不方便，在弯曲巷道中使用困难。近年来出现了玻璃钢风筒，其优点是比铁风筒轻便（重量仅为钢材的 1/4），抗酸、碱腐蚀性强，摩擦阻力系数小，但成本比铁风筒高。

表 7-1 铁风筒规格参数表

风筒直径/mm	风筒节长/m	风筒壁厚/mm	垫圈厚/mm	风筒质量/$kg \cdot m^{-1}$
400	2，2.5	2	8	23.4
500	2.5，3	2	8	28.3
600	2.5，3	2	8	34.8
700	2.5，3	2.5	8	46.1
800	3	2.5	8	54.5
900	3	2.5	8	60.8
1000	3	2.5	8	60.8

柔性风筒由帆布、胶布、人造革等制成。两者比较，柔性风筒应用更广泛，其优点是重量轻、可伸缩、拆装方便；缺点是强度低，易损坏，使用时间短，且只能用于压入式通

风。常见的胶布风筒规格如表 7-2 所示。

表 7-2 胶布风筒规格参数表

风筒直径/mm	风筒节长/m	风筒壁厚/mm	垫圈厚/mm	风筒质量/kg · m⁻¹
300	10	1.2	1.3	0.071
400	10	1.2	1.6	0.126
500	10	1.2	1.9	0.196
600	10	1.2	2.3	0.283
800	10	1.2	3.2	0.503
1000	10	1.2	4.0	0.785

随着综掘工作面的增多，混合式通风除尘技术得到了广泛应用，为了满足抽出式通风的要求，也为了充分利用柔性风筒的优点，带刚性骨架的可伸缩风筒（见图 7-12）得到了开发和应用，即在柔性风筒内每隔一定距离加一钢丝圈或螺旋形钢丝，既可用于抽出式通风，承受一定的负压，又具有可收缩的特点，其优势尤为突出。

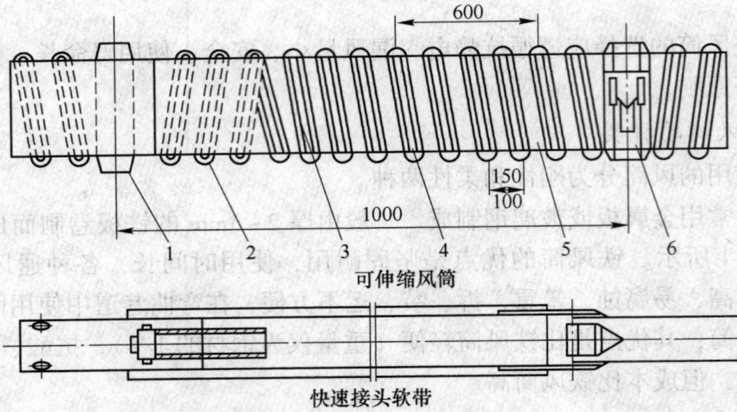

图 7-12 可伸缩风筒

1—圈头；2—螺旋弹簧钢丝；3—吊钩；4—塑料压条；5—风筒布；6—快速接头软带

7.3.1.2 风筒的风阻

风筒的风阻包括风筒的摩擦风阻和局部风阻。局部风阻主要包括风筒接头风阻、弯头风阻以及压入式风筒的出口或抽出式风筒的入口风阻。

（1）摩擦风阻。根据摩擦风阻计算公式

$$R_f = \frac{\alpha L U}{S^3} \tag{7-14}$$

由于风筒横截面为圆形，所以，风筒周界 U 与断面面积 S 及其直径 D 的关系为 $D = 4S/U$，将此代入式（7-14），化简可得

$$R_f \approx 6.5\frac{\alpha L}{D^5} \tag{7-15}$$

式中 α——风筒摩擦阻力系数，$N\cdot s^2/m^4$；

L——风筒长度，m；

D——风筒直径，m；

S——风筒断面面积，m^2；

U——风筒周长，m。

（2）局部风阻。根据局部风阻计算公式：

$$R_r = \xi \frac{\rho}{2S^2} \tag{7-16}$$

式中 ξ——局部阻力系数，无因次；

ρ——空气密度，kg/m^3；

S——风筒断面面积，m^2。

（3）风阻系数影响因素。刚性风筒内壁粗糙度大致相同，风筒之间的连接用法兰盘连接，所以，摩擦阻力系数 α 受风压影响不大，局部风阻可不计。

柔性风筒或带刚性圈的柔性风筒的摩擦阻力系数 α 都与风筒内风压有关。同直径的风筒的摩擦阻力系数 α 值可视为常数，金属风筒的 α 值可按表 7-3 选取，玻璃钢风筒的 α 值可按表 7-4 选取。

表 7-3 金属风筒摩擦阻力系数

风筒直径/mm	200	300	400	500	600	800
$\alpha\times10^4/N\cdot s^2\cdot m^{-4}$	49	44.1	39.2	34.3	29.4	24.5

表 7-4 JZK 系列玻璃钢风筒摩擦阻力系数

风筒型号	JZK-800-42	JZK-800-50	JZK-700-36
$\alpha\times10^4/N\cdot s^2\cdot m^{-4}$	19.6~21.6	19.6~21.6	19.6~21.6

在实际应用中，整列风筒风阻除与长度和接头等有关外，还与风筒的吊挂维护等管理质量密切相关，很难根据公式精确计算。一般根据实测风筒百米风阻作为衡量风筒管理质量和设计的数据。在缺少实测资料时，胶布风筒的摩擦阻力系数 α 值与百米风阻 R_{100} 可参考表 7-5 所列数据。

表 7-5 实测风筒百米风阻值

风筒类型	风筒直径/mm	接头方法	百米风阻/$N\cdot s^2\cdot m^{-8}$	备注
胶皮风筒	400	单反边	131.32	10m 一节
	450	双反边	121.72	10m 一节
	500	多反边	54.1	50m 一节
	600	双反边	23.23	10m 一节
	600	双反边	15.88	30m 一节
KSS600-150 型	600	快速接头软带	30.2	10m 一节 螺距 150mm
			37.83	10m 一节 螺距 100mm

7.3.1.3 风筒漏风

风流通过导风筒，无论是风筒的接头，还是风筒本身都会产生漏风。刚性风筒或透气性极小的塑胶风筒的漏气主要是发生在接头处，胶布风筒不仅接头漏风，其全长（粘缝、针眼）都有漏风，漏风使得局扇工作风量与工作面的供风量不等。

反映风筒漏风程度的指标有漏风量、漏风率、风筒的有效风量率、风筒漏风备用系数等。

（1）风筒漏风量。风筒始端风量（局扇工作风量 Q_f）与末端风量（工作面的供风量 Q）的几何平均值即为通过风筒的平均风量 Q_a，即

$$Q_a = \sqrt{Q_f \cdot Q} \tag{7-17}$$

Q_f与 Q 之差就是风筒的漏风量 Q_1。它与风筒的种类、接头的数目、连接方法、质量以及风筒直径、风压，以及风筒的维护和管理密切相关。

（2）风筒漏风率。风筒漏风率是风筒漏风量占局扇工作风量的百分数，即

$$\phi = \frac{Q_f - Q}{Q_f} \times 100\% \tag{7-18}$$

（3）风筒的有效风量率。风筒的有效风量率是掘进工作面供风量（风筒末端风量）占局扇工作风量的百分数，即

$$\varepsilon = \frac{Q_f - Q_1}{Q_f} \times 100\% \tag{7-19}$$

将式（7-18）代入式（7-19）可得

$$\varepsilon = (1 - \phi) \times 100\% \tag{7-20}$$

（4）风筒漏风备用系数。风筒漏风备用系数指的是局扇工作风量与工作面供风量的比，即

$$\psi = \frac{Q_f}{Q} = \frac{1}{1 - \phi} \tag{7-21}$$

7.3.2 局部扇风机

井下局部地点通风所用的扇风机称为局部扇风机。掘进工作通风要求局部扇风机体积小、风压高、效率高、噪声低、性能可靠、坚固防爆。扇部扇风机的选择可参阅有关产品目录。

7.4 局部通风设计及管理

7.4.1 局部通风设计

应根据开拓、开采巷道布置，掘进区域岩层的自然条件以及掘进工艺，确定合理的局部通风方法及其布置方式，选择风筒类型和直径，计算风筒出入口风量，计算风筒通风阻力，选择局部通风机。

7.4.1.1 局部通风系统的设计原则

局部通风是矿井通风系统的一个重要组成部分，其新风取自矿井主风流，其污风也排

入矿井主风流。其设计原则可归纳如下：

（1）在矿井和采区通风系统设计中应为局部通风创造条件；

（2）局部通风系统要安全可靠、经济合理和技术先进；

（3）尽量采用技术先进的低噪声、高效型局部通风机，如对旋式局部通风机；

（4）压入式通风宜用柔性风筒，抽出式通风宜采用带刚性骨架的可伸缩风筒或完全刚性的风筒；

（5）当一台局部通风机不能满足通风要求时可考虑选用两台或多台局部通风机联合运行。

7.4.1.2　局部通风设计步骤和选型

局部通风设计步骤：

（1）确定局部通风系统，绘制掘进巷道局部通风系统布置图；

（2）按通风方法和最大通风距离，选择风筒类型与风筒直径；

（3）计算风机风量和风筒出口或入口风量；

（4）按掘进巷道通风长度变化，分阶段计算局部通风系统总阻力；

（5）按计算所得局部通风机设计风量和风压，选择局部通风机；

（6）按矿井灾害特点，选择配套安全技术装备。

7.4.1.3　局部扇风机工作参数

（1）局部扇风机工作风量。考虑掘进工作面需风量要求以及风筒漏风的因素，局部扇风机（以下简称局扇）的工作风量按式（7-22）计算

$$Q_f = \psi \cdot Q \tag{7-22}$$

（2）局扇工作风压。局扇工作风压要克服风筒的通风阻力以及风流出口的阻力，参照第3章相关公式计算。

7.4.1.4　选择局扇

局扇有轴流式和离心式两种。轴流式局扇风机具有体积小、效率较高、便于安装和串联运转等优点，被广泛采用。缺点是噪声较大。

目前生产的轴流式局扇有防爆型JBT系列、非防爆型JF系列和JFD对旋系列三种。金属矿山由于没有瓦斯和煤尘爆炸危险，因此多选用结构简单，使用轻便的非防爆型局扇（见表7-6）。煤矿必须使用防爆型系列的局扇风机。

表7-6　非防爆型系列局扇性能

型号	局扇外径/mm	气流性能范围		额定功率/kW	额定转数/r·min^{-1}	气流效率/%	外形尺寸/mm×mm
		风压/mmH$_2$O	风量/m^3·min^{-1}				
JF-41	398	75～15	75～112	2	2900	70	ϕ505×575
JF-42	398	150～30	75～112	4	2900	70	ϕ505×775
JF-51	508	125～25	145～225	5.5	2900	70	ϕ615×640
JF-52	508	240～50	145～225	11	2900	70	ϕ615×870
JF-61	600	160～35	250～390	14	2900	70	ϕ712×785
JF-62	600	320～70	250～390	28	2900	70	ϕ712×995

7.4.2 掘进通风管理

掘进通风管理技术措施主要有加强风筒管理的措施、保证局部通风机安全运转的措施、掘进通风安全技术装备系列化、局部通风机的消声措施等。

7.4.2.1 加强风筒管理的措施

A 减少风筒漏风

a 改进风筒接头方法和减少接头数

风筒接头的好坏直接影响风筒的漏风和风筒阻力。改进风筒接头方法和减少风筒接头数，是减少风筒漏风的重要措施之一。

（1）改进接头方法。风筒接头一般是采用插接法，即把风筒的一端顺风流方向插到另一节风筒中，并拉紧风筒使两个铁环靠紧。这种接头方法操作简单，但漏风大。为减少漏风，普遍采用的是反边接头法。

（2）减少接头数。不论采用哪种接头方法，均不能杜绝漏风，因此，应尽量减少接头数，即尽量选用长节风筒。目前普遍使用的柔性风筒，每节长 10m，可采用胶粘接头法，将 5~10 节风筒顺序粘接起来，使每节风筒的长度增加到 50~100m，从而减少大量接头数以减少漏风。

b 减少针眼漏风

胶布风筒是用线缝制成的，在风筒吊环鼻和缝合处都有很多针眼，据现场观测，在 1kPa 压力下，针眼普遍漏风。因此，对风筒的针眼处应用胶布粘补，以减少漏风。

c 防止风筒破口漏风

风筒靠近工作面的前端应设置 3~4m 长的一段铁风筒，随工作面推进向前移动，以防放炮崩坏胶布风筒。掘进巷道要加强支护，以防冒顶片帮砸坏风筒。风筒要吊挂在上帮的顶角处，防止被矿车刮破。对于风筒的破口、裂缝要及时粘补，损坏严重的风筒应及时更换。

B 降低风筒的风阻

为了减少风筒的风阻以增加供风量，风筒吊挂应逢环必挂，缺环必补；吊挂平直，拉紧吊稳。局部通风机要用托架抬高，尽量和风筒成一直线。风筒拐弯应圆缓，勿使风筒褶皱。在一条巷道内应尽量使用同规格的风筒，如使用不同直径的风筒时，应该使用异径风筒连接。风筒中有积水时要及时放掉，以防止风筒变形破裂和增大风阻值。放水方法：可在积水处安设自行车气门嘴，放水时拧开，放完水再拧紧。

7.4.2.2 保证局部通风机安全可靠运转

在掘进通风管理工作中，应加强对局部通风机检查和维修，严格执行局部通风机的安装、停开等管理制度，以保证局部通风机正常运转。

7.4.2.3 掘进通风安全技术装备系列化

掘进安全技术装备系列化，对于保证掘进工作面通风安全可靠性具有重要意义。掘进安全技术装备系列化是在治理瓦斯、煤尘、火灾等灾害的实践中不断发展起来的多种安全技术装备，是预防和治理相结合的防止掘进工作面瓦斯、煤尘爆炸、火灾等灾害的行之有效的综合性安全措施。

7.4.2.4　局部通风机消音措施

局部通风机运转时噪声很大，常达100~110dB，大大超过了《金属非金属矿山安全规程》规定的允许标准。《金属非金属矿山安全规程》规定：作业场所的噪声不应超过85dB（A）。大于85dB（A）时，需配备个人防护用品；大于或等于90dB（A）时，还应采取降低作业场所噪声的措施。高噪声严重影响井下人员的健康和劳动效率，甚至可能成为导致人身事故的环境因素。降低噪声的措施，一是研制、选用低噪声高效率局部通风机；二是在现有局部通风机上安设消音器。

局部通风机消音器是一种能使声能衰减并能通过风流的装置。对消音器的要求是通风阻力小、消音效果好、轻便耐用。图7-13所示的局部通风机消音的方法是：在局部通风机的进出口各加一节1m长的消音器，消音器外壳直径与局部通风机相同，外壳内套以用穿孔板（穿孔直径9mm）制成的圆筒，直径比外壳小50mm，在微孔圆与外壳间充填吸音材料。消音器中间安设用穿孔板制的芯筒，其内也充填吸音材料。另外，在局部通风机壳也设一吸音层。因吸音材料具有多孔性，当风流通过消音器时，声波进入吸音材料的孔隙而引起孔隙中的空气和吸音材料细小纤维的振动，由于摩擦和黏滞阻力，可使相当一部分声能转化为热能而达到消音目的。这种消音器可使噪声降低18dB。

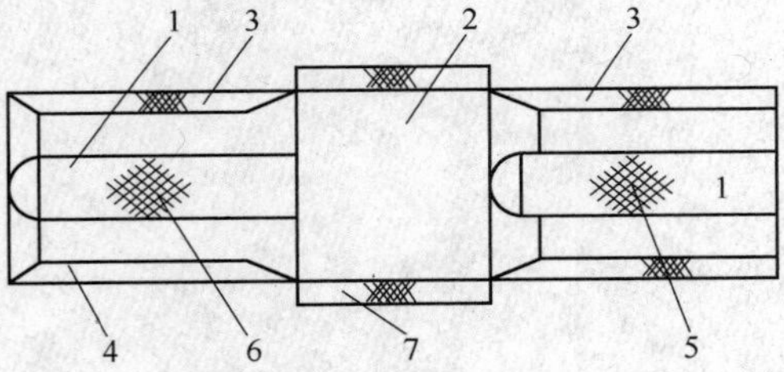

图7-13　局部通风机消音装置

1—芯筒；2—局部通风机；3—消音器；4—圆筒；
5，6—吸音材料；7—吸音层

复习思考题

7-1 什么是掘进通风？掘进通风方法有哪些？

7-2 某独头掘进巷道长200m，断面为6.5m^2，用火雷管起爆，一次爆破火药量为20kg。若采用抽出式通风，其有效吸程和所需风量各为多少？

7-3 某掘进巷道，采用压入式通风，其胶皮风筒的接头数目$n=12$，一个接头的漏风率$p_1=0.02$，工作面的需风量$Q_0=1.51m^3/s$。问扇风机供风量为多少？

7-4 某矿掘进一条长为400m的独头巷道，断面为4.4m^2，一次爆破火药量为10kg，通风时间为15min。采用压抽混合式通风，用一台环隙式压气引射器作压入式工作，配直径为400mm、长为60m的胶皮风筒。在距工作面40m处，另用一台局扇作抽出式工作，将污风经60°转弯送入回风巷。胶皮风筒的摩擦阻力系数$\alpha=0.0004N\cdot s^2/m^4$，漏风风量备用系数$\phi=1.1$。试确定引射器和局扇型号。

7-5 某独头巷道利用总风压通风，如题图7-1所示，风筒长100m（不考虑漏风），摩擦阻力系数$\alpha=0.0004N\cdot s^2/m^4$，直径为0.4m。有贯通风流巷道的风量为$Q_1=Q_3=10m^3/s$，欲使独头工作面的风量为$Q_2=1m^3/s$，用风窗调节，设风窗后的$Q_1$不变。问调节风窗$F$所造成的风阻应为多少。

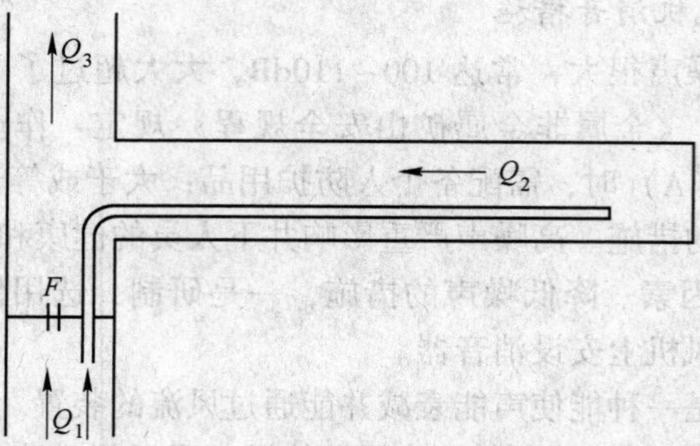

题图 7-1

8 矿井通风系统

矿井通风系统是向矿井下各作业地点供给新鲜空气，排出污浊空气的通风网路、通风动力和通风控制设施的总称。矿井通风系统与井下各作业地点相联系，对矿井通风安全状况具有全局性影响，是搞好矿井通风与空调的基础工程。因此，无论新设计的矿井或生产矿井，建立和完善矿井通风系统都是搞好安全生产、保护矿工安全健康、提高劳动生产率的一项重要措施。

矿井通风系统从不同的角度可分为若干类型。根据矿井通风系统的结构可分为统一通风和分区通风；根据进风井、回风井的布置位置可分为中央式、对角式及混合式通风；根据主扇的工作方式及井下的压力状态，可分为压入式、抽出式和混合式通风；根据主扇的安装地点可分为井下、地表和井下地表混合式通风。

8.1 统一通风与分区通风

一个矿井构成一个整体的通风系统称为统一通风；一个矿井划分为若干个独立的通风系统，风流互不干扰，称为分区通风。拟定矿井通风系统时，应首先考虑采用统一通风还是分区通风。这两种类型各有优点和缺点，适用条件不尽相同，故在拟定通风系统宏观构建方案时，应当进行调查研究，从矿山的具体情况出发，提出多个技术上可行的方案，通过优化或技术经济比较后确定矿井通风系统。

8.1.1 统一通风

统一通风具有进风井、回风井数量少，投资小，使用的主扇少，便于管理等优点，比较适合于难以增加进、出风井的矿井采用。特别是深矿井，因开拓风井的工程量较大，采用全矿统一通风比较经济合理。但是，在生产实践中也不同程度地存在下列问题：

(1) 由于网路结构复杂，漏风多，分风不均衡，分风调控困难；

(2) 进风、回风口少，造成矿井风阻大；

(3) 为克服上述原因造成的风量不足，普遍加大了矿井风量供需比例，造成通风电耗比较高。

8.1.2 分区通风

8.1.2.1 分区通风的原理

分区通风将一个矿井划分成若干个区域，每个分区均独自构建专用的进风、用风和回风井巷，拥有一套专为本分区服务的通风动力与调控设施，使得各分区独立进风、独立回风、独立用风，各分区之间风流互不联通，它们在通风系统上是相互独立的。分区通风的各通风系统是处于同一开拓系统中，所以各系统井巷间存在一定的联系。

8.1.2.2 分区通风的特点

20世纪50年代后期，我国出现了分区通风方式。通过将集中通风效果不佳的矿井，划分成若干个独立的通风系统，实行分区通风，取得了较好的增效节能效果。分区通风与统一通风相比，具有以下优点：

(1) 通风网路结构简单，风流易于调节控制，通风效果容易得到保障；

(2) 进、出风口增多，风路长度缩短，通风阻力减小；

(3) 风阻减小，有效风量增多，通风电耗随之减少。

8.1.2.3 分区通风的适用条件

是否采用分区通风，主要看开凿通达地表的通风井巷工程量的大小或有无现成的井巷可以利用。一般说来，在下述条件下采用分区通风比较有利：

(1) 矿体埋藏较浅且分散，开凿通达地表的通风井巷工程量较小或有原井巷可供利用；

(2) 矿体埋藏较浅，走向长，产量大，如构成统一通风系统，风路长、漏风大、网路复杂、风量调节困难；

(3) 开采矿物有自燃发火危险、高瓦斯或煤与瓦斯突出的矿井同时生产规模较大的矿井。

总的来说，比较统一通风与分区通风系统，分区通风具有风路短、阻力小、漏风少、费用低以及风路简单、风流易于控制、有利于减少风流串联和合理进行风量分配等优点。因此，在一些矿体埋藏较浅且分散的矿井开采浅部矿体时期，得到广泛的应用。但是，由于分区通风需要具备较多的入排风井，它的推广使用受到一定的限制。

8.2 风井的布置方式

每一个矿井的通风系统至少要有一个可靠的进风井和一个可靠的回风井。按进风井与回风井在井田内的相对位置关系，风井的布置方式有中央并列式、中央对角式和侧翼对角式三种形式。

8.2.1 中央并列式通风

如图8-1所示，进风井与回风井均并列布置在井田走向的中央，风流在井下的流动路线是折返式的。适用于矿体倾角较大、走向不长的矿井，投产初期暂未设置边界安全出口，且自燃发火不严重的矿井。

中央并列式通风的特点如下：

(1) 初期投资少，地面建筑和供电集中，采区生产集中，并便于管理。

(2) 建井工期较短，井筒延深时通风也较方便。

(3) 节省风井工业场地，占地少，比在井田内打边界风井矿柱损失少。

(4) 进出风井之间的漏风较大、风路较长、阻力较大，要特别加强管理。

(5) 工业场地有噪声影响。

中央式布置具有基建费用少、投产快、地面建筑集中、便于管理、井筒延深施工方便、容易实现反风等优点。但矿井生产后期风路长、阻力大、边远采区可能因此风量不足，系统的漏风较大。

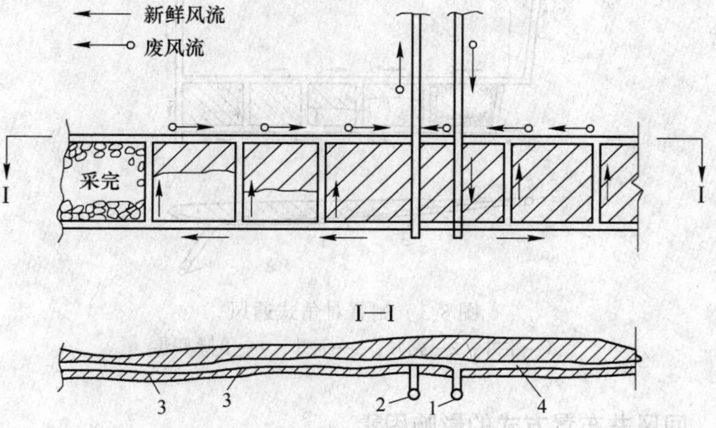

图 8-1 中央并列式通风系统
1—主井；2—副井；3—天井；4—沿脉平巷

8.2.2 中央对角式通风

如图 8-2 所示，进风井位于井田中央，回风井设在两翼，称为两翼对角式通风。

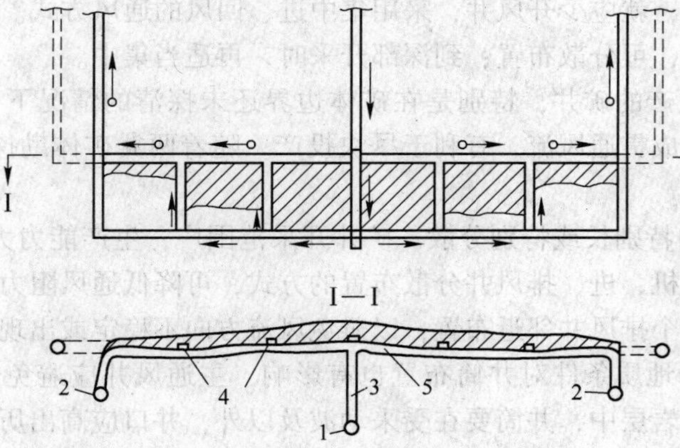

图 8-2 中央对角式通风
1—主井；2—副井；3—石门；4—天井；5—沿脉平巷

中央对角式通风方式一般适用于矿体走向较长、井田面积较大、产量较高的矿井。其优点是通风风流在井下的流动路线是直向式，因此路线较短，阻力和漏风较小、各采区间风阻比较均衡，便于按需要控制风量分配，矿井所需总风压也比较稳定；其缺点是初期投资大，建井工期较长。

8.2.3 侧翼对角式通风

如图 8-3 所示，进风井和回风井分别位于井田两翼，称为侧翼对角式通风。这种方式适用于矿体走向长度较短、矿量集中、整个开采范围不大的矿井。

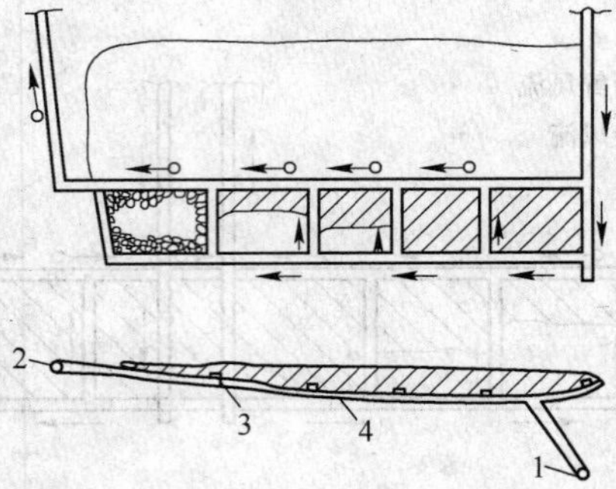

图 8-3　侧翼对角式通风
1—主井；2—副井；3—天井；4—沿脉平巷

8.2.4　入风井、回风井布置方式的影响因素

矿井进风井与回风井的布置形式，要根据矿体赋存条件，矿井开拓、开采方式，因地制宜地进行布置，确定其布置方式时，应注意以下几项影响因素：

(1) 当矿体埋藏较浅且分散时，开凿通达地表的井巷工程较小，而开凿贯通各矿体的通风联络巷道较长，此时可多开几个进、回风井，分散布置，工程量既少，又可缩短风路，降低通风阻力；反之，当矿体埋藏较深且集中，开凿风井工程大，而开凿各矿体之间通风联络巷道较短时，就应少开风井，采用集中进、回风的通风方式。在矿井浅部开采时期，由于距地表较近，可分散布置；到深部开采时，再适当集中。

(2) 要求早期投产的矿井，特别是在矿体边界还未探清的情况下，可暂时采用中央式布置，井下很快构成贯通风流，有利于尽快投产。随着两翼矿体勘探精度的不断提高，可考虑开凿边界风井。

(3) 当矿体走向特别长或特别分散，矿井开采范围广，生产能力大，所需风量大时，采用多井口、多扇风机，进、排风井分散布置的方式，可降低通风阻力，减少漏风。但不要把两个进风井或两个排风井邻近布置，以避免风流方向不稳定或出现烟尘停滞区。

(4) 矿区地形、地质条件对井筒布置也有影响，主通风井应避免开凿在含水层、受地质破坏或不稳定的岩层中，井筒要在受采动波及以外，井口应高出历年最高洪水位。

8.3　主扇风机的工作方式

主扇风机的工作方式有三种：压入式、抽出式、混合式。不同的通风方式，矿井空气处于不同的受压状态，同时，在整个通风路线上形成了不同形式的压力分布状态，从而在进、回风量，漏风量，风质和受自然风流干扰的程度等方面出现了不同的通风效果。

8.3.1　压入式通风

压入式通风，主扇安设在入风井口，在压入式主扇的作用下，整个通风系统都处在高于当地大气压力的正压状态。在进风侧高压的作用下新鲜风流沿指定的通风路线迅速进入井下用风地点。

压入式通风由于使整个通风系统都处于正压状态，所以，有利于控制采空区、老窑等地点的有毒有害气体外逸污染矿井空气；但主扇风机一旦因故停止运转，它所服务的巷道系统内空气压力下降，采空区内有毒有害气体会向停风区域涌出，可能导致停风区域巷道内有毒有害气体浓度超限，或使巷道中的氧气浓度下降，严重时可使人员缺氧窒息。同时，压入式通风的风门等风流控制设施均安设在进风段巷道，进风段巷道中有些是交通要道，人员、车辆或提升容器通过频繁，风门易受损坏，井底车场漏风大，不易管理和控制。

8.3.2　抽出式通风

抽出式通风的矿井主扇安设在回风井口。抽出式主扇的工作使整个矿井通风系统处在低于当地大气压力的负压状态。在回风侧高负压的作用下，用风地点的污风迅速进入回风系统，污风不易扩散。

与压入式通风比较，抽出式通风由于使整个通风系统都处于负压状态，所以，对于有自燃发火、瓦斯等危险的矿井，具有防止一旦停风时瓦斯等有毒有害气体大量涌出的作用。同时，风流的调节控制设施均安设在回风巷道，不妨碍行人、运输，管理方便；但不利于控制采空区、煤矿老窑等地点的有毒有害气体外逸污染矿井空气。

8.3.3　混合式通风

主扇风机压抽混合式通风要在进风井口设一台风机作压入式工作，回风井口设一台风机作抽出式工作。通风系统的进风部分处于正压状态，回风部分处于负压状态。这种通风方式兼有压入式和抽出式两种通风方式的优点，是提高矿井通风效果的重要途径。但混合式通风所需通风设备较多，通风动力消耗也大，管理复杂。选择主扇风机的工作方式时，地表有无塌陷区或其他难以隔离的通路，即产生漏风的因素十分重要。对于开采无地表塌陷区或虽有塌陷区但可以采取充填、密闭等措施，能够保持回风巷道严密性的矿井，应采用抽出式或以抽出式为主的混合式通风；对于开采有地表塌陷区，而且回风道与采空区之间不易隔绝的矿井，应采用压入式或以压入式为主的压抽混合式的风机工作方式进行矿井通风。

8.4　主扇风机的安装

主扇风机可安装在地表，也可安装在井下，一般安装在地表。

主扇风机安装在地表的主要优点是：安装、检修、维护管理都比较方便；井下发生灾变事故时，地表风机比较安全可靠，不易受到损害；井下发生火灾时，便于采取停风、反风或控制风量等通风措施。其缺点是：井口密闭、反风装置和风硐的短路漏风较大；当矿井较深，工作面距主扇较远时，沿途漏风量大；在地形条件复杂的情况下，安装、建筑费用较高，并且安全上受到威胁。

主扇风机安装在矿井下，主扇装置的漏风少，风机距工作面近，沿途漏风也少；可同时利用较多井巷进风或回风，降低通风阻力。但其风机安装、检查、管理不方便；且易受井下灾害所破坏。所以，矿井主扇风机一般安装在地表。

8.5 阶段、采场通风网路

8.5.1 阶段通风网路结构

金属矿山通常多阶段同时作业。为使各阶段作业面都能从进风井得到新鲜风流，并将排出的污风送到回风井，各作业面的风流应互不串联，因此必须对各阶段的进、回风巷道统一安排，构成一定形式的阶段通风网路。

阶段通风网路由阶段进风道、阶段回风道、矿井总回风道和集中回风天井等巷道联结而成。

(1) 阶段进风道。通常用阶段运输道兼阶段进风道。当运输道中装卸矿作业的产尘量大或漏风严重难以控制时，也可开凿专用进风道。

(2) 阶段回风道。通常利用上阶段已结束作业的运输道做下阶段的回风道。如果没有一个已结束作业的运输道可供回风之用，则应设立专用的阶段回风道。专用回风道可一个阶段设立一条，或两个阶段共用一条。

(3) 总回风道与集中回风道天井。在各开采阶段的最上部，维护或开凿一条专用回风道，用以汇集下部各阶段作业面所排出的污风，并将其送到回风井，此回风道称为总回风道。建立总回风道可省掉各阶段的回风道，但需建立集中回风天井。集中回风天井是沿走向布置的贯通各阶段的回风小井，它可将各阶段作业面排出的污风送至上部总回风道。

金属矿山推广使用以下几种阶段通风网路。

(1) 阶梯式。当矿体由边界回风井向中央进风井方向后退回采时，可利用上阶段已结束作业的运输道做下阶段的回风道，使各阶段的风流呈阶梯式互相错开，新风与污风互不串联（见图 8-4)。这种通风网路结构简单，工程量最少，风流稳定，适用于能严格遵守回采顺序，矿体规整的脉状矿床；其缺点是对开采顺序限制较大，常因不能维持所要求的开采顺序而造成风流污染。

(2) 平行双巷式。每个阶段开凿两条沿走向互相平行的巷道，其中一条进风，另一条回风，构成平行双巷通风网。各阶段采场均由本阶段进风道得到新鲜风流，其污风可经上阶段或本阶段的回风道排走（见图 8-5)。平行双巷通风网的结构简单，能有效地解决

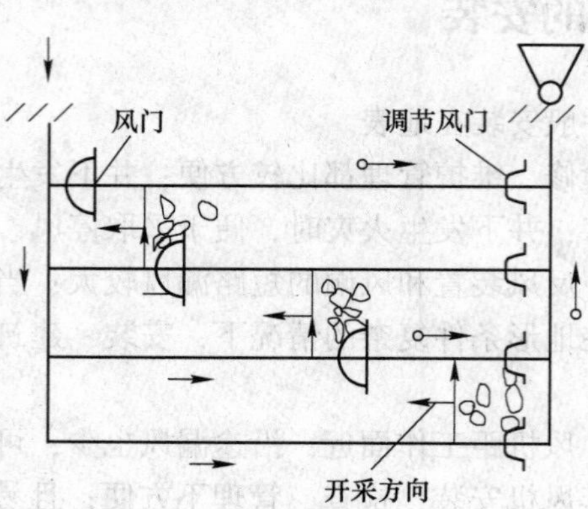

图 8-4 阶梯式通风网

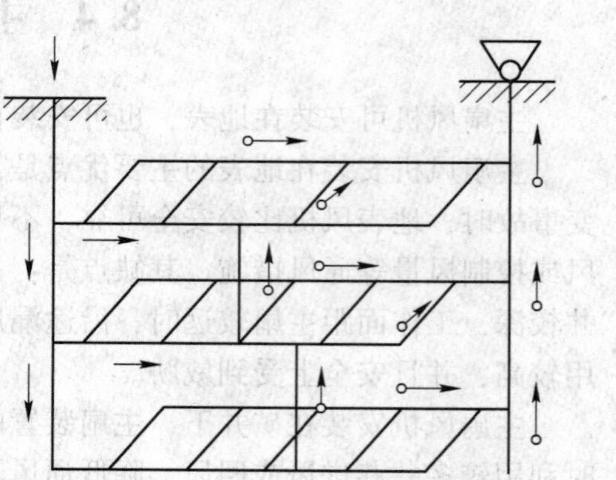
图 8-5 平行双巷通风网

风流串联污染；但是开凿工程量较大，适于在矿体较厚、开采强度较大的矿山使用。有些矿山结合探矿工程，只需开凿少量专用通风巷道即可形成平行双巷，也可使用此种通风网路。

（3）棋盘式。由各阶段进风道、集中回风天井和总回风道构成。通常，在上部已采阶段维护或开凿一条总回风道，然后沿矿体走向每隔一定距离（60～120m），保留一条贯通上下各阶段的回风天井。各天井与阶段运输道交叉处用风桥或绕道跨过，另有一分支巷道与采场回风道相沟通。各回风天井均与上部总回风道相连。新鲜风流由各阶段运输平巷进入采场，污浊风流通过采场回风道和分支联络巷道引进回风天井，直接进入上部总回风道，其网路结构如图 8-6 所示。棋盘式通风网能有效地消除多阶段作业时回采作业面间风流串联，但需开凿一定数量的专用回风天井，通风构筑物也较多，通风成本较高。

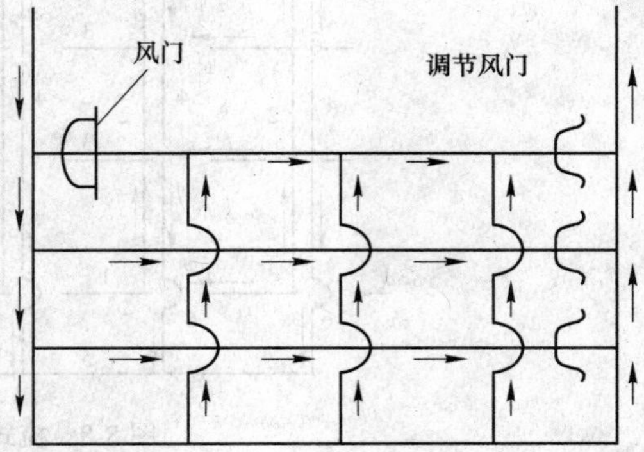

图 8-6 棋盘式通风网

（4）上下行间隔式。每隔一个阶段建立一条脉外集中回风平巷，用来汇集上下两个阶段的污风，然后排到回风井。在回风井阶段上部的作业面，由上阶段运输道进风，风流下行，污风由下部集中回风平巷排走；在回风阶段下部的作业面，由下阶段运输道进风，风流上行，污风也汇集于回风平巷排走，其网路结构如图 8-7 所示。上下行间隔式通风网路能有效解决多阶段作业时作业面风流串联，开凿工程量比平行双巷网路少，适于在开采强度较大的矿山使用；但回风平巷必须专用，并应加强主扇对回风系统的控制和风量调节，防止出现风流反向。

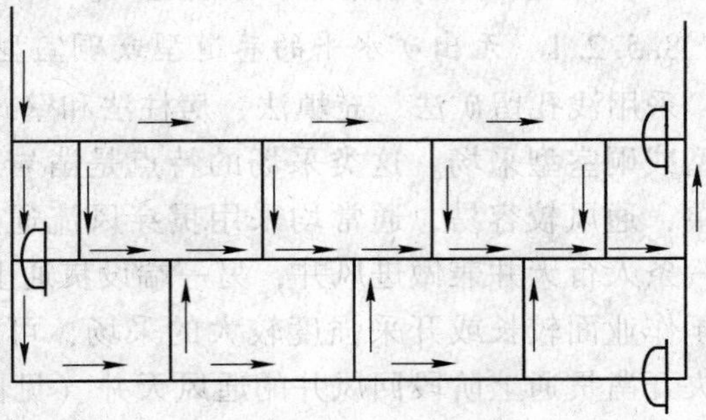
图 8-7 上下行间隔式

（5）梳式。当开采平行密集脉状矿床时，应在每一阶段建立一条脉外集中回风道，并且不能将各层矿脉的污风全部汇集到回风道中。对此，盘中山钨矿建立了一种叫做梳式的通风网路，较好地解决了各层矿脉的回风问题。该矿将穿脉巷道断面扩大，然后用风障隔成两格，一格运输兼进风，另一格回风。回风格与沿脉回风平巷相连，构成形如梳状的回风系统。各采场均由本阶段的穿脉运输格进风，其污风则由本阶段或上阶段穿脉巷道的回风格排到沿脉集中回风平巷（见图 8-8）。此通风网能有效解决作业面间风流串联；但扩大穿脉巷道断面和修建风障的工程较大，进、回风格相距很近，容易漏风。这种通风网适用于开采多层密集脉状矿体的矿井。

8.5.2 采场通风网路及通风方法

合理的采场通风网路和通风方法是保证整个通风系统发挥有效通风作用的最终环节，

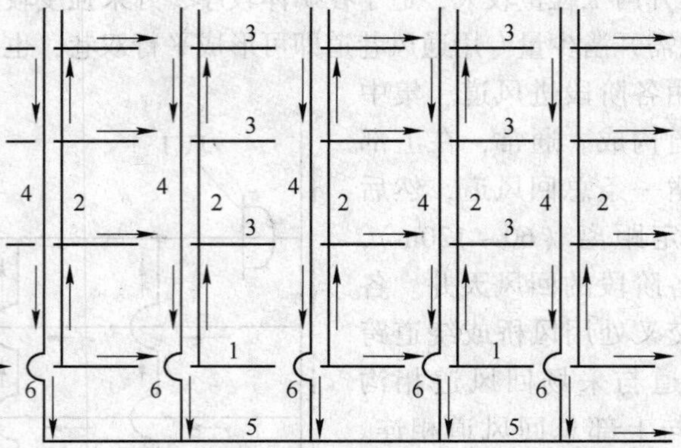

图 8-8 梳式通风网路

是整个通风系统的重要组成部分。按各种采矿方法的结构特点，回采作业面的通风可归纳为：

(1) 无出矿水平的巷道型或硐室型采场的通风；

(2) 有出矿水平的采场的通风；

(3) 无底柱分段崩落采矿法的通风。

8.5.2.1 无出矿水平的巷道型或硐室型采场的通风

采用浅孔留矿法、充填法、房柱法和壁式法陷落法的采场，均属于无出矿水平的巷道型或硐室型采场。这类采场的特点是凿岩、充填和出矿作业都在采场内进行，风路简单，通风较容易，通常均采用贯穿风流通风。对于作业面较短的采场，可在一端维护一条人行天井兼做进风井，另一端设贯通上阶段回风道的回风天井（见图 8-9（a））。对于作业面较长或开采强度较大的采场，可在两端各维护一条人行天井做进风井，在中央开凿贯通上阶段回风井的通风天井（见图 8-9（b））。一般情况下，利用主扇的总风压通风即可满足要求。在边远地区，总风压微弱，风量不足时，可利用辅扇加强通风。对于采场空间较大，同时作业机台数较多的硐室型采场，除合理布置进风天井与回风天井位置，使采场内风流畅通，不产生风流停滞区以外，还应采取喷雾洒水及其他除尘净化措施。

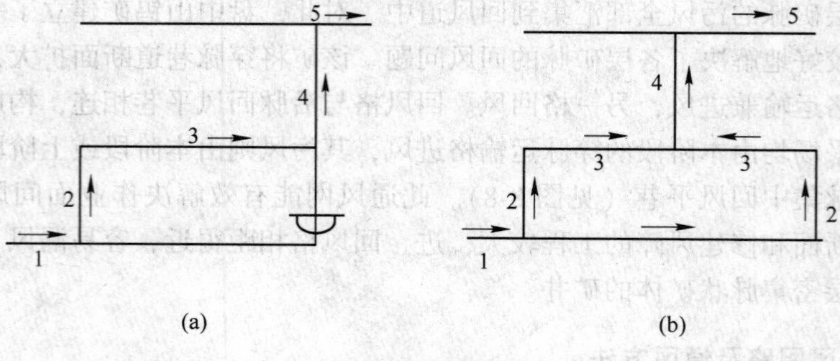

图 8-9 无出矿水平采场通风路线

1—进风平巷；2—进风天井；3—作业面；4—回风天井；5—回风道

8.5.2.2 有出矿底部结构采矿方法的通风

在崩落法、分段法、阶段矿房法及留矿法等采矿方法中，广泛使用出矿底部结构。这类结构的出矿能力大、效率高、生产安全。有出矿底部结构时，采场作业面被分为两部分：一是出矿作业面；二是凿岩作业面。这两部分均应利用贯通风流，并各有独立的通风路线，风流互不串联。出矿巷道中的风流方向应使作业人员处于上风侧；各出矿巷道之间构成并联风路，保持风流方向稳定，风量分配均匀。图8-10所示为有出矿底部结构采矿方法的风流路线图。新鲜风流由进风平巷经人行天井到出矿水平和上部凿岩作业面，清洗作业面后的污浊风流，由回风天井排到上阶段回风道；凿岩作业面与出矿水平之间互不串联，通风效果好。

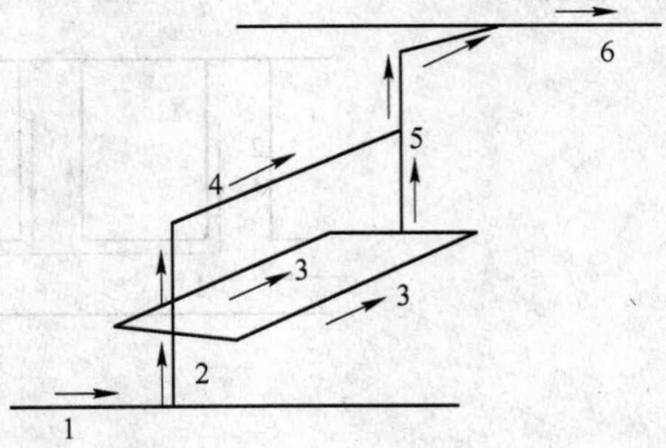

图 8-10 有出矿水平采场的通风路线

1—进风平巷；2—人行天井；3—出矿巷道；4—凿岩作业面；5—回风天井；6—回风平巷

8.5.2.3 无底柱分段崩落采矿法的通风

无底柱分段崩落采矿法的采准和回采工作多在独头巷道内进行，通风比较困难。采场进路可采用局扇通风或通过崩落矿岩的空隙进行渗透式的通风（简称爆准通风）。采用局扇通风时，不仅要合理选择通风方式和通风设备，还要有一个合理的采区通风路线，以保证在分段巷道中有较强的贯穿风流。一般情况下，分段巷道可布置在下盘脉外，沿走向每隔一定距离设一回风天井，通过分支联络巷与分段巷道和上阶段回风平巷相连，新鲜风流由运输平巷和进风天井送入各分段巷道，污风由各回风天井排至上阶段回风道（见图 8-11）。

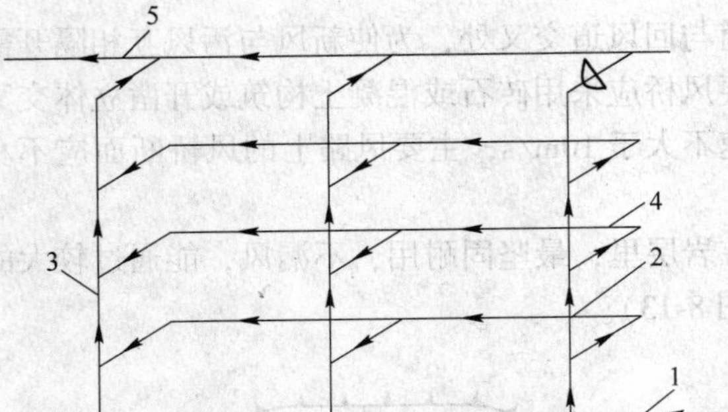

图 8-11 无底柱分段崩落法采区通风网路

1—进风平巷；2—进风天井；3—回风天井；4—分段巷道；5—回风巷

回采进路用局扇通风时，采用抽出式或压入式均可，如图 8-12 所示。由于作业区内爆破冲击波较强，应特别注意扇风机和风筒的布置与维护。爆堆通风时利用扇风机的压力，使新鲜风流经回采进路强行通过已崩落矿岩的空隙，由上部采空区排走，并使回采进路形成贯穿风流。大冶铁矿尖林山在 20 世纪 70 年代曾使用这种通风方法。当进路爆堆阻力为 400~500Pa 时，大部分回采进路的风速可达到 0.3m/s。崩落矿岩通风阻力不大的矿山可采用此法。

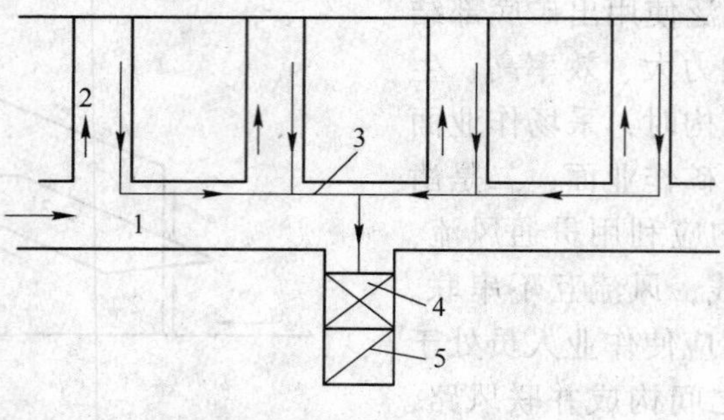

图 8-12 回采进路用局扇通风

1—分段巷道；2—回采进路；3—吸风管；4—风机；5—回风天井

8.6 通风构筑物

矿井通风构筑物是矿井通风系统中的风流调控设施，用以保证风流按生产需要的路线流动。凡用于引导风流、遮断风流和调节风量的装置统称为通风构筑物。合理地安设通风构筑物，并使其经常处于完好状态，是矿井通风技术管理的一项重要任务。通风构筑物可分为两大类：一类是通过风流的构筑物，除了前边介绍过的主扇的附属装置以外，还包括风桥、导风板、调节风窗和风障；另一类是遮断风流的构筑物，包括挡风墙和风门等。

8.6.1 通过风流的构筑物

8.6.1.1 风桥

通风系统中进风道与回风道交叉处，为使新风与污风互相隔开需构筑风桥。风桥应坚固耐久、不漏风。主要风桥应采用砖石或混凝土构筑或开凿立体交叉的绕道。风桥的风阻要小，通过风桥的风速不大于 10m/s，主要风路上的风桥断面应不小于 1.5m^3；次要风路上应不小于 0.75m^3。

绕道式风桥开凿在岩层里，最坚固耐用，不漏风，能通过较大的风量。这种风桥可在主要风路中使用（见图 8-13）。

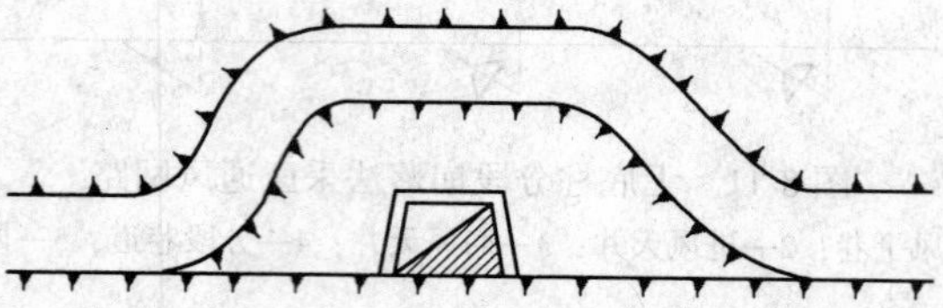

图 8-13 绕道式风桥

混凝土风桥也比较坚固，当通过的风量不超过 20m^3/s 时，可以采用，其结构如图 8-14所示。

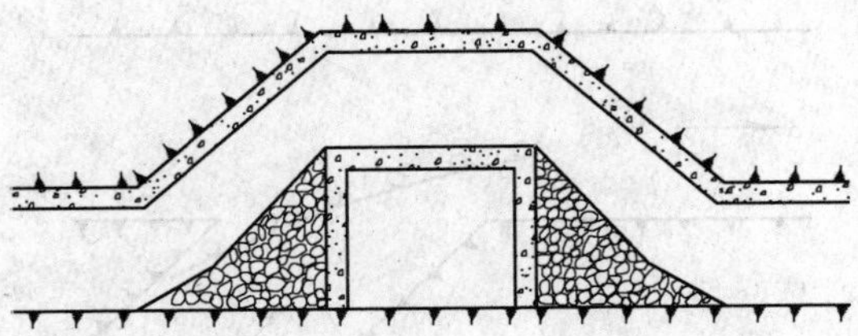

图 8-14 混凝土风桥

铁筒风桥是用铁风筒将新风和污风隔开的一种风桥结构，可在次要风路中使用，通过的风量不大于 $10m^3/s$。铁筒可制成圆形或矩形，铁板厚度不小于 5mm，其结构如图 8-15 所示。巷道 1 进新风，巷道 2 走污风，3 是排污风的铁风筒，4 是新、污风的隔开墙，墙上留有人行道 5。

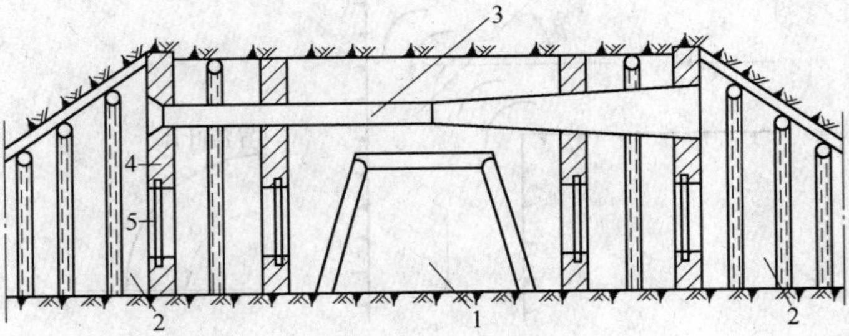

图 8-15 铁筒风桥

8.6.1.2 导风板

矿井通风工程中通常使用以下几种导风板。

A 引风导风板

压入式通风的矿井，为防止井底车场漏风，可在进风石门与阶段沿脉巷道交叉处，安设引导风流的导风板，利用风流动压的方向性，改变风流分配状况，提高矿井有效风量率。图 8-16 所示是导风板安装示意图。导风板可用木板、铁板或混凝土板制成。

设计导风板时，其出风口断面可按式（8-1）计算

$$S_b = \frac{1}{SR} \tag{8-1}$$

式中 S——巷道断面面积，m^3；

R——通向采区系统的总风阻，$N \cdot s^2/m^8$。

进风巷道与沿脉巷道的交叉角可取 45°，巷道转角和导风板都要做成圆弧形。导风板的长度应超过巷道交叉口 0.5~1.0m。

B 降阻导风板

在风速较高的巷道直角转弯处，为降低通风阻力，可用铁板制成机翼形或普通弧形导风板，减少风流冲击的能量损失。图 8-17 所示是直角转弯处的导风板装置，导风板的敞开角 α 取 100°。导风板的安装角 β 取 45°~50°。安设导风板后，直角转弯的局部阻力系数 ξ 可由原来的 1.40 降低到 0.3~0.4。

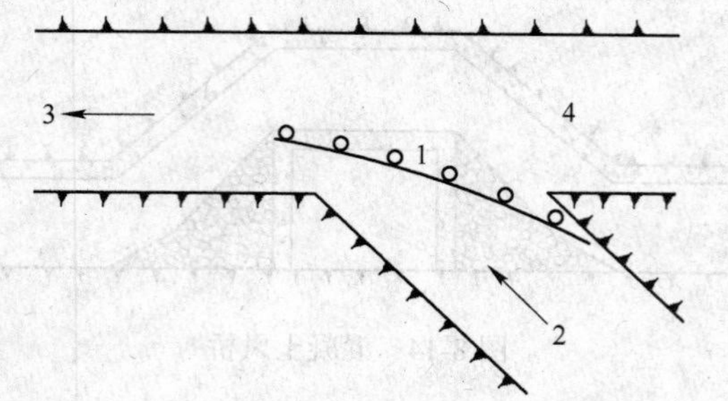

图 8-16 引风导风板

1—导风板；2—进风石门；3—采区巷道；4—井底车场巷道

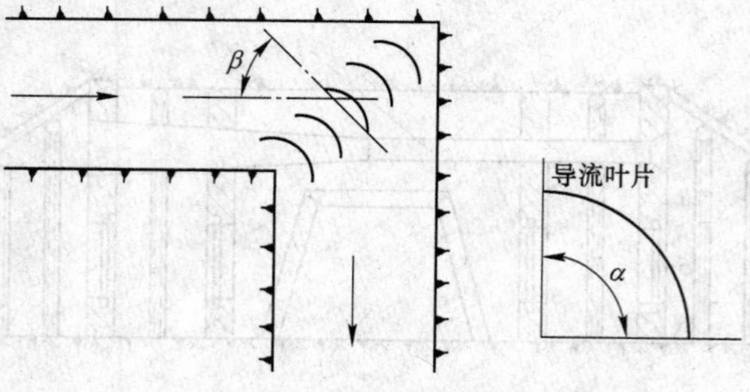

图 8-17 直角转弯处的导风板

C 汇流导风板

在三岔口巷道中，当两股风流对头相遇时，可安设如图 8-18 所示的导风板，减少风流相遇时的冲击能量损失。此种导风板可用木板制成，安装时应使导风板伸入汇流巷道后所分成的两个隔间的面积与各自所通过的风量成比例。

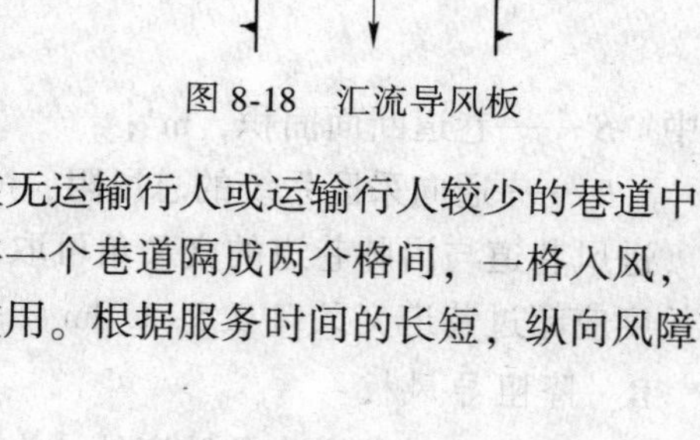

图 8-18 汇流导风板

8.6.1.3 调节风窗及纵向风障

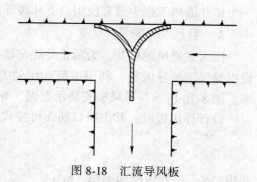

调节风窗是以增加巷道局部阻力的方式调节巷道风量的通风构筑物。可在挡风墙或风门上留一个可调节其面积大小的窗口，通过改变窗口的面积控制所通过的风量。调节风窗多设置在无运输行人或运输行人较少的巷道中。

纵向风障是沿巷道长度方向砌筑的风墙。它将一个巷道隔成两个格间，一格入风，另一格回风。纵向风障可在长独头巷道掘进通风时应用。根据服务时间的长短，纵向风障可用木板、砖石或混凝土构筑。

8.6.2 遮断风流的构筑物

（1）挡风墙（密闭）。挡风墙又称密闭，是遮断风流的构筑物。挡风墙通常砌筑在非生产的巷道里。永久性挡风墙可用砖、石或混凝土砌筑。当巷道中有水时，在挡风墙下部应留有放水管。为防止漏风，可把放水管一端做成 U 形，保持水封（见图 8-19）。临时性挡风墙可用木柱、木板和废旧风筒布钉成。有些单位正在研制可快速装卸的临时性挡风墙。

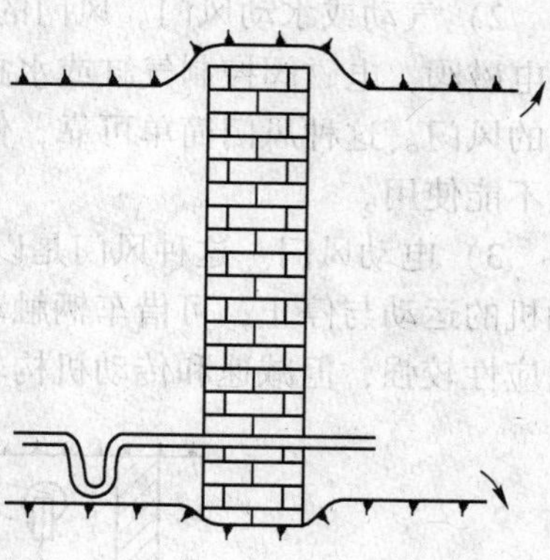

图 8-19 挡风墙

（2）风门。在通风系统中既需要隔断风流，又需要通车行人的地方，需建立风门。在回风道中，只行人不通车或通车不多的地方，可构筑普通风门；在通车行人比较频繁的主要运输道上，则应构筑自动风门。

普通风门可用木板或铁板制成。图 8-20 所示是一种木制普通风门。其特点是门扇与门框之间呈斜面接触，严密坚固，可使用 1.5~2a。风门开启方向要迎着风流，使风门关闭时受风压作用而保持严密。门框和门轴均应倾斜 80°~85°，使风门能借本身自重而关闭。为防止漏风和保持风流稳定，在需要遮断风流的巷道中应同时设置两道或多道风门。

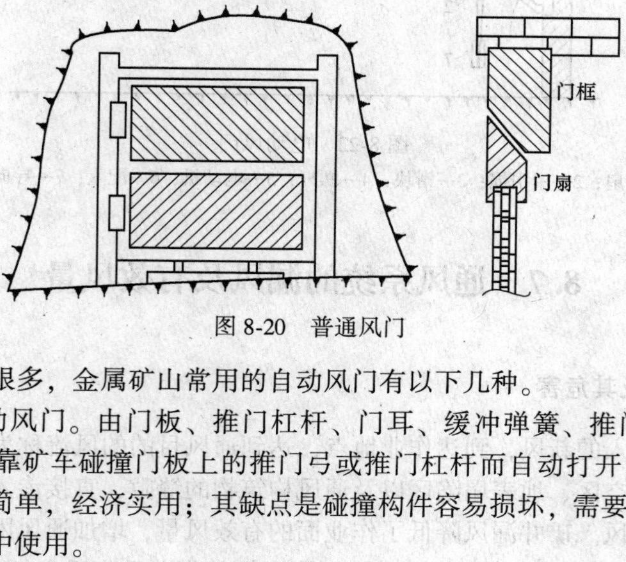

图 8-20 普通风门

自动风门种类很多，金属矿山常用的自动风门有以下几种。

1）碰撞式自动风门。由门板、推门杠杆、门耳、缓冲弹簧、推门弓和铰链等组成（见图 8-21）。风门靠矿车碰撞门板上的推门弓或推门杠杆而自动打开，借风门自重而关闭。其优点是结构简单，经济实用；其缺点是碰撞构件容易损坏，需要经常维修。可在行车不太频繁的巷道中使用。

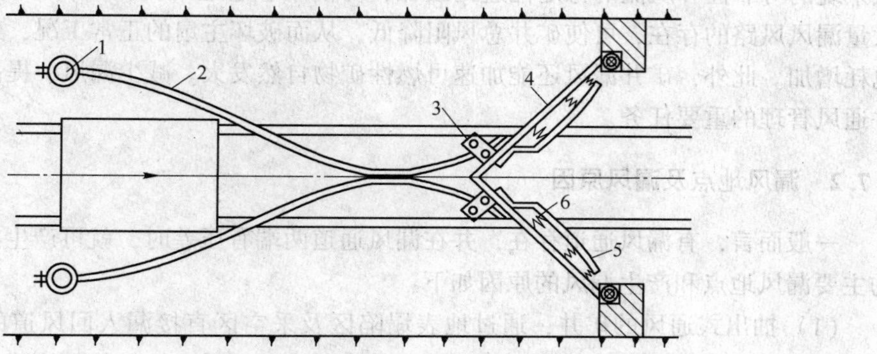

图 8-21 碰撞式自动风门

1—杠杆回转轴；2—碰撞推门杠杆；3—门耳；4—门板；5—推门弓；6—缓冲弹簧

2）气动或水动风门。风门的动力来源是压缩空气或高压水。它是一种由电气触点控制电磁阀，电磁阀控制气缸或水缸阀门，使活塞做往复运动，再通过联动机构控制风门开闭的风门。这种风门简单可靠，但只能用于有压缩空气和高压水源的地方，严寒易冻的地点不能使用。

3）电动风门。这种风门是以电动机为动力，经减速后带动联动机构使风门开闭。电动机的运动与停止，可借车辆触动电气开关或光电控制器自动控制。电动风门应用较广，适应性较强，但减速和传动机构较复杂。电动风门样式较多，图 8-22 所示是其中一种。

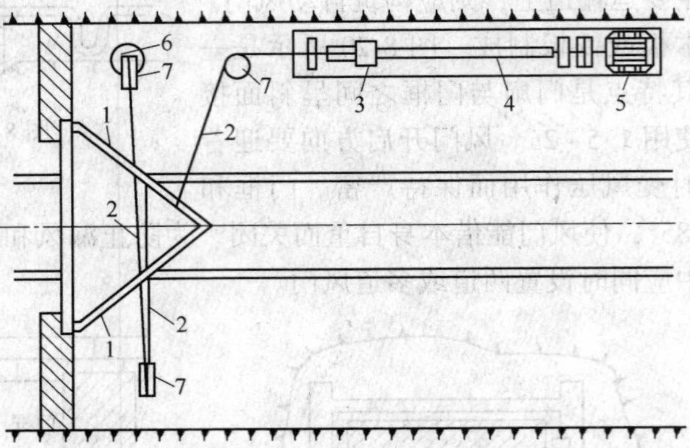

图 8-22 电动风门

1—门扇；2—牵引绳；3—滑块；4—螺杆；5—电动机；6—配重；7—导向滑轮

8.7 通风系统的漏风及有效风量

8.7.1 矿井漏风及其危害

经进风系统送入的新风，到达作业地点，达到通风目的的风流称为有效风流；未经作业地点，而通过采空区、地表塌陷区以及通风构筑物的缝隙，直接渗入回风道或直接排出地表的风流称为漏风。矿井漏风降低了作业面的有效风量，增加通风困难。矿井漏风使通风系统的可靠性和风流的稳定性遭到破坏，易使角联巷道风流反向，出现烟尘倒流现象。大量漏风风路的存在，可使矿井总风阻降低，从而破坏主扇的正常工况，效率降低，无益电耗增加。此外，矿井漏风还能加速可燃性矿物自然发火。减少漏风、提高有效风量是矿井通风管理的重要任务。

8.7.2 漏风地点及漏风原因

一般而言，有漏风通道存在，并在漏风通道两端有压差时，就可产生漏风。金属矿山的主要漏风地点和产生漏风的原因如下：

（1）抽出式通风的矿井，通过地表塌陷区及采空区直接漏入回风道的短路风流有时可达很高的数值。造成这种漏风的原因，首先是由于开采上缺乏统筹安排，过早地形成地表塌陷区；在回风道的上部没有保留必要的隔离矿柱；同时也由于对地表塌陷区和采空区未及时充填或隔离。

(2) 压入式通风的矿井，通过井底车场的短路漏风量也很高。这种漏风常常是由于井底车场风门不严密或风门完全失效所致。

(3) 作业面分散，废旧巷道不能及时封闭，造成风流浪费。

(4) 井口密闭、反风装置、井下风门、风桥、挡风墙等通风构筑物不严密，也能造成较大的漏风。

8.7.3 矿井漏风率及有效风量率

全矿总漏风量与扇风机工作风量之比称为矿井漏风率（以百分数表示）。它是衡量矿井通风设施质量好坏和矿井通风管理工作水平的主要指标。以 P（%）表示矿井漏风率，则

$$P = \frac{Q_1}{Q_f} \times 100\% \tag{8-2}$$

式中 Q_1——矿井漏风量，m^3/s；

Q_f——主扇工作风量，m^3/s。

矿井有效风量率是全矿各作业地点和硐室的总有效风量与扇风机工作风量之比。以 η（%）表示矿井有效风量率，则

$$\eta = \frac{Q}{Q_f} \times 100\% \tag{8-3}$$

式中 Q——矿井的有效风量，m^3/s。

$$Q_f = Q + Q_1$$

则

$$p + \eta = 100\% \tag{8-4}$$

金属矿山要求矿井有效风量率不得低于60%。

8.7.4 减少漏风，提高有效风量

(1) 矿井开拓系统、开采顺序、采矿方法等因素对矿井漏风有很大影响。对角式通风系统，由于进风井与排风井相距较远，风流直向流动，压差较小，比中央并列式通风系统漏风小。后退式开采顺序，采空区由两翼向中央发展，对减少漏风和防止风流串联有利。充填采矿法比其他采矿法漏风少。在巷道布置上，主要运输道和通风巷道布置在脉外，使其在开采过程中不致过早遭到破坏，对维护正常的通风系统，减少漏风有利。

(2) 抽出式通风的矿井，应特别注意地表塌陷区和采空区的漏风。从采矿设计和生产管理上，应尽量避免过早地形成地表塌陷区。已形成塌陷区的矿井，在回风道上部应保护矿柱，并应充填采空区或密闭天井口。压入式通风的矿井，应注意防止进风井底车场的漏风。在进风井与提升井之间至少要建立两道可靠的自动风门。有些矿井在各阶段进风穿脉巷道口试用导风板或空气幕引导风流，防止井底车场漏风。有些矿山由进风井开凿专用进风平巷，避开运输系统，直接将新鲜风流送到各采区，也可减少井底车场漏风。

(3) 提高通风构筑物的质量、加强严密性是防止漏风的基本措施。挡风墙与风门的面积要尽量小些，挡风墙四周与岩壁接触处要用混凝土抹缝。门板最好用双层木板，中间夹油纸或其他致密材料。铁门板四周焊缝要严，门框边缘要钉胶皮或麻布，风门下边要挂

胶皮帘并设置门坎，保持严密。

（4）降低风阻、平衡风压也是减少漏风的重要措施。漏风风路两端压差的大小主要取决于并联的用风阻力。降低用风地点风阻，使两端压差减小，可降低漏风风路的漏风量。在用风风路中安设辅扇同样可降低漏风风路两端的压差，也能减少漏风。在选择风量调节方法时，降阻调节法对减少漏风更为有利。采用压抽混合式通风和多级机站通风，可使矿井风压趋于平衡，并在生产区段形成零压区，对防止漏风，提高有效风量十分有利。

复习思考题

8-1 简述中央式、对角式通风的优缺点。

8-2 主扇工作方式有哪些？分别简述其特点。

8-3 巷道型或硐室型采场如何通风？

8-4 无底柱分段崩落法开采时，在采场通风上存在什么困难？有哪几种解决方案？

8-5 矿井漏风有哪些危害性？在矿井通风系统中，哪些地方容易产生漏风？

8-6 中央式、对角式和中央对角混合式三种不同井筒布置方式在通风上有何区别？选择井筒布置方式时，从矿井通风的角度应注意哪些影响因素？

8-7 在什么条件下主扇安装在井下较为有利？主扇安装在井下时应注意一些什么技术问题？

8-8 扇风机的扩散器及扩散塔有什么用途？良好的扩散器及扩散塔应满足哪些技术要求？

8-9 下列各平面图（见题图 8-1）中，在入排风井布置上存在哪些缺陷？哪些区段通风比较困难？应如何改进？

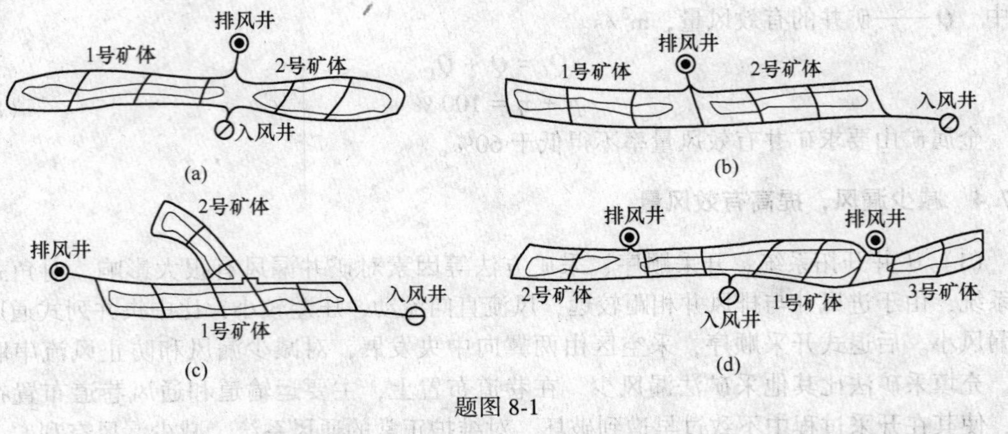

题图 8-1

8-10 某矿开采密集薄矿脉群，共有 4 层矿体，相互间水平距离不超过 30m。采用浅孔留矿法开采，采场长 55m，每层矿脉有 3 个采场。拟采用穿脉假巷梳式通风网路，试绘出通风网路图，并计算穿脉假巷和回风天井的总长度。

9 矿井通风系统设计

矿井通风系统设计是矿床总体设计的一个重要组成部分，是保证安全生产的重要环节。矿井通风系统设计的好坏关系到矿井在整个服务年限内的生产、效率及安全状况。它的基本任务是建立一个与矿床开拓方法、采矿方法相匹配的安全可靠、经济合理的矿井通风系统；在此基础上设计计算矿井各时期各工作面所需的风量及矿井总风量，计算矿井通风阻力，以此为依据选择合适的通风设备。

9.1 矿井通风系统设计的要求和依据

矿井开采按建设性质的不同分为新建与改建或扩建矿井。为满足整个开采年限内各个时期的通风要求，保证各个时期的合理通风，新建、改建或扩建矿井都要进行通风设计，以适应开拓和开采的需要。对新建矿井，既要考虑当前的需要，又要考虑长远发展与改扩建的需要。对于改建或扩建矿井通风设计，必须对原有的生产与通风状况做调查研究，分析存在的问题，充分利用原有的井巷和通风设备，在原有的基础上提出更完善、更切合实际的通风设计。但不论是哪种类型的矿井通风设计，都应当遵照国家颁布的矿山安全规程、设计规范和有关的规定。本书主要分析新建矿井的通风设计，改建或扩建矿井的通风设计可参照进行。

9.1.1 新建矿井的通风设计

新建矿井通风设计一般分为基建和生产两个时期，必须分别进行设计计算。

9.1.1.1 *矿井基建时期的通风*

矿井基建时期的通风是指基建井巷掘进时的通风，即开凿井筒（或平硐）、井底车场、井下硐室、第一水平运输巷道和通风巷道时的通风。此时期多用局扇对独头巷道进行局部通风。当入、回风井筒贯通后，主扇已经安装，便可用主扇对已开凿的井巷进行通风，从而可缩短其余井巷与硐室掘进时局部通风的距离。

9.1.1.2 *矿井生产时期的通风*

矿井生产时期的通风是指投产后，包括全矿开拓、采准、切割和回采工作面以及其他井巷的通风。这时期的通风设计，根据矿井生产年限的长短，又分为两种情况：

（1）矿井服务年限不长（小于20年）只作一次通风设计。设计中是以矿井投产后达到设计年产量时通风线路最短为矿井通风最容易时期；以矿井生产能力最大或通风线路最长为通风最困难时期。依据这两个时期的生产情况进行设计计算，并选出适合这两个时期所需的通风设备。

（2）矿井服务年限较长时（大于20年），考虑到设备的折旧期限（约20年）、矿井所需风量和风压的变化等因素，又可分为两期进行通风设计。前20年作为第一期，进行详细的设计计算；第二期只作一般原则的规划，但对矿井通风系统应根据矿井整个生产时期的技术经济因素，作出全面的考虑。确定的通风系统既可满足当前生产的要求，又能适应长远的生产发展需要。

9.1.2　矿井通风系统设计依据

矿井通风系统设计主要是依据矿井自然条件和生产条件进行的。

9.1.2.1　*矿井自然条件*

（1）矿区气象资料：常年风向，历年气温最高月、气温最低月的平均温度，月平均气压。

（2）矿区恒温带温度，地温梯度，进风井口、回风井口及井底气温。

（3）矿区降雨量、最高洪水位、涌水量、地下水文资料。

（4）井田地质、地形，矿区有无老窑及其存在地点和存在情形等。

9.1.2.2　*矿井生产条件*

（1）矿井设计生产能力及服务年限，矿井各个水平服务年限，各采区的储量和产量分布、生产规模。

（2）矿井开拓方式及采区巷道布置，采掘工作面的比例，生产和备用工作面个数，井下同时工作的最多人数，同时爆破的最多炸药量。

（3）主、副井及风井的井口标高。

（4）矿井各水平的生产能力及服务年限，采区及工作面的生产能力。

（5）矿井巷道断面图册。

（6）矿井技术经济参数及相邻矿区、矿井的经验数据或统计资料等。

9.2　矿井通风系统设计的内容和原则

9.2.1　矿井通风系统设计的内容

一个完整的矿井通风系统设计应包括以下内容：

（1）拟定矿井通风系统。根据矿井自然条件，对影响通风设计的自然因素进行必要的概述，提出矿井通风系统可行方案，进行技术经济比较并论证其合理性，选择最佳通风系统。

（2）确定矿井通风方式及主要风机的安装位置。

（3）设计阶段与采场通风网路及通风方法。

（4）计算并分配矿井总需风量。根据矿井生产条件及设计规范规定，按照回采、掘进、硐室及其他地点的实际需风量进行计算，同时按照井下同时工作的最多人数每人每分钟供给风量不得小于 $4m^3$ 进行验算。

（5）计算矿井通风系统总阻力。服务年限较短的矿井，应选出全矿井通风容易和通风困难两个时期通风网路计算最小和最大通风阻力；如服务年限较长的大型矿井，应选择计算达到设计产量和通风机最大使用年限期内通风容易和通风困难两个时期的最小和最大阻力，并将计算结果列入阻力计算总表。

（6）选择矿井通风设备。根据矿井初、后期及达产时的矿井总需风量和总负压（如多风井抽风，每个回风井应单独计算），选择矿井通风设备。

（7）概算矿井通风基建和运营费用。

（8）绘制矿井通风系统图，编写设计说明书。通风系统图是根据矿井开拓、采区巷道布置及矿井的通风系统绘制而成，它主要反映通风系统中各通风巷道的空间关系及通风参数。在通风系统图中应包括矿井通风系统的风流路线、风流方向、风速、风量；各巷道、硐室、工作面的名称、断面形状、几何尺寸、风量值与阻力值；通风构筑物和安全设施所在位置。

此外，为保证矿井及工作面所需风量，还需进行风量调节计算。

9.2.2 矿井通风系统的拟定原则

矿井通风系统与矿床开拓系统密切相关，相辅相成。因此，在选择开拓系统方案时应当统筹考虑相应的通风系统方案，以便全面分析比较有关的技术因素，为通风系统方案的最终确定提供依据。矿井通风系统的类型及其使用条件在通风系统一章已作了论述，在此仅介绍通风系统选择原则和一些具体规定。

9.2.2.1 通风系统选择原则

在拟定矿井通风系统时，应本着安全可靠、经济合理和便于管理的原则，即：

（1）矿井通风网路结构合理：集中进、回风线路要短，通风总阻力要小；多阶段同时作业时，主要人行运输巷道和工作点上的污风不串联。

（2）内外部漏风少。

（3）通风构筑物和风流调节设施及辅扇要少。

（4）充分利用一切可用的通风井巷，使专用通风井巷工程量最小。

（5）通风动力消耗少，通风费用低。

为使拟定的矿井通风系统安全可靠和经济合理，必须对矿山做实地考查和对原始条件做细致分析。

9.2.2.2 拟定通风系统的几项具体规定

影响矿井通风系统选择的因素较多，应重点考虑起决定作用的主要因素，同时注意其他因素，进行全面分析，选定比较合理的通风系统。选择和拟定通风系统时要满足下列要求：

（1）每个矿井和阶段水平之间都必须有两个安全出口。

（2）进风井巷与采掘工作面的进风流的粉尘浓度不得大于 0.5mg/m^3。

（3）新设计的箕斗井和混合井禁止做进风井；已做进风井的箕斗井和混合井必须采取净化措施，使进风流的含量达到上述要求。

（4）主要回风井巷不得做人行道，井口进风不得受矿尘和有毒有害气体污染，井口排风不得造成公害。

（5）矿井有效风量率应在 60%以上。

（6）采场二次破碎巷道和电耙道，应利用贯穿风流通风；电耙司机应位于风流的上风侧；有污风串联时，应禁止人员作业。

（7）井下破碎硐室和炸药库，必须设有独立的回风道。

（8）主扇一般应设反风装置，要求10min内实现反风，反风风量大于60%。

（9）应满足矿井基建工程量最小、投产较快、经济合理、安全可靠的基本要求。

（10）进风井口要避免受有害气体和粉尘的侵入，以免污染进入矿井的风流。每一矿井必须有完整的独立通风系统。

（11）每一矿井必须有完整的独立通风系统。

（12）如果用箕斗井或胶带输送机斜井兼作进风井，必须有可靠的防降尘措施，保证风流质量。

（13）如用箕斗井兼作回风井，井上下装卸载装置和井塔都必须有完善的封闭设施，其漏风率不得超过15%，并应有可靠的降尘设施。

（14）每一生产水平和每一采区都必须有独立的回风道，实行分区通风。

（15）井下火药库、大型充电硐室、破碎硐室等必须设有单独回风道。

（16）主扇应有反风装置，并保证10min内实现矿井风流反向。

9.3 矿井通风系统的方案优选

在选择矿井通风系统时，应根据矿山特点，提出几个技术上可行，经济上较合理的方案，经过综合比较，选择安全可靠的矿井通风系统。

9.3.1 通风系统方案技术比较

通风系统方案技术比较的主要内容包括以下内容：

（1）通风系统的安全可靠性。

（2）通风网路的复杂程度、串联污染的可能性、风质的好坏、风流控制的难易。

（3）矿井风压大小及风压分布、高风压区通风构筑物的数量及其对矿井漏风量大小的影响。

（4）矿井主要风流控制设施的位置、对生产运输的影响和管理的难易程度。

（5）主通风机的位置、安装、供电、维护检修的方便程度。

（6）通风管理人员的数量。

9.3.2 通风系统方案经济比较

通风系统方案经济比较的主要内容包括以下内容：

（1）通风井巷工程量、主要构筑物的工程量、地面构筑物的工程量。

（2）矿井通风设备数量及装机容量。

（3）矿井通风基建投资。

（4）电力消耗。

（5）年经营费（电力、工资、材料、大修、折旧）。

总之，进行通风系统选择时，在满足技术可行、保证安全可靠的前提下力求经济合理。随着矿井生产的发展，若矿体赋存条件和开拓方法、采矿方法等发生变化时，应对通风系统进行调整。

9.4 矿井需风量计算

矿井总需风量计算是矿井通风设计的一个极其重要的内容，是计算矿井通风阻力和选择通风设备基本参数的基础。

全矿井总需风量可按式（9-1）计算

$$Q_t = K(\sum Q_h + \sum Q_b + \sum Q_j + \sum Q_d + \sum Q_q) \tag{9-1}$$

式中 Q_t——矿井总风量，m^3/s；

$\sum Q_h$——回采工作面需风量的总和，m^3/s；

$\sum Q_b$——备用工作面需风量的总和，m^3/s；

$\sum Q_j$——掘进工作面需风量的总和，m^3/s；

$\sum Q_d$——独立通风硐室需风量的总和，m^3/s；

$\sum Q_q$——矿井除采、掘硐室以外的其他巷道需风量的总和，m^3/s；

K——矿井风量备用系数（抽出式通风取1.15~1.20，压入式通风取1.25~1.3）。

以下按金属矿山介绍全矿井需风量的计算方法。

9.4.1 金属矿山总需风量计算

根据矿井总需风量的计算公式分别计算各用风地点需风量，然后求其总和，即为矿井的总需风量。

9.4.1.1 回采工作面需风量的计算

不同的采矿方法，其采场结构不同；不同的爆破形式，爆破后通风要求不同，所以，回采工作面的需风量要求不尽相同。为确保回采工作面的通风安全，需要根据爆破后排烟和凿岩、出矿时的排尘量分别计算，然后取其最大值作为该回采工作面的需风量。

在回采过程中，爆破工作根据一次爆破炸药量的多少可分为浅孔爆破和大爆破两种工艺，实际工作中需要根据工作面采矿方法及工艺特点，针对浅孔爆破和大爆破两种情况区别计算采场工作面需风量。

A 浅孔爆破回采工作面所需风量的计算

采场形式不同，采场中风流结构和排烟过程也不同。根据风流结构的不同，可将回采工作面划分为巷道型与硐室型两类。

a 巷道型回采工作面的风量计算

巷道型回采工作面指的是采场工作面横断面与采场进风巷道横断面相差不大，并利用贯穿风流通风的采场。属于这类采场的有开采薄矿脉的充填法、空场法、留矿法、长壁法，以及有贯穿风流通风的分层崩落法等采场。

如图9-1所示，巷道型回采工作面采场的通风过程可利用“紊流变形”作用加以分析。风流进入采场后，由于风速分布的不均匀，使工作面的炮烟出现逐渐伸长的炮烟波，并使回采工作面任一断面上的炮烟平均浓度随着通风时间的延长而逐渐降低，当采场出口断面上的炮烟平均浓度降到安全规程规定的允许浓度以下时，就认为整个工作面通风完好。

根据“紊流变形”理论和实验研究结果，得出空气交换系数 I 与爆破炸药量 A、炮烟污染的巷道体积 V 之间的关系如下

$$I = N\sqrt{\frac{A}{V}} \tag{9-2}$$

式中 A——一次爆破的炸药量，kg；

N——实验系数，22.5；

V——炮烟污染的巷道体积，$V = L_0 S$，m^3；

L_0——采场长度的一半，m；

S——回采工作面横断面面积，m^2。

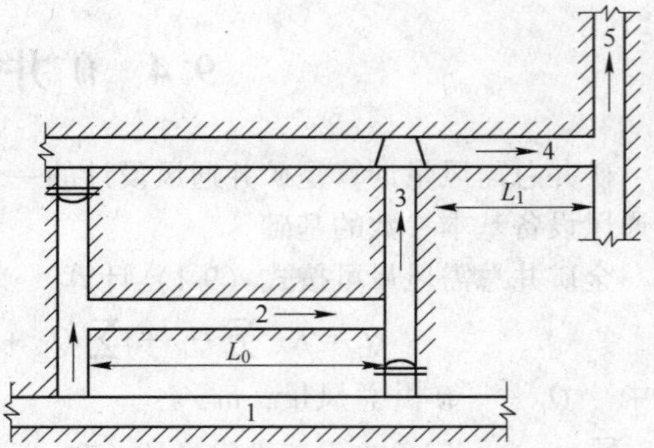

图 9-1 巷道型回采工作面

1—运输平巷；2—采场；3—回风天井；4—回风平巷；5—回风井

空气交换系数 I

$$I = \frac{Q_h \cdot t}{V} \tag{9-3}$$

式中 Q_h——回采工作面风量，m^3/s；

t——回采工作面通风时间，一般为 20~40min。

整理式（9-2）、式（9-3）可得

$$Q_h = \frac{25.5}{t}\sqrt{AL_0S} \tag{9-4}$$

式中，A、L_0、S、t 的含义同上。

式（9-4）即为巷道型回采工作面的风量计算公式。

b 硐室型回采工作面的风量计算

硐室型回采工作面是指采场进风巷道横断面与回采工作面横断面相差较大，并利用贯穿风流通风的采场。属于这种类型的采场有开采中厚以上矿体的空场法、全面法、房柱法、充填法等的采场。

如图 9-2 所示，这类采场回采工作面的通风过程可用“紊流扩散”作用加以说明。新鲜风流进入硐室型回采工作面后，由于紊流射流的扩散作用，它与炮烟介质发生强烈的质量交换，使硐室中的炮烟与新鲜风流相混合而被排出。

根据紊流扩散作用及质量守恒定律，推导计算可得

$$Q_h = \frac{2.3V}{K_t \cdot t}\lg\frac{500A}{V} \tag{9-5}$$

式中 Q_h——回采工作面风量，m^3/s；

K_t——紊流扩散系数；

V，t，A 的含义同上。

式（9-5）即为硐室型回采工作面的风量计算公式。

c 按排除粉尘计算风量

按排尘计算风量有两种方法：一种是按作业地点产尘量的大小计算风量；另一种是按排尘风速计算风量。前一种方法由于各种作业条件下产尘量的大小受多种因素影响，较难

准确掌握，至今未得到广泛使用；后一种方法是目前通用的计算方法。现根据采场类型的不同分别予以介绍。

(1) 按产尘量计算风量。回采工作面空气中的粉尘主要来源于产尘设备，其产尘量大小取决于设备的产尘强度和同时工作的设备台数，对于不同的作业面和作业类别，按表 9-1 确定排尘风量。

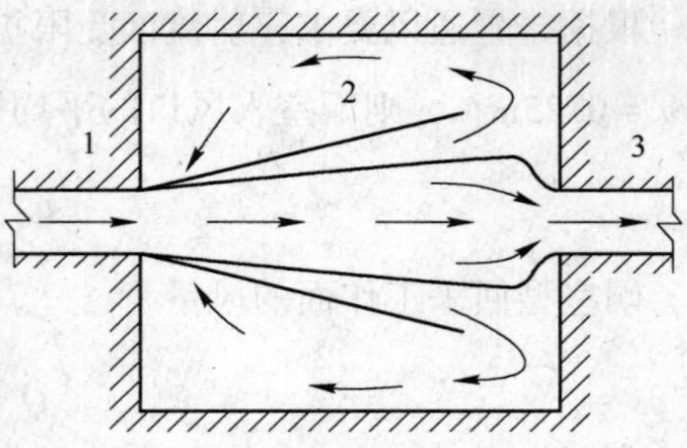

图 9-2 硐室型回采工作面

1—进风巷；2—硐室采场；3—回风巷

(2) 按排尘风速计算风量：

1) 巷道型回采工作面按排尘风速计算风量的公式如下

$$Q_{\mathrm{h}} = S \cdot v \tag{9-6}$$

式中 S——巷道型采场作业地点的过风断面面积，m^2；

v——回采工作面要求的排尘风速，m/s；一般巷道型回采工作面取 0.15~0.5m/s（断面小且凿岩机多时取大值，反之取小值，但必须保证一个工作面的风量不低于 $1m^3/s$），耙矿巷道取 0.5m/s；对于无底柱崩落采矿法进路通风速度取 0.3~0.4m/s，其他巷道可取 0.25m/s。

表 9-1 工作面排尘风量

工作面	设备名称	设备数量	排尘风量/$m^3 \cdot s^{-1}$
巷道型采场	轻型凿岩机	1	1.0~2.0
		2	2.0~3.0
		3	3.0~4.0
硐室型采场	轻型凿岩机	1	3.0~4.0
		2	4.0~5.0
		3	5.0~6.0
中深孔凿岩	重型凿岩机	1	2.5~4.0
		2	3.0~5.0
	轻型凿岩机	1	1.5~2.0
		2	2.0~2.5
装运机出矿	装岩机、装运机	1	2.5~3.5
电耙出矿	电耙	1	2.0~2.5
放矿点、二次破碎			1.5~2.0
锚喷支护			3.0~5.0

2) 硐室型采场按排尘风速计算风量方法。硐室型采场中风流结构特性近似于受限射流。风流在硐室中向前运动形成射流区，并在射流的诱导下形成逆向的回流区或称二次循环区。

按排尘风速计算硐室风量时，只要硐室中射流区受限扩张段末端断面平均风速达到排尘风速要求，即可满足硐室排尘通风要求。

根据排尘通风要求，射流区受限扩张段末端的断面平均风速 $\bar{u}$ 应达到排尘所需风速。取 $\bar{u}=0.25\mathrm{m/s}$，则硐室入风口的平均风速为

$$u_0=\frac{1}{0.772+4.1n} \tag{9-7}$$

硐室型回采工作面的风量

$$Q=\frac{S_0}{0.772+4.1n} \tag{9-8}$$

式中 S_0——硐室入风口断面积，m^2；

n——射流的受限系数；扁平型硐室的 $n=b_0/B$，其中 B 为硐室侧壁距轴线的距离，b_0 为硐室入风口宽度的一半；完全发展的圆形射流的 $n=S_0/S$，其中 S_0 为硐室入风口断面积；S 为硐室横断面积。

B 大爆破回采工作面所需风量的计算

大爆破的采场是指采用深孔、中深孔或药室爆破，实现大量落矿的采场。大爆破后，采场多成封闭形（即矿房有矿柱、顶底柱，若为崩落采矿法，则顶部有崩落的岩石），仅在下部由漏斗与耙矿巷道相通。大爆破后，在采场内部会形成较高的气压，在此压力作用下，炮烟通过天井、漏斗和耙矿巷道向外涌出，一部分混入进风巷道，另一部分流入回风巷道。另外，如果采场两侧或一侧为已采完的崩落区，则炮烟也可能逸入崩落区中，余下的炮烟则残存于采场的自由空间和矿石堆的空隙中。

大爆破后通风的首要任务就是将充斥于巷道中的炮烟尽快进行稀释并排出矿井。此外，在放矿时，存留于崩落矿石之间的炮烟也会随矿石的放出而释放出来，所以，除了正常作业所需要的风量外，还要考虑排出这部分炮烟，需要适当加大一些风量。

a 大爆破后排炮烟风量计算

大爆破后，大量炮烟涌出到巷道中，其通风过程与巷道型采场相似。大爆破后通风的风量计算公式如下

$$Q_{\mathrm{h}}=\frac{40.3}{t}\sqrt{iAV} \tag{9-9}$$

式中 Q_{h}——回采工作面风量，m^3/s；

t——回采工作面通风时间，s，一般取 7200~14400s；

i——炮烟涌出系数，参见表 9-2；

A——次爆破的炸药量，kg；

V——炮烟污染的巷道体积，m^3。

其中，$V=V_1+iAb$，V_1 为排风侧巷道容积，m^3；

b 为每千克炸药爆炸产生的炮烟总量，一般取 90L/kg。

表 9-2 炮烟涌出系数

采矿方法	采落矿石与崩落区接触面的数目	炮烟涌出系数 i
“封闭扇形”中段崩落法	顶部和 1 个侧面	0.193
	顶部和 2~3 个侧面	0.155

续表 9-2

采矿方法	采落矿石与崩落区接触面的数目	炮烟涌出系数 i
阶段强制崩落法	顶部	0.157
	顶部和 1 个侧面	0.125
	顶部和 2~3 个侧面	0.115
空场处理	表土下或表土下 1~2 个阶段	0.095
	若干个阶段以下	0.124
房柱深孔落矿	$V/A<3$	0.175
	$V/A=3\sim10$	0.250
	$V/A>3$	0.300

b 大爆破后放矿时期风量计算

（1）按排烟计算。在大爆破后放矿时期排出的炮烟有两个来源：一个是从矿石堆析出的炮烟，另一个是二次爆破生成的炮烟，而后者往往是主要的。故计算排除这些炮烟时，可按二次爆破炸药量，并稍许加大即可。风量计算可用式（9-10）计算

$$Q_h = \frac{25.5}{t}\sqrt{AL_B S_B} \tag{9-10}$$

式中 Q_h——工作面风量，m^3/s；

t——二次爆破后的通风时间，一般取 300s；

A——二次爆破的炸药量，kg；

L_B——耙矿巷道长度的一半，m；

S_B——耙矿巷道横断面面积，m^2。

（2）按排尘计算。按排尘计算风量的方法同前，可按式（9-6）计算。大爆破作业多安排在周末或节假日进行，通常采用适当延长通风时间和临时调节风流，加大爆破区通风量的方法。为了加速大爆破后的通风过程，在爆破前应对爆破区的通风路线作适当调整，尽量缩小炮烟污染范围。

在矿井通风设计中，对矿井总风量的计算可不包括大爆破时所需要的风量，只按正常作业所需要的风量计算即可。

9.4.1.2 掘进工作面需风量的计算

掘进工作面包括开拓、采准和切割工作面。各工作面的风量可按局部通风的风量方法计算，再考虑局部通风装置的漏风，求其总和 $\sum Q_j$。

矿井设计中，掘进工作面的分布及数量只能根据采掘比大致确定，所以其风量可根据巷道断面按表 9-3 选取，而对于某一具体掘进工程进行通风设计时，须采用局部通风风量计算方法进行计算。

表 9-3 掘进工作面风量参考值

掘进巷道断面面积/m^2	掘进工作面风量/$m^3 \cdot s^{-1}$
<5.0	1.0~1.5
5.0~9.0	1.2~2.5
>9.0	2.5~3.5

9.4.1.3 硐室需风量计算

(1) 炸药库。炸药库是井下主要危险源，为防止其自燃、自爆和氧化分解时产生的有毒气体污染井下风流，必须构建通达总回风系统的专用回风道，并形成独立的贯穿风流通风，需风量为 $1\sim2m^3/s$。

(2) 破碎硐室。井下破碎硐室是重大产尘点，为防止其产尘污染井下风流，应当有联通总回风系统的排尘回风道，形成独立的贯穿风流通风，确定的排尘风速应不小于0.25m/s。

(3) 装卸矿硐室。装矿、卸矿硐室也是井下主要产尘点，确定的排尘风速应不小于0.25m/s，产尘较大的溜井卸矿口应不小于0.5m/s。主溜井使用过的含尘污风，原则上应排入矿井回风系统。

(4) 变电室、绞车房，水泵站。变电室、绞车房、水泵站机电设备散热需要的风量（m^3/s），按式（9-11）计算

$$Q = 0.008\sum N \tag{9-11}$$

式中 $\sum N$——同时工作的电动机额定功率之和，kW。

(5) 空压机硐室。井下空压机降温所需风量（m^3/s），按式（9-12）计算

$$Q = 0.04\sum N \tag{9-12}$$

式中 $\sum N$——同时工作的空压机的电动机额定功率之和，kW。

(6) 机修硐室。机修硐室经常进行电焊、氧焊、气割等作业，一般应保持 $1\sim1.5m^3/s$ 的通过风量。

将以上各项风量计算值累加就是矿井硐室总需风量 $\sum Q_d$。

9.4.1.4 其他巷道需风量

如果矿井内还有其他需要独立通风的巷道，应根据通风的作用及目的计算出所需风量 $\sum Q_q$。

将以上计算所得的回采 $\sum Q_h$、掘进工作面 $\sum Q_j$、硐室 $\sum Q_d$ 及其他井巷需风量 $\sum Q_q$，以及为确保矿井生产的均衡稳定而设置准备的备用工作面需风量 $\sum Q_b$ 的值加起来，就得到矿井总需风量。

9.4.2 矿井总风量分配

全矿井总需风量确定后，应按各工作地点实际所需要的风量并考虑漏风系数，进行风量分配，并以分得的风量为依据进行通风系统的阻力计算。

9.4.2.1 矿井风量分配的原则

(1) 回采工作面风量按照排烟或排尘风量中取较大者来进行分配，掘进工作面的风量应按照局部通风风量计算值进行分配。为保证风流质量应尽量避免各采掘工作面串联通风。

(2) 备用工作面风量按回采工作面风量的一半进行分配。

（3）井下炸药库、破碎硐室、卸矿硐室、主溜井、压气机硐室、蓄电机车充电硐室、中央变电室等应独立通风，回风流应直接导入总回风道或直通地表，否则必须采取净化措施。

（4）矿井通风系统为多井口进风时，各进风风路的风量应与各路的风量相适应，以免分风不合理产生附加功耗。可以按风量自然分配的规律进行解算，求出各进风风路自然分配的风量。

（5）井下需风点和有风流通过的井巷中，风流风速需经过验算并符合安全规程规定，否则，重新进行风量分配。

9.4.2.2 风量分配方法

通过矿井各井巷的风量，可根据矿井各需风点的风量及其在通风系统中所处的位置以及漏风地点和漏风量来确定。为此必须详细分析矿井的漏风状况，力求使所确定的各巷道风量值接近实际。进行风量分配时，应将各井巷的风量值一一标在通风系统图和通风网络结构示意图上。漏风风路可用一条通大气的插入线来表示。压入式通风时，在进风段的终点上画一漏风风路引到地表大气；抽出式通风时，在回风段的始点上画一漏风风路连通地表大气，并标出漏风量，使网路保持风量平衡。在设计工作中，具体漏风地点和漏风量的判定是非常困难的。因此，风量分配应根据矿井建设类型区别对待。

（1）新建矿井的风量分配。在新建矿井通风设计中，矿井的漏风地点和漏风量难以确切估计，只能根据经验作概略的估算。即根据矿井主要漏风地点的位置对矿井通风系统的进风段、需风段和回风段的影响，考虑在需风量的基础上分别乘以风量备用系数的全部、部分或不乘。一般来说，压入式通风系统中主要漏风地点在进风段，抽出式通风系统中主要漏风地点在回风段。考虑到这种情况，在风量分配时，对于压入式通风系统的进风段，应在设计计算的需风量基础上乘以风量备用系数，作为进风段各井巷的分配风量，而在需风段和回风段则可不考虑备用风量，只按设计计算的需风量进行分配即可。抽出式通风系统的回风段，应在设计计算的需风量基础上乘以风量备用系数，作为回风段各巷道分配的风量，而进风段和需风段则可以不考虑备用风量，只按设计计算的需风量进行分配。

（2）改扩建矿井的风量分配。改扩建矿井需要实测矿井漏风地点的漏风量，再按照实测资料和经验确定各地点的漏风量。根据各作业点的需风量和各漏风点的漏风量，依据风量平衡原理，沿通风网路图确定各井巷的分配风量。对于新开拓的水平或阶段，可参照上一水平或阶段的情况，只考虑主要漏风地点进行风量分配。

9.5 矿井通风阻力计算

矿井通风动力提供风流能量用以克服通风阻力实现矿井通风。所谓通风总阻力，就是进风井巷口至出风井巷口的风流路线上压力损失的总和。对于抽出式矿井来说，矿井通风总阻力就是从入风井口到扇风机风硐之间风流的全压差值；对于压入式矿井来说，矿井通风总阻力就是从扇风机风硐到出风井口所发生的风流能量损失值。恰当的通风动力的选择主要参照矿井通风总阻力。所以，选择矿井主扇风机必须首先计算矿井的通风总阻力。

9.5.1 矿井通风阻力计算的原则

（1）如果矿井的服务年限不长（10~20年），选择达到设计产量后通风容易和通风困难两个时期分别计算其通风阻力；如矿井服务年限较长（30~50年），则只计算前15~25年左右通风容易和通风困难两个时期的总阻力即可。为此需先绘出这两个时期的通风网路图。

（2）通风容易和通风困难两个时期总阻力的计算，应沿着这两个时期的最大通风阻力风路，分别计算各段井巷的通风阻力，然后累加起来，便得出这两个时期的矿井通风总阻力 h_{min} 和 h_{max}。据此，所选用的主扇既能满足通风困难时的通风要求，又能做到在通风容易时期经济合理。

（3）为了减少矿井外部漏风和主扇风机运转费用，避免主扇风机选型太大，使购置、运输、安装、维修等费用加大，需控制矿井通风总阻力不能太大，一般不超过3500Pa，否则，需对某些局部巷道采取降低风阻的措施。

（4）要先分析整个通风网路中自然分配风量和按需分配风量的区段，分别按这两种分配风量的方法计算各区段的通风阻力。

9.5.2 矿井通风阻力计算方法

在进行通风阻力计算之前，为计算方便，必须先绘制通风系统图如图9-3（a）所示，并在节点处顺序标上序号，再绘制成通风网路示意图如图9-3（b）所示。然后沿选定的路线按摩擦阻力计算公式分段计算摩擦阻力，其总和即为总摩擦阻力。

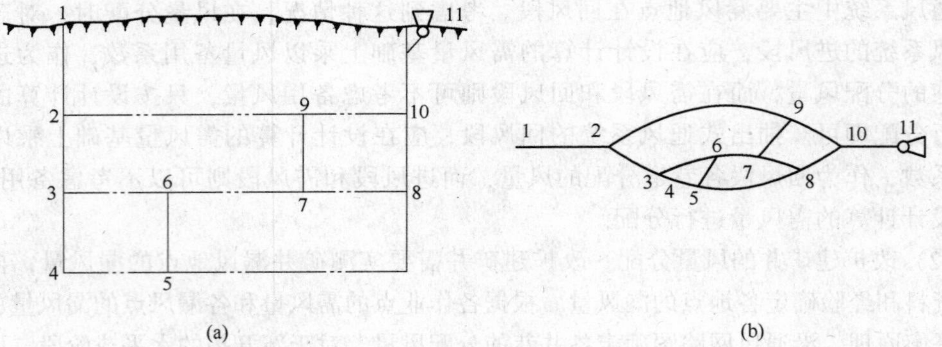

图9-3 矿井通风系统图与网路示意图

通常，在矿井设计中，为便于参数调整，将计算出的各相关数值填在表9-4中。

矿井的局部阻力可根据总摩擦阻力进行估算，局部阻力大致等于总摩擦阻力的10%~20%。进行矿井通风总阻力计算时，矿井通风容易时期局部阻力取摩擦阻力的10%，通风困难时期局部阻力取摩擦阻力的20%。

根据有关设计资料介绍，全矿的局部阻力可根据总摩擦阻力进行估算。一般认为，总局部阻力大致等于总摩擦阻力的10%~20%，即 $h_l=(0.1\sim0.2)h_f$，因此矿井总阻力为 $h_t=h_l+h_f=(1.1\sim1.2)h_f$。

表 9-4 井巷通风阻力计算表

始节点	末节点	巷道名称	支护形式	摩擦阻力系数 α /N·s²·m⁻⁴	L /m	U /m	S /m²	S^3 /m⁶	R /N·s²·m⁻⁸	Q /m³·s⁻¹	摩擦阻力 /Pa
1	2										
2	3										
3	4										

9.6 矿井通风设备选择

矿井通风设备的选择包括主扇风机和电动机的选择。具体步骤是：首先根据矿井所需总风量计算通风机的工作风量，以矿井通风容易及困难时期的最大通风阻力为基础，在考虑自然风压的影响后，计算出风机的工作风压；然后根据工作风量、工作风压及各种风机特性曲线，选择合适的主要通风机，并确定其型号和技术参数；最后根据选定风机的工况，计算应配电动机的型号及规格。

9.6.1 主扇风机的选择

所选择的主要扇风机，必须满足在其服务期间的各个时期运转稳定、工况合理的要求。工程实践中，通常用扇风机的个体特性曲线来选择风机，为此，应首先确定矿井通风容易和通风困难两个时期主扇运转时的工况点，也就是应首先确定矿井通风系统不同时期要求主扇风机提供的风量和风压。

(1) 扇风机的风量 Q_f。根据所确定矿井的通风方式、通风方法，考虑到外部漏风(指在防爆门和主要通风机附近的漏风)，通过主扇的风量 Q_f 必大于通过总回风井的总风量 Q。主扇风量 Q_f 因主扇风机的工作方式不同，其与矿井总回风量关系不同。

1) 对于主扇抽出式通风，用下式计算：

$$Q_f = (1.05 \sim 1.10)Q \tag{9-13}$$

式中 1.05，1.10——抽出式通风矿井的外部漏风系数，抽出式回风井无提升运输任务时取 1.05，有提升运输任务时取 1.10。

2) 对于主扇压入式通风，用下式计算：

$$Q_f = (1.10 \sim 1.15)Q \tag{9-14}$$

式中 1.10，1.15——压入式通风矿井的外部漏风系数。压入式进风井巷无提升运输任务时取 1.10，有提升运输任务时取 1.15。

(2) 扇风机的风压 H_f。扇风机产生的风压不仅用于克服矿井总阻力 h_t，同时还要克服反向的矿井自然风压 h_n，扇风机装置的通风阻力 h_δ、以及风流流到大气的出口动压损失 h_v，所以，扇风机风压按下式计算：

$$H_f = h_t + h_n + h_\delta + h_v \tag{9-15}$$

式中 h_t——矿井总阻力，分别以通风容易和困难两个时期的阻力值代入计算，Pa；

h_n——与扇风机通风方向相反的自然风压，Pa；

h_δ——扇风机装置阻力，包括风机风硐、扩散器与消音器的阻力之和，一般取

150~200Pa；

h_v ——出口动压损失，Pa。抽出式为扩散器出口动压损失，压入式为出风井口动压损失；若用扇风机静压特性曲线，则可不必计入此项阻力。

（3）选择扇风机

根据矿井通风容易时期和困难时期所计算出的两组风量 Q_f 与风压 H_f 数据，在扇风机个体特性曲线上找出相应的工况点，并要求这两个工况点均能落在某一扇风机特性曲线的合理工作范围内，即风机工况点应处于风机性能曲线峰点的右侧。轴流式风机工况点的风压不能超过风机性能曲线上最高风压的90%，风机效率在60%以上。目前在金属矿山普遍推广使用的K系列新型矿用风机，叶片有多个档次的安装角，对应的个体特性曲线也是多个安装角的一组特性曲线（见附录3）。选型时建议按照叶片安装角中间角度选用，将来要求增大风量、风压时，调大叶片安装角即可达到；若要降低风量、风压，调小叶片安装角即可实现，为风量、风压的调节留下了一定余地。

根据风机工况点 H_f 和 Q_f 以及在扇风机特性曲线上查出的相应的效率 η_f，计算扇风机的轴功率 N_f（kW）为

$$N_f = \frac{H_f Q_f}{1000\eta_f} \tag{9-16}$$

9.6.2 电动机的选择

如果出厂时厂家已配置有匹配的电动机，通风设计时一般不必再选择电动机；如果风机没有配套电机，则需进行电动机额定功率的选择计算。通常根据矿井通风容易和困难两个时期主扇风机的工况点参数，计算出电动机的功率（kW）为

$$N_e = k\frac{N_f}{\eta\eta_e} \tag{9-17}$$

式中 N_e ——电动机的功率，kW；

k ——电动机容量备用系数，轴流式取1.1~1.2，离心式取1.2~1.3；

η ——传动效率，直联传动 $\eta=1$，皮带传动 $\eta=0.95$；

η_e ——电动机效率，一般取0.9~0.95。

根据计算的电动机功率，可在产品目录上选取合适的电动机。通常在矿井通风设计中，当扇风机功率不大时，可选用异步电动机；若功率较大，为了调整电网功率因数，宜选用同步电动机。

9.6.3 矿井通风对主要通风设备的要求

根据《矿山安全规程》的要求，主要通风设备应符合以下要求：

（1）矿井主扇风机必须装置两部同等能力的扇风机，其中一套运转，另一台做备用，备用的一台要求在10min内能够启动运转。

（2）矿井的主扇风机作为矿井供电的一级负荷，应有两回路直接由变电所馈出的供电路线，线路上不应分接任何负荷。

（3）主扇风机要有灵活可靠的反风装置、防爆门等附属装置。

（4）主扇风机和电动机的机座必须坚固耐用，要设置在不受采动影响的稳定地层上。

9.7 矿井通风费用概算

对矿井通风设计除要求通风系统的安全可靠外，还应考虑它的经济性，其经济性包括通风成本、能量消耗、风量的有效利用等。

在矿井通风费用概算中要求计算出单位产量的通风总费用。其计算方法如下。

9.7.1 矿井通风动力费

（1）主扇风机运转的耗电量为

$$I_z = \frac{N_e t_1 t_2}{\eta_e \eta_t \eta_v} \tag{9-18}$$

式中 I_z——主扇风机运转的耗电量，kW·h/a；

N_e——电动机输出功率，kW；

t_1，t_2——扇风机每年的工作天数及每天的工作小时数；

η_e——主扇电动机的效率，可在电动机的技术特征表上查得，一般取 0.9~0.95；

η_t——变压器的效率，一般取 0.8；

η_v——电线的输电效率，一般取 0.9~0.95。

（2）局扇、辅扇风机运转的耗电量为

$$I_e = I_j + I_f \tag{9-19}$$

式中 I_e——局扇、辅扇风机运转的耗电量，kW·h/a；

I_j——运转局扇风机的总耗电量，kW·h/a；

I_f——运转辅扇风机的总耗电量，kW·h/a。

（3）回采每吨矿石的通风动力费用为

$$W = \frac{(I_z + I_e)P}{T} \tag{9-20}$$

式中 W——单位产量通风动力费，元/t；

T——矿井年产量，t；

P——电价，元/(kW·h)。

9.7.2 矿井通风其他费用

矿井通风费用除通风动力费外，还包括设施设备折旧费、材料费、人员工资成本、专用通风井巷折旧费和维护费、通风仪表的购置费和维修费等其他费用，将这些其他费用累加并计算单位产量的费用。矿井通风其他费用主要包括如下项目：

（1）通风设备的折旧费和维修费。折旧费一般是通风设备的服务年限去除购置费、运输费、安装费的总和。

（2）专为通风服务的井巷工程折旧费和维修费。这项费用是用井巷服务年限去除井巷施工费。

（3）通风器材的购置费和维修费。包括掘进通风和通风构筑物用的器材。

（4）通风仪表的购置费和维修费。

（5）通风区队全体人员的工资。

矿井单位产量的通风动力费与单位产量其他费用之和即为矿井单位产量的通风总费用。

9.8 某金矿通风系统设计实例

9.8.1 矿山概况

9.8.1.1 资源概况

河北某金矿总面积为 $8km^2$。矿区构造主要有北北东向断裂、北东向断裂、北东东向断裂，上述三组断裂构造均表现为组内彼此平行排列、协调弯曲、等距分布的特点，它们共同控制了区内金矿脉的形态、分布、规模。

矿区岩浆岩为小花岗岩体，呈北东向纵贯全区，平面上呈长轴北东方向展布中间膨大两端狭小的菱形状，长约 1500m，最宽 700m，出露面积 $0.59km^2$；剖面总体上呈上部小下部大的喇叭状。岩性分为白色花岗岩和红色花岗岩，总体上白色花岗岩多分布在岩体的顶部、边部，或白云岩捕虏体、顶垂体的周围；红色花岗岩多分布在岩体的中部或深部，为同源同期不同阶段岩浆作用的产物，白色花岗岩略早。

矿区内已查明不同规模的矿脉（体）有 148 条，盲矿脉（体）96 条，95%的矿体分布在岩体中。按矿体空间分布位置可分三个矿带，即南矿带、北矿带、中矿带，每个矿带一般由 1~10 个平行矿体组成，平面上彼此平行排列，剖面上平行斜列，具有等距分布的特征。矿体自北向南，从西向东有逐渐加深的规律性。

矿体类型有含金黄铁矿石英脉型、含金黄铁矿石英细脉浸染型、含金黄铁矿石英破碎带蚀变岩型。据不完全统计，目前工程控制的 83 条矿（脉）体中，石英脉型有 57 个，占 88%；细脉浸染型有 10 个，占 12%。

石英脉型矿体：以盲 21 为代表，特点是规模小、极薄、品位高。走向 NE10°~70°，倾向以 NW 为主，倾角 8°~65°。矿体走向长 50~750m，平均 125m；倾向长 28~365m，平均 98m；厚度 0.05~5.04m，平均 0.26m，厚度变化系数为 118%；品位 4.07~133.17g/t，品位变化系数为 135%。

细脉浸染型矿体：以新Ⅰ矿体为代表，特点是规模大、品位低。走向 NE40°~70°，倾向以 NW，倾角 8°~65°。矿体走向长 50~750m，平均 156m；倾向长 52~180m，平均 66m；厚度 1.6~28m，平均 2.69m，厚度变化系数为 108%；品位 3.05~15.65g/t，品位变化系数为 118%。

金矿床类型：为中温岩浆热液金矿床。

矿区内主要是盲矿体，埋藏深度不等，在-100m~562m 之间；产状东西走向居多，北倾居多。

9.8.1.2 采矿现状

采矿标高从地表 595m 至 165m，分 5 个采区。

一区位于矿区南部，属平硐-盲斜井开拓，生产中段 7 个，开采的主要矿体有新Ⅲ、盲9等，出矿能力为150~210t/d。

二区位于矿区南部，平硐-盲斜井开拓，生产中段5个，开采的矿体有Ⅰ10等，出矿能力为100~160t/d。

三区位于矿区北东部，属平硐-盲斜井开拓，生产中段5个，开采的矿体有103等，出矿能力为50~100t/d。

四、五区位于矿区中部，为骨干生产区，属平硐-盲斜井开拓，竖井深460m，生产中段5个，开采的矿体有Au99、盲21、Au23等，出矿能力为380~430t/d。

新竖井属平硐-盲竖井开拓，45m、85m、125m水平正在进行开拓，Au23矿脉主要赋存在29线，距马头门440~530m，Au109矿脉主要赋存在37线，距马头门680~730m。

该金矿目前采矿方法主要有削壁充填采矿法、共全面法等，有采场23个。

削壁充填采矿法采场有：一区七中段（325m）盲9、二区522水平盲4、三区445水平9-1-2、五区325水平Au23-3、五区275水平盲21。

全面法采场有：一区472盲8、新Ⅲ，455盲15，375盲9，364盲12，349盲9，二区5006线、8线，三区504水平103，四区325水平Au23-3，五区165水平Au23-7、Au23-8，183水平Au99，183水平Au23-12，Au109-3，194水平Au23-12，178水平Au99，194水平Au99。

9.8.1.3 通风现状

目前该金矿没有完整的通风系统，完全依靠自然通风。

（1）一区、三区为老采区，二区是1995年治理整顿后恢复的民采斜井，三个区控制标高325~595m，浅部中段多处与民采空区相通。基本靠自然通风，部分独头掘进采用局扇（5.5kW或11kW风机）进行强制通风。

（2）老竖井（五区）开拓深度595~165m，开拓初期205m水平西大巷开掘一通风井与一区325m水平（一区七中段）相通，东大巷245m水平开掘一通风井与三区418m水平（三区十中段）相通，基本解决了老竖井开拓时期的通风问题。进入采矿阶段后，盲21脉采场上部与一区325m水平（一区七中段）贯通，2003年365m水平东大巷与三区363m水平（三区十二中段）贯通。自然风流方向：冬季从一区、三区入风，经老竖井至地表；夏季从老竖井入风，经一区、三区至地表。

（3）新竖井开拓深度590~5m，主要开拓中段为45m、85m、125m水平，现三个中段正在进行开拓。165m、245m水平分别与老竖井贯通，自然风流方向，从新竖井入风，经老竖井，一区、三区至地表，冬季新竖井井筒590~285m易出现冻井情况。

（4）掘进作业面一次炸药消耗量为24~30kg。

（5）目前没有矿尘中SiO_2含量测量数据。

9.8.1.4 气候条件

该金矿年平均气温5℃，最热月平均气温37℃，最冷月平均气温-26℃。

9.8.1.5 各主要井巷的断面积、支护形式

老竖井规格为4.9m×2.7m，新竖井规格为直径4m，中段主运平巷2.2m×2.2m，支护形式主要是木棚支护，新竖井主运平巷采用喷浆支护。

9.8.1.6 各井口的地面标高、井底标高

一区斜井井门的地面标高为595m、井底标高为325m。

二区斜井井口的地面标高为595m、井底标高为455m。

三区斜井井口的地面标高为590m、井底标高为363m。

五区盲竖井井口的地面标高为590m、井底标高为165m（最低作业标高为165m，以后计划延深至-100m水平）。

新竖井井口的地面标高为590m、井底标高为0m（最低作业标高为45m）。

9.8.1.7 矿山工作制度

一日三班，每班8h，年工作日340d。

9.8.2 设计依据

（1）有色金属矿山生产技术规程。

（2）峪耳崖金矿生产现状。

（3）2004年采掘计划说明。

（4）峪耳崖金矿通风系统优化设计研究（合同）。

9.8.3 通风系统选择

9.8.3.1 通风方案选择

拟定矿井通风系统遵循的原则如下：

（1）矿井通风网络结构合理，集中进回风线路要短，通风总阻力要小；多阶段同时作业时，主要人行运输巷道和工作点上的污风不串联；

（2）内外部漏风少；

（3）通风构筑物及通风调节设施及辅扇要少；

（4）充分利用一切可以利用的通风井巷，使专用通风井巷工程量最小；

（5）通风动力少，通风费用低。

该金矿井下通风属于自然通风改机械通风的改造工程。开拓深度已达600m，井下采空区多，巷道四通八达，且多处与民采老窿相通，矿区已形成多区多中段同时作业的开采现状。因此，该金矿通风只能采用统一通风系统。

9.8.3.2 进回风井选择

该金矿直接沟通地表的井巷主要有新竖井、老竖井、五号斜井、三区562中段平窿口、阳坡斜井、八坑斜井以及与562中段相通的三区斜井。其中五号斜井位于矿区东北部，三区562平窿口位于矿区西南角，新老竖井位于矿区中部。

由于金矿位于北方地区，冬季最低平均气温低达-26℃，主要运输提升井均不宜直接用作进风井，否则在冬季会造成冻井。而五号斜井目前已无运输提升任务，井口临时封闭，将五号斜井打开作为进风井是适宜的。

用三区562平窿作为排风井，存在着排风口位于坑口办公区，影响井口工作人员工作的困扰。因此，宜在三区562中段开凿一通风天井通地表作为全矿总排风井。

以五号斜井为总进风，以三区562天井为总排风口，形成对角式统一通风系统。

五号斜井自539.2~445m全长133m，断面积为8m^2，按全矿总需风量60m^3/s计算，其通过风速为60/8m/s=7.5m/s，符合安全规程规定（专用风井、风硐最大风速不超过15m/s）。

9.8.3.3 主扇工作方式及安装地点

主扇工作方式有三种：压入式、抽出式和压抽混合式。不同的通风方式，一方面使矿井空气处于不同的受压状态，另一方面在整个通风路线上形成了不同的压力分布状态，从而在风量、风质和受自然风流干扰的程度上，出现了不同的通风效果。几种通风系统的优缺点叙述如下。

(1) 压入式通风系统在压入式主扇的作用下，形成高于当地大气压力的正压力状态。进风段压力梯度高，外部漏风较大。在需风段和回风段，由于风路多、风流分散、压力梯度较小，受自然风流的干扰相对较大；通风系统的风流控制设施均安设在进风段，频繁的运输、行人对控制设施干扰大，不易管理，漏风大。由专用进风井压入式通风，风流小、受污染少、风质好，主提升井处于回风状态，对寒冷地区冬季提升井防冻有利。

(2) 抽出式整个通风系统在抽出式主扇的作用下，形成低于当地大气压的负压状态。回风段风量集中，有较高的压力梯度，在进风段和需风段，由于风流分散，压力梯度较小。回风段压力梯度高，使各作业面的污风流迅速向回风道集中，烟尘不易于向其他巷道扩散，排出速度快。此外，由于风流调控设施均设在回风段，不妨碍运输行人，管理方便，控制可靠。抽出式通风的缺点是，当回风系统不严密时，容易造成短路吸风。抽出式通风时，作业面和进风系统负压较低，易受自然风压影响，造成井下风流紊乱。抽出式通风使提升井处于进风状态，对寒冷地区的提升井防冻不利。

(3) 压抽混合式通风兼有压入式和抽出式通风的优点，是提高通风效果的重要途径；但其缺点是所需设备较多，管理相对困难。

(4) 多级机站通风是一种由几级进风机站接力方式将新鲜空气经进风井巷送到作业区，再由几级回风机站将污风经回风井巷排出矿井的通风系统。其通风方式属于压抽混合式。由于多级机站通风在进风段、需风段和回风段均设有扇风机，对全系统施行均压通风，可节省通风能耗，风量调节也比较灵活；它的缺点是所需设备较多，管理比较复杂。

由于该金矿地处寒冷地区，冬季井上、井下温差较大，因此自然风压较大。矿山开拓至600来米深度仍可以靠自然通风生产，充分说明自然风压的作用不可低估。井下经过多年开采，形成的井巷系统特别复杂，不论选择哪一种通风系统，其漏风控制均比较困难。加上单翼对角式通风网络较长，采用单台主扇通风会有较高的压力梯度，对防止漏风更为不利。

上述几种通风方式中，多级机站通风是以其控制方便而见长的。一方面，可通过机站的开停调控风流路线和风量大小。由于沿风路全长设立了多级机站，每级机站担负的风压相对较小，方便控制漏风。另一方面，该金矿自然风压较大，在通风系统中加以利用很有必要。而自然风压在一年中，其大小和方向都是变化的，如欲利用自然风压，必然需要灵活的通风系统。多级机站通风系统能够适应这一要求。因此，在该金矿通风中选择多级机站通风是比较合理的。

9.8.3.4 阶段通风网络结构

由于该金矿多阶段同时作业，为使各阶段作业面都能从进风井得到新鲜风流，并将所排出的污风送到回风井，各作业面风流互相不串联，就必须对各阶段的进回风道统一安排，构成一定形式的阶段通风网络。阶段通风网络由阶段进风道、阶段回风道、矿井总回风道和集中回风井等组成。

阶段通风网络一般有阶梯式、平行双巷式、棋盘式、上下行间隔式和梳式等结构形式。根据该金矿的矿体埋藏情况，只能采用阶梯式通风网。应规范回采顺序，开采要从矿体边界向中央方向后退回采；并利用上阶段已结束作业的运输道做下中段的回风道，使各中段的风流呈阶梯式互相错开，新风与污风互不串联。

采用这一网络结构时要求严格遵守开采顺序，否则可能导致污风串联。

9.8.3.5 *矿井通风构筑物*

该金矿井下通风的主要构筑物为风墙、风门和空气幕及井下通风机站等。

风墙又称密闭，是遮断风流的构筑物。挡风墙均构筑在非生产性巷道中。

在既需要隔断风流又要行人的地方建立普通风门。

为防止新老竖井冬季进风导致冻井，在新老竖井 245 中段设置全气幕隔断风流，控制冬季进风。为节省电能，夏季可将空气幕关闭，少量进风不影响通风效果。

9.8.4 全矿需风量计算

9.8.4.1 *采矿作业面需风量*

A 削壁充填法

削壁充填法属巷道型采场。巷道型回采工作面，是指采场回采工作面横断面与采场进风巷道横截面相差不大，即采场宽度或高度小于 6m，长度等于或大于宽度或高度的 6~8 倍，并利用贯穿风流通风的采矿场。

(1) 按爆破后排烟计算。巷道型回采工作面的风量可按下式计算

$$Q_s = \frac{18}{t}\sqrt{AV_1(2 - V_0/V_1)}$$

式中 V_0——采场通风空间体积，$V_0 = LS$（L 为采场长度，取一般采场长度 $L = 30$m；S 为采场横断面积，按高 2m，宽 1.5m 计算，$S = 3\text{m}^2$），m^3；

A——一次爆破的炸药量，$A = 30$kg；

t——通风时间，一般取 2400s；

V_1——全巷道空间体积，包括 V_0 及下风侧排风井巷，下风侧排风井巷体积按最困难条件计算，$V_1 = 90+35\times3 = 195\text{m}^3$。

计算可得 $Q_s = 0.55\text{m}^3/\text{s}$。

(2) 按排出粉尘计算风量

$$Q = Sv$$

式中 S——巷道型采场作业地点的过风断面，m^2，$S = 3\text{m}^2$；

v——巷道型回采工作面要求的排尘风速，m/s，一般取 $v = 0.15 \sim 0.5$m/s，根据该金矿采场作业条件，可取 $v = 0.25$m/s，但按安全规程要求，最小用风量不小于 $1\text{m}^3/\text{s}$，因此按排尘要求，取排尘风量为 $1\text{m}^3/\text{s}$。

比较排尘风量和排烟风量，取大值，削壁充填采场需风量为 $1\text{m}^3/\text{s}$。

B 全面法

全面法采场可按硐室型采场计算。

（1）按排烟计算。硐室型工作面，是指采场进风巷道横断面与回采工作面横断面相差较大，即采场宽度大于或等于8m，采场长度不大于宽度的两倍，并利用贯穿风流通风的采场。

硐室型采场排烟通风量按式（9-5）计算，即

$$Q_h = 2.3\frac{V}{K_t \cdot t}\lg\frac{500A}{V}$$

式中 t——通风时间，一般取 $t=1800$s；

V——硐室体积，根据该金矿一般全面法采场的结构尺寸，取 $V=10\times2\times30=600\text{m}^3$；

A——一次爆破的炸药量，kg，按 $A=60$kg 计算；

K_t——紊流扩散系数，多个进回风口，取0.8。

代入计算得：$Q_h=1.63\text{m}^3/\text{s}$。

（2）按排尘计算。根据式（9-8）

$$Q = \frac{S_0}{0.772 + 4.1n}$$

式中 S_0——硐室入风口断面积，m²，按一般巷道断面积计算，$S_0=4.5\text{m}^2$；

n——射流受限系数，按扁平型硐室计算，$n=b_0/B$，b_0 为入风口宽度之半，$b_0=1.1$m，B 为硐室宽度的一半，$B=5$m，$n=1.1/5=0.22$。

代入计算得：$Q=2.69\text{m}^3/\text{s}$。

比较排烟与排尘需风量，取大值，全面法采场需风量为 $2.7\text{m}^3/\text{s}$。

9.8.4.2 掘进作业面需风量

（1）按排出炮烟计算。掘进工作面采用混合式通风，需风量按式（7-6）、式（7-9）计算，即

$$Q_p = \frac{19}{t}\sqrt{AL_wS}$$

$$Q_e = 1.2Q_p$$

式中 Q_p——作压入式工作的局扇风量，m³/s；

Q_e——作抽出式工作的局扇风量，m³/s；

L_w——抽出式的吸风口到工作面的距离，m。

其余符号意义同前。

代入计算得：$Q_p=0.55\text{m}^3/\text{s}$，$Q_e=0.66\text{m}^3/\text{s}$。

（2）按排尘风速计算

$$Q = uS$$

式中 Q——需风量，m³/s；

u——排尘风速，$u=0.25$m/s；

S——巷道断面积，$S=4.5\text{m}^2$。

因此，掘进作业面需风量按 $1.2\text{m}^2/\text{s}$ 计算。

9.8.4.3 专用硐室需风量

（1）井下炸药库，需风量取为 $1.5\text{m}^3/\text{s}$。

（2） 井下破碎硐室，需风量取为 $1m^3/s$。
（3） 装卸矿硐室，需风量取为 $1.8m^3/s$。
（4） 井下水泵房，需风量取为 $1m^3/s$。

9.8.4.4 全矿总风量

全矿用风点及总需风量计算如表 9-5 所示。

表 9-5 金矿井下用风点及需风量

作业面类型	用风量 需风量/$m^3 \cdot s^{-1}$	个数	总需风量/$m^3 \cdot s^{-1}$	备 注
掘进作业面	1.2	13	15.6	
削壁充填法采场	1	5	5.0	
全面法采场	7	5	13.5	
水泵房	1	3	3.0	
小 计			37.1	
备 用			5.5	15%
合 计			42.6	

9.8.5 通风阻力预算及通风设备初选

9.8.5.1 矿井自然风压

该金矿地面标高为 595m，目前新竖井开拓最深的中段为 165m，年均气温为 5℃。冬季最冷月气温为-26℃。按一般情况，地温梯度取 2.5℃/100m，恒温带深度取 30m，则预计井底围岩温度为 $5+(595-30-165)\times2.5/100 = 15$℃，为计算矿山自然风压的大小，对该金矿井下气候参数及井下水温、岩壁温度等进行了两次测定，计划以后再进行第三次测定以确定夏季自然风压的大小。冬季测定结果如表 9-6 所示。

表 9-6 金矿井下各主要井巷的气候参数及岩温的测定结果

测定时间	测定地点	温度/℃	岩壁温度/℃	水温/℃	气压/mmHg	湿度/%
2004.10.13	老竖井					
	591 中段石门	16.2	17.5	16.2		
	365 中段石门	15.8	15.0	14.6		
	325 中段石门	15.0	15.0	14.9		
	285 中段石门	15.2	15.4	14.4		
	405 中段石门	15.3	15.4	16.5		
	245 中段石门	15.8	16.1	16.0		
	205 中段石门	16.5	15.8	15.8		
	165 中段石门	15.9	15.8	15.4		
	新竖井					
	165 中段石门	15.7	15.3	15.4		
	125 中段石门	17.5	17.5	17.2		

续表 9-6

测定时间	测定地点	温度/℃	岩壁温度/℃	水温/℃	气压/mmHg	湿度/%
	新竖井					
2004.10.13	085 中段石门	17.3	17.3	17.3		
	045 中段石门	18.0	18.0	18.0		
	245 中段石门	15.0	14.4	14.9		
	590 中段石门	14.3	14.0	13.5		
	新竖井					
2005.1.6	85 中段石门	18.1	17.9	17.9	776.2	89.0
	45 中段石门	19.0	18.9	18.1	779.8	96.0
	125 中段石门	18.0	17.9	17.2	773.1	91.0
	165 中段石门	16.5	15.7	15.5	769.0	92.5
	245 中段石门	14.9	14.0	14.0	762.0	89.5
	285 中段石门	15.5	15.0	14.9	758.5	95.0
	590 中段石门	14.1	14.1	14.0	732.4	95.0
	老竖井					
2005.1.7	591 中段石门	15.1	15.9		739.0	85.5
	365 中段石门	15.9	14.7	13.6	759.0	78.0
	325 中段石门	14.9	14.9	14.5	762.5	83.0
	285 中段石门	15.0	14.9	14.6	766.0	89.0
	245 中段石门	16.4	15.8	15.8	769.9	94.0
	205 中段石门	15.5	15.2	15.3	773.0	91.5
	165 中段石门	15.8	15.9	15.7	776.0	81.5

注：1mmHg = 133.322Pa。

根据测定结果按如图 9-4 所示取各计算参数，可得该金矿冬季自然风压约为

$$H_n = gp_0K\left(\frac{Z}{RT_1} - \frac{Z}{RT_2}\right)$$

$$= 9.8 \times 101325 \times 1.043 \times \left[\frac{430}{287 \times (273.15 - 7.5)} - \frac{430}{287 \times (273.15 + 11.5)}\right]$$

$$= 390\text{Pa}$$

冬季这一自然风压在主扇强制通风条件下将会保持与主扇方向一致而成为一种通风动力，对于全矿通风是有利的。

在夏季，最热月平均气温为 37℃，其他参数按图 9-5 所示取值，则夏季自然风压可计算得

$$H_n = gp_0K\left(\frac{Z}{RT_1} - \frac{Z}{RT_2}\right)$$

$$= 9.8 \times 101325 \times 1.043 \times \left[\frac{430}{287 \times (273.15 + 26)} - \frac{430}{287 \times (273.15 + 14)}\right]$$

$$= 218\text{Pa}$$

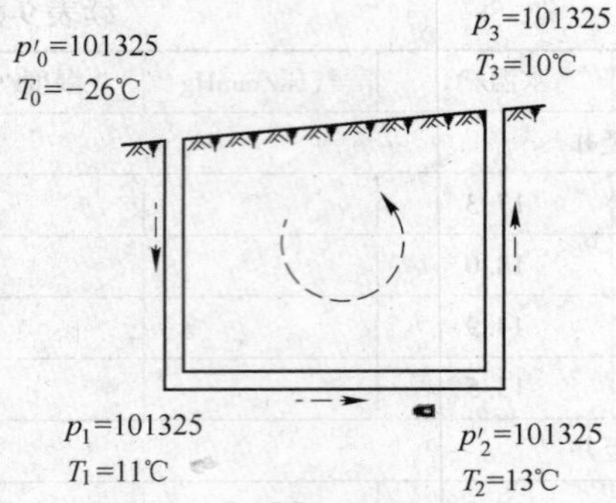

图 9-4 冬季井下风压与温度参数

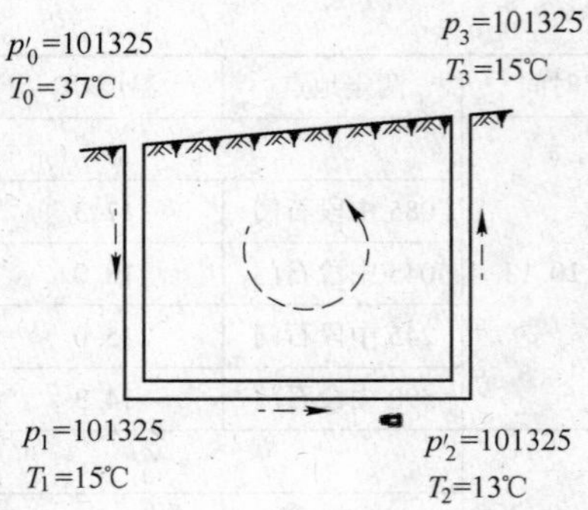

图 9-5 夏季井下风压与温度参数

夏季进风井中空气平均温度高于排风井中空气平均温度，所以该压力一般为通风阻力。在地面气温高于井底岩温且进回风井井口标高大致相同的情况下，不管如何安设主扇都无法使自然风压成为通风动力，只能通过分析计算选择一种通风方式，使得夏季作为通风阻力的自然风压最小。

由于目前尚无夏季测定资料，在后续的计算分析中用这一预计计算结果作为自然风压的大小。

9.8.5.2 全矿总阻力与风机级数的确定

根据选定的通风系统，选择一条最长风流路线计算全矿总的通风阻力。计算路线及结果如表 9-7 所示。

表 9-7 全矿总阻力计算

巷道号	巷道名称	α 系数 /kg · m^{-3}	断面周长 /m	长度/m	断面积 /m^2	风阻 /kg · m^{-7}	通过风量 /m^3 · s^{-1}	通风阻力 /Pa
1580	五号斜井	0.014	12	132.57	8	0.0435	60	156.6
1583	445 平巷	0.014	8.05	51.9	4	0.0914	30	82.3
692		0.006	8.05	131.62	4	0.0993	60	357.6
701		0.006	8.05	33.74	4	0.0255	48	58.7
702		0.006	8.05	7.78	4	0.0059	48	13.5
703		0.006	8.05	55.59	4	0.0420	48	96.7
704		0.006	8.05	7.54	4	0.0057	48	13.1
1575		0.006	8.05	39.43	4	0.0298	24	68.6
785	418 平巷	0.006	8.05	41.76	4	0.0315	36	18.2
787		0.006	8.05	34.41	4	0.0260	36	33.7
1481		0.006	8.05	5.62	4	0.0042	36	5.5
1548		0.006	8.05	241.42	4	0.1822	36	236.1
1067	245 平巷	0.006	8.05	49.02	4	0.0370	24	21.3
1057		0.006	8.05	21.07	4	0.0159	24	9.2
1060		0.006	8.05	153.52	4	0.1159	24	66.7
1061		0.006	8.05	53.59	4	0.0404	24	23.3

续表 9-7

巷道号	巷道名称	α系数 /kg·m^{-3}	断面周长 /m	长度/m	断面积 /m^2	风阻 /kg·m^{-7}	通过风量 /m^3·s^{-1}	通风阻力 /Pa
1078		0.006	8.05	89.56	4	0.0676	24	38.9
1573		0.014	12.56	40	12.56	0.0035	24	2.0
1572		0.014	12.56	40	12.56	0.0035	24	2.0
1571	新竖井	0.014	12.56	40	12.56	0.0035	12	0.5
1302	新竖井	0.014	8.05	81.69	4	0.1439	12	20.7
1672		0.014	8.05	37	4	0.0652	12	9.4
1673		0.014	8.05	18.96	4	0.0334	12	4.8
1674		0.014	8.05	140.72	4	0.2478	12	35.7
1306		0.014	8.05	66.49	4	0.1171	12	16.9
1307		0.014	8.05	204.43	4	0.3600	12	51.8
1596		0.006	8.05	131.86	4	0.0995	12	14.3
1595		0.006	8.05	41.92	4	0.0316	12	4.6
1598	165 平巷	0.006	8.05	31.36	4	0.0237	24	13.6
1601		0.006	8.05	40.08	4	0.0302	24	17.4
1874	205-245	0.006	8.05	40.28	4	0.0156	24	9.0
1873	245 平巷	0.006	8.05	47.79	4	0.0156	24	9.0
1080		0.006	8.05	412.57	4	0.3114	24	179.3
1081		0.006	8.05	26.8	4	0.0202	24	11.6
1083		0.006	8.05	19.61	4	0.0148	24	8.5
1085		0.006	8.05	25.33	4	0.0191	24	11.0
1769		0.006	8.05	40.29	4	0.0595	24	34.3
1743		0.014	8.05	32.39	4	0.2511	24	144.7
1745	275 水平	0.014	8.05	27.35	4	0.2511	36	325.5
1614		0.006	8.05	64.39	4	0.0468	36	63.0
1616	325 水平	0.006	8.05	70.61	4	0.0533	36	69.1
932		0.006	8.05	13.09	4	0.0099	36	12.8
934		0.006	8.05	39.99	4	0.0302	36	39.1
1877		0.006	8.05	50.1	4	0.0102	36	13.2
856	375 水平	0.006	8.05	38.55	4	0.0291	36	37.7
1562	阴坡斜井	0.006	8.05	285.03	4	0.2151	36	278.8
合计								2160

9.8.5.3 风机位置的初步确定

根据全矿总压力损失计算结果，以及目前较先进的 X 系列风机的技术参数，考虑井下风机运输安装的方便等因素。初步选定在 418 中段通 245 中段的斜井口、新竖井 245 中段石门、165 中段石门、165 中段东西部联络道设四级机站。

9.8.6 通风网路系统优化

9.8.6.1 风机位置优选

方案Ⅰ：在五号斜井底安设Ⅰ级机站，在五区165中段东西部联络平巷设二级机站。

方案Ⅱ：在418中段设Ⅰ级机站，在五区165中段东西部联络平巷设二级机站。

方案Ⅲ：在245中段新竖井石门设Ⅰ级机站，在五区165中段东西部联络平巷设二级机站。

方案Ⅳ：在418中段设Ⅰ级机站，在375中段阳坡斜井底设立二级机站。

从表9-8可以看出，方案Ⅱ是最优方案。其工作面获得风量较大，且为防止新老竖井进风所需安设的风幕压力不到20Pa。因此，该金矿井下通风系统可选择方案Ⅱ。

表9-8 四个风机位置方案网络解算结果比较

方案	一级风机/Pa	二级风机/Pa	作业面总获风量/$m^3 \cdot s^{-1}$	新竖井调压①/Pa	老竖井调压/Pa
Ⅰ	692	2160	63.06	86.87	83.28
Ⅱ	787	2160	74.32	17.87	14.99
Ⅲ	1078	2160	64.50	-135.13	93.57
Ⅳ	787	856	108	133	135

①控制新老竖井冬季进风所需的调节压力值。

9.8.6.2 通风天井合理布局

为节约掘进成本，通风天井应该尽可能少布，一般根据局部通风中抽出式风机的送风距离而定。目前矿山使用的局扇一般为7.51kW左右风机，其标称送风距离为250m。因此，该金矿井下通风天井以200m掘进一条为宜。

9.8.6.3 通风网路优化解算结果

通风优化方案结果表明，如果418~245天井不刷大，则245机站需安装751kW风机才能保证井下不出现循环通风。如果将此天井刷大到8.43m^2，245中段机站风机可选用37kW风机。按此计算，每年可节约电费达194472元，不到一年即可收回掘进投资。

9.8.7 主要通风设备

本通风系统主要设备为主辅扇风机及空气幕，如表9-9所示。

表9-9 主要设备

设备名称	规格型号	单位	数量	单价/元	总价/元	备 注
矿用风机	K40-8-18	台	1	74533	74533	
	K40-6-18	台	1	95013	95013	
	K40-8-16	台	3	58465	175395	
矿用空气幕	压力20Pa	台	2	10000	20000	估价，厂家现场定做

复习思考题

9-1 矿井通风设计的主要步骤和内容是什么？

9-2 矿井通风系统设计时，如何计算矿井需风量？

9-3 矿井通风系统设计时，如何计算通风阻力，简述其计算步骤。

9-4 矿井通风系统设计时，如何选择主扇？

9-5 矿井通风费用的预算包括哪些？

9-6 某矿通风系统如题图 9-1 所示，各巷道的风流方向及编号如图所示。其中 4—6、5—7、10—13、11—14 和 12—15 为需风工作面，各工作面需风量均为 $5m^3/s$。在回风道的 8 号点由地表漏风 $8m^3/s$。试标出各段巷道的需风量。

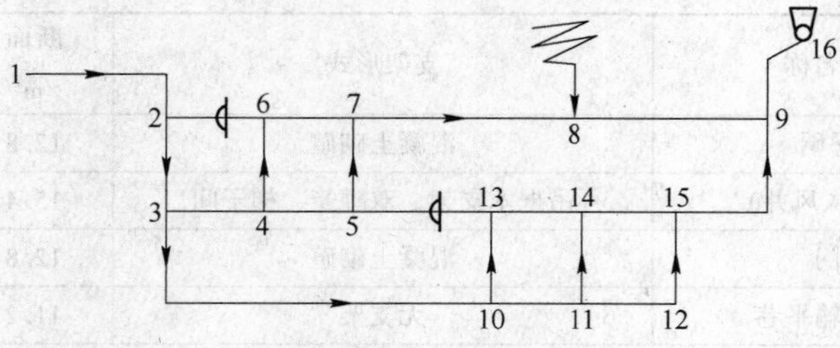

题图 9-1

9-7 题图 9-2 所示是矿井通风系统示意图。矿井通风设计的已知条件：矿体走向长 430m，矿体最大厚度 32m，平均厚 28m。平硐、竖井开拓，对角式通风系统，扇风机做抽出式工作。采矿方法为有底部结构的分段崩落法，分段高 15m，阶段高 45m。电耙道垂直走向布置，由分段平巷入风，电耙道水平专用集中回风道回风。矿井设计年产量 70 万吨，电耗道日出矿量 300t/d，二次破碎最大火药量 3kg，通风时间 5min。掘进工作风的风量可按排尘风速计算。第一阶段设计开采深度 500m，最困难时期各工作面风量分配如题表 9-1 所示。各类巷道规格如题表 9-2 所示。夏季自然风压与扇风机工作方向相反，自然风压值 $H_n = 13mmH_2O$，风硐阻力 $15mmH_2O$。试计算矿井总风量、总阻力、选择扇风机、计算电动机功率。

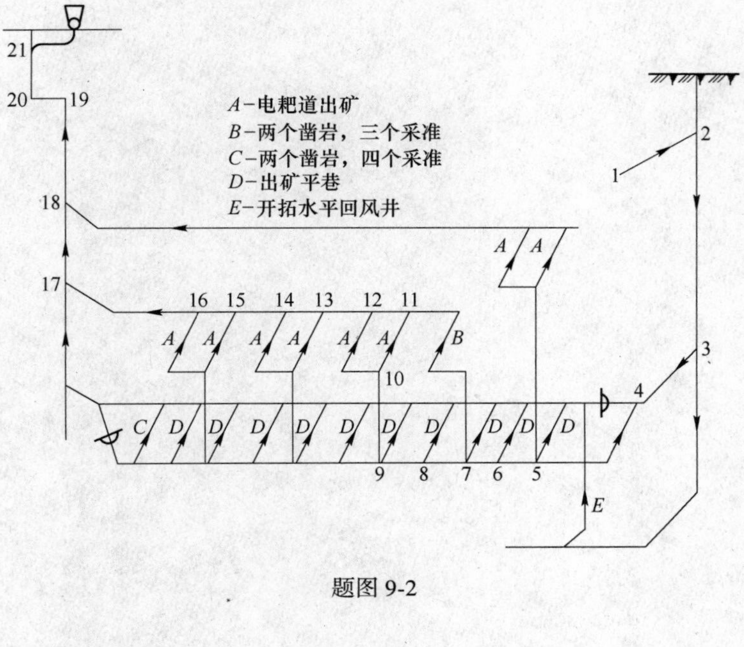

题图 9-2

题表 9-1 工作面风量分配表 (m^3/s)

作业面类别	一分段	二分段	三分段	开拓	合计
电耙道	2	6			8
回采天井凿岩		2	2		4
采准，切割		3	4	2	9
放矿平巷			10		10

题表 9-2 各类井巷规格

序号	井巷名称	支架形式	断面 /m^2	周长 /m	巷道长 /m
1-2	主平硐	混凝土砌碹	12.8	14.4	140
2-3	副井（入风井）	吊框木支架、双罐笼、梯子间	15.4	16.0	500
3-4	石门	混凝土砌碹	12.8	14.4	70
4-5	主要运输平巷	无支架	11.2	12.8	100
5-6	主要运输平巷	无支架	—	—	12
9-10	人行通风天井	梯子、台板	4	8	15
10-11	电耙道	无支架	5.3	9.2	40
11-12	回风平巷	无支架	11.2	12.8	12
16-17	回风平巷	无支架	—	—	320
17-18	排风井	无支架	12.6	12.6	15
18-19	排风井	无支架	—	—	480
19-20	排风平巷	无支架	11.2	12.8	80
20-21	排风井	无支架	12.6	12.6	120

10 矿井通风系统管理与监测

矿井通风受矿井生产、气候条件等因素的影响，是一个动态的系统，影响矿井通风及其系统稳定性的因素包括矿井采掘工作面的位置和数量的变化，开采中段的变化，开采深度的变化；巷道风阻变化，运输提升设备状态变化，通风调节控制装置工作状态，爆破作业，通风动力，放矿作业，自然风压变化等。因此，一个好的通风系统需要日常不断的检测、维护和管理。

10.1 矿井通风管理与监测的主要内容

10.1.1 矿井通风管理制度

矿井通风管理是矿井生产过程中重要的管理内容之一。通风状况的好坏直接影响到井下工人的生命健康安全、矿井的生产效率和经济效益。做好矿井通风工作，一方面要针对现场实际情况，解决相关的矿井通风技术难题；另一方面要从系统安全角度出发，全面提高通风管理的整体水平。近年来，我国在矿井通风技术的研究及应用等方面已作了大量的工作，通风技术趋于成熟。但是，由于通风管理不善，不能适应矿井通风系统动态、随机等特性的要求，重特大灾害事故时有发生。所以，为实现矿井的安全生产，在提高通风技术水平的同时，必须加强矿井通风的管理工作。

所有矿山都必须贯彻执行《矿山安全条例》和《矿山安全规程》。此外，为加强通风管理，还应建立以下制度：

（1）计划与设计会审制度。在矿山的长远规划和生产计划中，都必须包括改善矿井通风防尘条件的内容，而且只有取得通风防尘部门同意后，计划和设计才能交付实施。

（2）通风防尘检查测定制度。对于矿井通风系统的状况、通风防尘设备的状况、通风构筑物的状况、作业面的通风防尘状况等，必须进行定期检查或测定，发现问题必须及时处理。

（3）通风防尘仪表、设备管理制度。矿井通风防尘的仪表和设备要经常维护，保持完好状态。通风防尘设备必须按规定的时间运转，不得随意停开，并应按照折旧年限及时更新设备。

（4）井下作业人员通风防尘守则。矿山作业人员都有爱护通风防尘设施、保持良好作业环境的义务，都必须遵守矿山安全规程和岗位操作规程的规定。

（5）通风防尘奖惩制度。对于模范执行通风防尘制度，在矿山通风防尘工作上做出显著成绩的单位和个人应给予奖励；对于严重违犯通风防尘制度者应严肃惩处。

10.1.2 矿井通风监测的主要内容

矿井通风中常用的风速测量仪器仪表有叶轮式风表、数字风表和超声波风速仪表；常用的测压仪器主要有空盒气压计、精密气压计、各类压差计；常用的粉尘采样器有滤膜采样测尘仪器、快速测尘仪（直读式测尘仪）等；常用的温、湿度测定仪器有温度、湿度检测仪表，红外温度探测仪等。上述大多数仪器在前面的有关章节已经分别做了介绍。

矿井通风检查与监测的主要内容有：

(1) 矿井空气成分（包括各种有毒有害气体）与矿内气候条件的检查；

(2) 矿井空气含尘量的检查；

(3) 全矿风量和风速的检查；

(4) 全矿通风阻力的检查；

(5) 矿井主扇工况的检查和辅扇、局扇工作情况的检查；

(6) 根据生产情况的发展和变化，确定各个时期内全矿所需风量，并将风量合理分配到各需风地点；

(7) 通风构筑物和主要通风井巷的检查与维护；

(8) 自然发火矿井的火区密闭检查及全矿消防火灾的检查与处理。

本章主要讨论全矿风量与风速的检查、全矿通风阻力的测定等内容。矿井通风检查与管理的其他内容已在其他有关的章节里进行过介绍。

10.2 矿井通风测定

10.2.1 矿井通风测定概述

(1) 矿井通风系统测定与评价的目的。矿井通风系统测定与评价的目的是贯彻“安全第一、预防为主、综合治理”方针，对矿井通风系统各项技术经济指标进行测定，充分掌握矿井通风的第一手资料，客观、科学地对矿井通风系统管理现状和运行效果进行评价，为完善矿井通风系统提供科学依据，以利于提高矿井安全生产程度，改善井下作业面的工作环境。

(2) 矿井通风系统测定与评价周期。地下矿山随着开采作业的不断进行，作业环境始终处于动态之中，只有定期对矿井通风系统进行全面的测定与评价，才能发现矿井通风系统中存在的问题，挖掘通风潜力，有效地提出改善矿井通风系统的措施和对策。矿山企业要根据本矿山的实际情况，定期对井下风速、粉尘浓度、有毒有害气体等进行自检，其测定与评价结果作为申报安全生产许可证的材料之一。

(3) 矿井通风系统测定与评价主要程序。矿井通风系统测定与评价程序包括准备阶段、通风系统技术指标的测定、资料整理分析与计算、通风系统技术指标的定量评价、提出完善通风系统的对策与措施、评价结论、编制矿井通风系统测定与评价报告。

10.2.2 测定前的准备工作

10.2.2.1 图纸及有关技术资料的准备和收集

(1) 矿山生产概况。主要收集包括矿山的年产量、采矿方法、开拓系统和通风系统情况、采场作业面的分布及数量、掘进工作面的分布及数量等。

(2) 通风系统服务范围内的各中段平面图。中段平面图主要用以指导通风系统调查和布置测点。在中段平面图上必须标明该中段所有作业面的位置，主要通风构筑物位置，主扇、局扇和辅扇的安装位置，与邻中段有联系的井筒及专用通风井巷的位置等。

（3）通风系统立体图。通风系统立体图应标有系统中所有通地表的井口、风机位置、通风构筑物位置、上下中段相联系的位置及系统内所有井巷中的风向等情况。

（4）通风系统管理制度和措施。收集和了解矿井通风系统的管理制度和采取的相关安全技术措施。

10.2.2.2 通风系统调查

矿井通风系统调查是进行通风系统测定与评价的基础和前提，主要包括如下内容。

（1）扇风机。

主扇：型号，工作制度（运行时间），工作方式，风量与风压，进风侧巷道长度，排风侧巷道长度，风机安装位置的标高，出风口标高，风机的电动机功率、电压、电流及控制电动机的仪表设施。

辅扇：安装位置、工作方式、电动机功率、有无密闭。

局扇：安装位置、工作方式、电动机功率等。

（2）通风构筑物。通风系统服务范围内所有构筑物的位置、种类、结构、质量等。

（3）井下作业面。井下作业面包括采场作业、掘进工作面。

（4）矿井井巷风流。所有进风口、出风口的位置，井下所有井巷的风向及漏风情况等。

（5）通风网路。包括中段通风网路、采场（区）通风网路、角联风路、循环风路等。

（6）井下有毒有害物质。了解在井下生产过程中产生有毒有害物质的主要设备、场所和可能产生的有毒有害物质名称。

10.2.2.3 测风点布置

测风点布置合理与否将直接关系到测定的成败，因此在测定前必须对通风系统进行周密的实地调查，全面掌握情况，才能达到合理布置测点的目的。布置测点时，为了保证测点处的风流稳定，测点应布置在前后断面形状变化不大或比较均匀的直巷，其长度为：在测点前约等于3倍巷道直径，在测点后约等于2倍巷道直径。同时，测点布置还应满足以下要求：

（1）必须控制所有的进风口所进入的风量，以便控制全矿总进风量；

（2）必须控制所有出风口的排风量，以便计算全矿总排风量；

（3）必须控制各中段所有进风点，以掌握中段风量分配情况；

（4）必须控制各中段内主要分风点的风量；

（5）必须控制各作业面（采场、掘进工作面）得到的新鲜风量，以掌握矿井主扇风量的利用和分配情况；

（6）必须控制全矿主要漏风点和循环风的风量情况。

10.2.3 测定方法

10.2.3.1 大气压力与温度的测定

大气压力 p 的测定一般采用空盒气压计在测点位置静置10min后直接读取。空气温度

t 一般由水银温度计读取，也可在空盒气压计上读取。由大气压力和空气温度近似计算出空气密度 ρ（精确计算见第 2 章），即

$$\rho_{测} = 3.458 \times 10^{-3} \times p/(273 + t) \tag{10-1}$$

式中 p ——大气压力，Pa；

t ——空气温度，℃。

10.2.3.2 风量测定与计算

通过某一巷道断面的风量为该断面平均风速与断面面积的乘积，即

$$Q = v \times S \tag{10-2}$$

式中 Q ——风量，m^3/s；

v ——测点实际风速，m/s；

S ——测点的断面积，m^2。

为了对测定结果进行统一比较，一般将实际风量换算成 $\rho_{测} = 1.2kg/m^3$ 状态下的标准风量，即

$$Q_{标} = Q_{测} \times \rho_{测} / \rho_{标} \tag{10-3}$$

式中 $Q_{测}$——测定的实际风量，m^3/s；

$\rho_{标}$——标准空气密度，$\rho_{标} = 1.2kg/m^3$；

$\rho_{测}$——测定的实际空气密度，kg/m^3。

10.2.3.3 井下空气质量的测定

井下空气质量测定包括 O_2、CO_2、SO_2、CO、H_2S、NO_2 含量，风源含尘量和其他有毒有害物质的含量。

其中 O_2、CO_2、SO_2、CO、H_2S、NO_2、放射性等可用仪器在现场直接测定；粉尘和其他有毒有害物质使用粉尘采样器和气体采样器采样，结合实验室仪器进行分析计算。

10.2.3.4 主扇装置性能测定与计算

主扇装置性能包括主扇风量、风压、主扇电动机功率和主扇效率的计算。

(1) 主扇风量的测定。主扇风量通常在风硐内预先选定的适当断面上进行测定。由于通过风硐的风量和风速较大，一般使用高速风表测定断面上的平均风速；或者将该断面分成若干等分，用皮托管、压差计和胶皮管测定每个等分中心的动压，然后将动压换算成相应的速度，即 $v = \sqrt{2H_v/\rho}$，再计算出若干个速度的算术平均值作为断面的平均风速。断面平均风速与风硐断面面积的乘积等于通过风硐的风量，也就是主扇的风量。

(2) 主扇风压的测定。主扇风压的测定通常也是在风硐内测定风速的断面上进行。先在该断面上设置皮托管，再用胶皮管将皮托管的静压端与安设在主扇房内的压差计连接起来，当胶皮管无堵塞和漏气时，即可在压差计上读数，此读数为风硐内该断面上的相对静压 $H_{扇}$。

(3) 主扇功率的测定。为了计算主扇效率，应将拖动主扇的电动机输入功率测定出来。三相交流电动机的功率通常采用钳形电流表和功率因素表进行测定，并按式（10-4）计算

$$N = \sqrt{3}\,UI\cos\varphi \tag{10-4}$$

式中 N ——电机输入功率，kW；

I——线电流，A；

U——线电压，kV；

$\cos\varphi$——电动机功率因素。

（4）单台主扇效率计算。主扇风量、风压、功率等数据测定计算出来后，按式（10-5）计算主扇效率

$$\eta_{扇} = \frac{QH}{1000N\eta_e\eta_d} \times 100\% \tag{10-5}$$

式中 $\eta_{扇}$——主扇效率；

Q——主扇风量，m^3；

H——主扇风压（若以主扇全压代入则得主扇全压效率；若以主扇静压代入则得主扇静压效率），Pa；

N——拖动主扇的电动机输入功率，kW；

η_e——拖动主扇的电动机的效率，参考表 10-1 取值；

η_d——电动机与主扇间的传动效率，直联取 100%，其他取 85%。

表 10-1 电动机效率选取参考表

电动机额定功率/kW	<50	50~100	>100
电动机效率/%	85	88	89

10.2.3.5 矿井自然风压测定

为了测定通风系统自然风压，以最低水平为基准面（线），将通风系统分为两个高度均为 Z 的空气柱，应在密度变化较大的地方，如井口、井底、倾斜巷道的上下端及风温变化较大和变坡的地方布置测点，并在较短的时间内测出各点风流的绝对静压力 p，干湿球温度 t_d、t_w，湿度 φ。两测点间高差不宜超过 100m（以 50m 为宜）。若各测点间高差相等，可用算术平均法求各点密度的平均值。

10.3 矿井通风阻力的测定

生产矿井应该定期进行通风阻力的测定，目的在于查明各段井巷上通风阻力的分布情况，并针对通风阻力较大的地点或区段采取降阻措施，改善矿井通风的状况，降低矿井主扇风机的电能消耗。此外，通过通风阻力测定计算出来的井巷摩擦阻力系数 α 和局部阻力系数 ξ，是进行风量调节或改造通风系统工作可靠的基础资料，也可供设计时参考和使用。

根据矿井通风的能量方程式可知，风流沿矿山井巷始末两个断面间为克服通风阻力而损失的能量等于这两断面间的绝对静压差、位能差、动压差三者之和。这个结论是进行矿井通道阻力测定的理论根据。

10.3.1 测定路线选择和测点布置

如果测定目的是了解通风系统的阻力分布，其测定路线必须选择通风系统的最大阻力路线，因为最大阻力路线决定通风系统的阻力。不过，当通风系统处于平衡状态下，从地

表入风口到地表排风口（中间不论经过哪些风路），风路的阻力总是一样大的。如果路线上有难以通过的巷道，可选择其并联分支进行测量。

如果测定目的是获得摩擦阻力系数和分支风阻，则应选择不同支护形式、不同类型的典型巷道，如平巷、竖井、工作面等进行测量。除此之外，还应该考虑选择风量较大、人员易于通过的井巷。测定的结果应能满足网路解算要求。

测点布置应考虑测点的压差不小于 10~20Pa，应尽量避免靠近井筒和风门，选择在风流比较稳定的巷道内。在进行井巷通风阻力系数测定时，要求测段内无风流汇合、分岔点，测点前后 3m 的地段内巷道支护完好，没有堆积物。

10.3.2 一段巷道的通风阻力 h_r 测算

矿井通风阻力测定的方法一般有以下三种：精密压差计和皮托管测定法、恒温压差计测定法、精密气压计测定法。

10.3.2.1 用精密压差计和皮托管的测定法

A 选择测定线路与布置测点

在选择测定路线之前，必须实地调查了解主要通风井巷和整个通风系统的实际情况，然后根据矿井通风系统图以及有关的阶段平面图，选取通风最困难的路线作为主要测定路线，并视具体情况选取若干条与之并联的路线作为辅助测定路线。测定路线选定后，应按下列原则布置测点：

（1）凡是主要风流分支或汇合的地点必须布置测点。当测点位于分支或汇合处的上风方向时，其间的距离应大于巷道宽度的 3~4 倍；当测点位于分支或汇合处的下风方向时，其间的距离应大于巷道宽度的 12~14 倍。

（2）凡是巷道断面或支护形式有明显改变的地点必须设置测点。

（3）在相互并联的几条巷道中，沿其中任何一条巷道测定阻力均可，但在其余巷道中也应布置风量测点，借以测出其中通风的风量。这样就可按相同的通风阻力和各自的风量求出各条风道的风阻。

（4）在测点的上风方向至少有 3m 长的巷道区段的支架良好，断面规整，无堆积物。

（5）测量相邻两测点的间距和各测点的断面积。在井下布置测点的过程中，各测点处要作出明显的标记，按顺序注明测点的编号；还应将相邻两个测点间的距离以及各测点的巷道断面量好，并记录在专用表格上。

B 人员分工与组织

为了保证测定结果的准确性，最好能在一个工作班内将测定工作进行完毕。测定小组通常由 6~7 人组成。若矿井范围很大，测定任务繁重时，可以组成几个测定小组同时进行测定工作。

C 测定仪表与工具准备

此法需要使用的仪表与工具有静压管或皮托管、精密压差计、胶皮管、三脚架、风表、秒表、干湿温度计、空盒气压计及卷尺等。所有仪表在使用前都必须经过检查和校正。此外，应备用专门的记录表格。

D 井下测定工作

井下测定时，仪表布置情况如图 10-1 所示。测定工作的步骤是：首先在测点 1 和测点 2 分别安设三脚架和静压管或皮托管；在测点 2 的下风侧 6~8m 处安置精密压差计，调整水平并将液面调到零位（或读取初读数）；利用打气筒将胶皮管内原有的空气压出以换进所测巷道的空气，然后利用胶皮管将压差计分别与两只静压管连接起来。当胶皮管无堵塞、无漏气时，便可在压差计上读数，同时测定两测点断面上的平均风速以及温度、湿度和气压，并将读数值记入专用表格内。以上测定工作完毕之后，将测点 1 的三脚架和静压管移到 3 点，测点 2 和测点 3 之间用同样的方法进行测定。这样依次测定下去，直到测完最后一个测点为止。

测定时的注意事项：胶皮管接头处连接要牢靠、严密、不可漏气；严防水和其他杂物进入胶皮管内；防止车辆和行人挤压或损坏胶皮管；当压差计液面上下波动厉害而使读数发生困难时，可在胶皮管内放上一个棉花球，以减小波动便于读数。

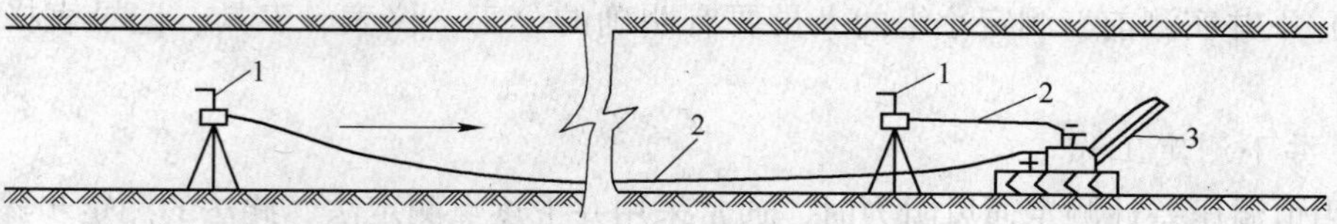

图 10-1　精密压差计和皮托管测压差

1—静压管；2—胶皮管；3—精密压差计

E　测定资料的计算和整理

相邻两个测点间的通风阻力按式（10-6）计算

$$h_{1-2} = Kh_r + \frac{1}{2}\rho_1 v_1^2 - \frac{1}{2}\rho_2 v_2^2 \tag{10-6}$$

式中　h_r——测定 1 与 2 两点时差计的读数值，Pa；

K——压差计校正系数；

$\frac{1}{2}\rho_1 v_1^2$——测点 1 所在的巷道断面上的平均动压，Pa；

$\frac{1}{2}\rho_2 v_2^2$——测点 2 所在的巷道断面上的平均动压，Pa。

最后将测定路线上各段风路的通风阻力 h_{1-2}、h_{2-3}、h_{3-4}…加起来，便可求得全矿的通风阻力值。为了便于比较，可根据全矿通风阻力值与全矿风量值计算出矿井总风阻或矿井等积孔。

根据测定记录与计算的结果，可在方格纸上以井巷的累计长度为横坐标，以通风阻力为纵坐标，将通风阻力的变化情况绘制成一条曲线，如图 10-2 所示。这样可以更加醒目地表明矿内通风阻力的变化情况。

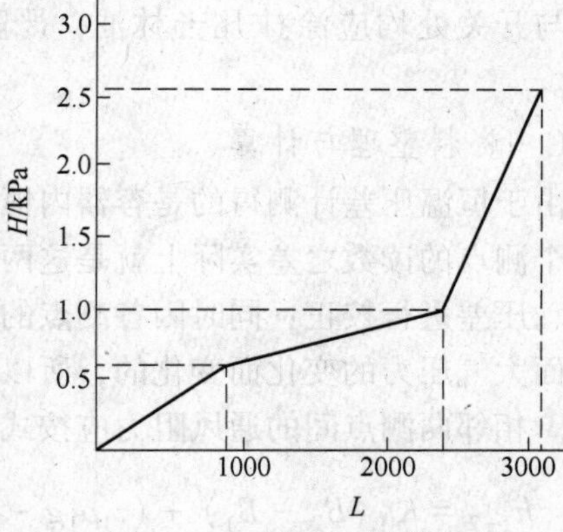

图 10-2　通风阻力沿程变化

H—通风阻力；L—距离

这种测定方法的优点是：测定结果的精确度较高，可以用来测定小区域的通风阻力，同时测定资料的整理和计算也比较简单，所以在我国金属矿山和煤矿中应用比较普遍；此测定法的缺点是：测定工作比较麻烦和复杂，特别是收放胶皮管的工作量很大，所需的测定时间较长，所需的测定人员也较多。因此，在矿井正常作业的条件下，尤其是在运输频繁的井巷中测定很困难，通常都是在矿山公休或假日停产条件下进行测定。

10.3.2.2 恒温压差计测定法

A 测定前的准备工作

(1) 选定测定路线与布置测点，与用压差计和皮托管的测定相同，只是在井下布置测定过程中，还要确定各个测点的标高。

(2) 测定仪表与工具准备。此法需要使用的仪表有恒温压差计、风表、秒表、干湿温度计和空盒气压计等；所有仪表在使用之前都要经过检查和校正。

(3) 下井实测前，测定小组的人员要有明确的分工，仪表、工具、记录表格应携带齐全。

B 井下测定工作

利用恒温压差计测定通风阻力时，通常采用井下逐点测定法。此法的测定步骤如下：

(1) 将恒温压差计置于测点1，并将其开关打开，仪器安放平直后关闭开关，待U形管内的油面稳定后，按油面位置读数，并记录读数的时间和读数值。一般读数三次，取其平均值（这就是基点的读数）。接着测定风速、空气温度和气压，并做好记录。

(2) 将恒温压差计置于测点2，仪器上的开关仍然关闭，待仪器安放平直且U形管内油面稳定后，分三次进行读数，并记录每次读数的时间和数值。接着测定风速、空气温度和气压，并做好记录。

(3) 这样按照测点路线，顺着风流方向，用同样的方法在测点3、测点4……继续进行下去，直到将最后一个测点测定完毕为止。

为了校正地面大气压力的变化对井下测定工作的影响，在地面还应安设一台恒温压差计，借以记录在整个井下测定过程中地面大气压力随时间变化的情况。一般每隔10~15min测定、记录一次该仪器油面的读数，直到整个井下测定工作进行完毕为止。

采用恒温压差计进行通风阻力测定时的主要注意事项有：保温瓶内装填的冰块不能过大，以15~20mm的粒度为宜；保温瓶的上口要用棉花和软木塞盖严；使用仪器之前每个接头与开关处均应涂抹凡士林油，严防漏气；测定过程中必须经常检查仪器开关的严密性。

C 资料整理与计算

由于恒温压差计测得的是容器内恒定的基点气压与各测点的绝对气压之差值，所以相邻两个测点的读数之差实际上就是这两个测点的绝对静压之差，故尚需用此两测点的位能差、动压差进行校正；同时因各测点的读数时间不同，而在不同时间内同一测点的气压是随地面大气压力的变化而变化的，所以还必须用地面大气压力在相应时间内的变化值加以校正。相邻两测点间的通风阻力应按式（10-7）计算：

$$h_{1-2} = K_{\mathrm{I}}(B_2 - B_1) + (z_1\rho_1 g - z_2\rho_2 g) + \left(\frac{1}{2}\rho_1 v_1^2 - \frac{1}{2}\rho_2 v_2^2\right) + K_{\mathrm{II}}(B_1' - B_2') \tag{10-7}$$

式中 h_{1-2}——测点1与测点2间的通风阻力，Pa；

K_{I}——用于井下测定的恒温压差计的校正系数；

K_{II}——用于地面记录大气压力变化的恒温压差计的校正系数；

B_1——测点1处恒温压差计的读数值；

B_2——测点2处恒温压差计的读数值；

z_1——测点1处的标高，m；

z_2——测点2处的标高，m；

ρ_1——测点1处的空气密度，kg/m^3；

ρ_2——测点2处的空气密度，kg/m^3；

B_1'——在测点读取B_1的同时，地面恒温压差计的读数值；

B_2'——在测点读取B_2的同时，地面恒温压差计的读数值；

v_1——测点1所在巷道断面上的平均风速，m/s；

v_2——测点2所在巷道断面上的平均风速，m/s；

g——重力加速度，m/s^2。

最后将所选择的测定路线上各段井巷的通风阻力h_{1-2}、h_{2-3}、h_{3-4}…相加，即得到全矿的通风阻力值。

恒温压差计测定法与用精密压差计和皮托管的测定法相比较，井下测定工作简单、方便，可大大缩短测定时间，适合于竖井、斜井和其他不便使用精密压差计和皮托管测定法时通风阻力的测定。若能改进仪器结构，提高测定结果的精确度，将会得到更加广泛的应用。

10.3.2.3 精密气压计测定法

适用于矿井通风阻力测定的精密气压计是一种直接指示绝对气压且读数精度较高的仪器，国内外都有生产。我国上海生产的YM型精密气压计的测量范围为81~105kPa，计数器的最小读数精度为1Pa。其测量精度较高，但量程较小，通常只能适用于深度不超过200m的矿井。

用精密气压计测定矿井通风阻力的方法、步骤，与用恒温压差计测定基本相同，两个测点间的通风阻力按式（10-8）计算

$$h_{1-2} = (p_1 - p_2) + (z_1\rho_1 g - z_2\rho_2 g) + \left(\frac{1}{2}\rho_1 v_1^2 - \frac{1}{2}\rho_2 v_2^2\right) + (p_2' - p_1') \tag{10-8}$$

式中 p_1——测点1处精密气压计的读数值，Pa；

p_2——测点2处精密气压计的读数值，Pa；

p_1'——在测点读取p_1的同时，地面精密气压计的读数，Pa；

p_2'——在测点读取p_2的同时，地面精密气压计的读数，Pa；

z_1、z_2、ρ_1、ρ_2、v_1、v_2、g意义同式（10-7）。

实践表明，由于恒温压差计的开关和软木塞难于保持高度的气密性，使得测定过程中容器难于保持恒定的温度，造成测定结果会产生较大的误差。而以测量绝对气压为目的的各种类型的精密气压计，从构造原理上消除了恒温压差计的这个缺点，而且具有较高的精度。如能研制出具有更大量程和更高精度的精密气压计，则在矿井通风阻力的测定中必将得到更加广泛的应用。

10.3.3 摩擦阻力系数 α 值测算

根据通风阻力定律，若已测得巷道的摩擦阻力 h_f、风量 Q 和该段巷道的几何参数，参阅第 4 章有关公式，即可求得巷道的摩擦阻力系数 α。一般用压差计法测定 R_f 和 α 值。现场测定时应注意以下几点：

（1）必须选择支护形式一致、巷道断面不变和方向不变（不存在局部阻力）的巷道。

（2）准确测算 R_f 和摩擦阻力系数 α 值的关键是要测准 h_f 和 Q 值。测定断面应选择在风流较稳定的区段。在局部阻力物前布置测点，距离不得小于巷宽的 3 倍；在局部阻力物后布置测点，不得小于巷宽的 8~12 倍。测段距离和风量均较大，压差不低于 20Pa。

（3）用风表测断面平均风速时应和测压同步进行，避免由于各种原因（风门开闭、车辆通过等）使测段风量变化产生的影响。

复习思考题

10-1 简述矿井通风系统测定与评价的基本步骤。

10-2 简述测定巷道通风阻力的方法和步骤。

10-3 如题图 10-1 所示，利用压差计测定巷道通风阻力。测点布置及距离如题图 10-1 所示。已知巷道断面相同 $S=10\text{m}^2$，周长 $P=13\text{m}$，风速 $v=4\text{m/s}$，平均气温 $t=10℃$，大气压力为 818.5mmHg。压差计读值 $\Delta h_{1-4}=11\text{mmH}_2\text{O}$，$\Delta h_{2-3}=0.6\text{mmH}_2\text{O}$，试求巷道的摩擦阻力系数和转弯处局部阻力系数。

10-4 已知某扇风机的静压特性曲线 1 及静压效率曲线 2 如题图 10-2 所示，扩散器排风口断面 $S=3\text{m}^2$，空气重率 $\gamma=1.2\text{kg/m}^3$。试求作该扇风机的全压特性曲线及全压效率曲线。

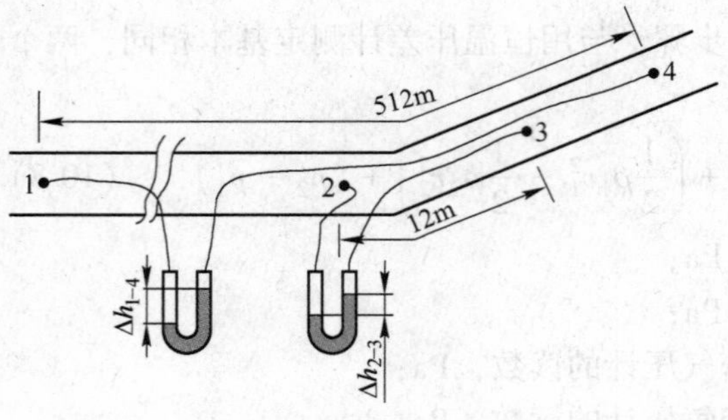

题图 10-1

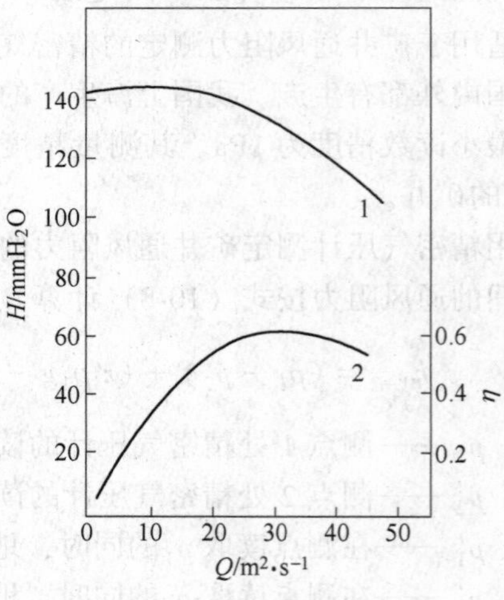

题图 10-2

11 矿尘防治

粉尘是危害井下工人的主要污染源。目前矿井粉尘污染的控制方法主要是依靠通风。

11.1 矿尘的产生、性质及危害

11.1.1 矿尘的产生

矿尘是矿山生产过程中所产生的矿石与岩石的微细颗粒，也叫做粉尘。悬浮于空气中的矿尘称为浮尘，已沉落的矿尘称为积尘，矿井防尘的主要对象是浮尘。表明矿尘产生状况的指标有：

（1）矿尘浓度。单位体积矿内空气中所含浮尘的数量称为矿尘浓度，其表示方法有两种：

1）质量法。每立方米空气中所含浮尘的质量，单位为 mg/m^3。

2）计数法。每立方厘米空气中所含浮尘的颗粒数，单位为粒/cm^3。

我国规定采用质量法来计量矿尘浓度。《工业企业设计卫生标准》对井下有人工作的地点和人行道的空气中粉尘（总粉尘、呼吸性粉尘）浓度标准作了明确规定，如表 11-1 所示，同时还规定了作业地点的粉尘浓度，井下每月测定 2 次，井上每月测定 1 次。

表 11-1 粉尘浓度标准

粉尘中游离 SiO_2 含量/%	最高容许浓度/$mg \cdot m^{-3}$	
	总粉尘	呼吸性粉尘
<5	20.0	6.0
5~10	10.0	3.5
10~25	6.0	2.5
25~50	4.0	1.5
≥50	2.0	1.0
<10 的水泥粉尘	6	

（2）产生强度。指生产过程中，单位时间进入矿内空气中的粉尘量，常用的单位为 mg/s。

（3）相对产尘强度。指每采掘 1t 或 $1m^3$ 矿岩所产生的矿尘量，常用的单位为 mg/t 或 mg/m^3。凿岩或井巷掘进工作面的相对产尘强度可按每钻进 1m 钻孔或掘进 1m 巷道计算。相对产尘强度使产尘量与生产强度联系起来，便于比较不同生产情况下的产尘量。

（4）矿尘沉积量。单位时间在巷道表面单位面积上所沉积的矿尘量，单位为 $g/(m^2 \cdot d)$。这一指标用来表示巷道中沉积粉尘的强度，是确定岩粉撒布周期的重要依据。

11.1.2 矿尘性质

11.1.2.1 矿尘的粒径

矿尘的粒径是表示单一矿尘颗粒大小的尺度，单位为 μm。由于矿尘形状不一，故需用代表粒径表示。由于我国矿山多用显微镜测定矿尘的粒径，所以采用定向粒径为代表粒径。按粒径矿尘可划分为粗尘、细尘、微尘和超微尘。矿尘粒径的大小直接影响其物理、化学性质。矿山防尘的重点是微尘。

11.1.2.2 矿尘的分散度

矿尘是由粒径不同的颗粒组成的群体，为表明其颗粒组成分布状况，采用分散度。分散度有两种表示方法。

（1）数量分散度。它以某一粒级范围的颗粒数占所计测颗粒总数的百分数表示，即

$$p_i = n_i / \sum_{i=1}^{k} n_i \times 100\% \tag{11-1}$$

式中 p_i——某粒级颗粒占总颗粒数的百分比，%；

n_i——在 $1m^3$ 空气中某粒级的颗粒数。

（2）质量分散度。它以某一粒级范围的尘粒质量占所计划测尘粒总质量的百分比表示，即

$$P_i = m_i / \sum_{i=1}^{k} m_i \times 100\% \tag{11-2}$$

式中 P_i——某粒级范围的尘粒质量占所计划测尘粒总质量的百分比，%；

m_i——某粒级的尘粒质量，mg/m^3。

对同一矿尘，其数量分散度与质量分散度相差很大，必须注明。我国现行的《作业场所空气中粉尘测定方法》规定采用数量分散度。

计测分散度粒级范围的划分应根据矿尘的情况确定。我国矿山一般可划分为四个粒级范围，即小于 2μm，2~5μm，5~10μm，大于 10μm。

矿尘的分散度因生产工艺、设备及防尘措施不同而差别很大。矿山在实行湿式作业情况下，矿尘分散度（数量）大致是：

小于 2μm	46.5%~60%
2~5μm	25.5%~35%
5~10μm	4%~11.5%
大于 10μm	2.5%~7%

一般情况下，5μm 以下尘粒占 90%以上说明矿尘危害性很大也难于沉降和捕获。

11.1.2.3 矿尘中游离 SiO_2 的含量

游离二氧化硅普遍存在于矿岩中，其含量对于硅肺病的发生和发展起着重要作用。一般来说，矿尘中游离 SiO_2 的含量越高，危害性越大。游离 SiO_2 是许多矿岩的组成成分，如矿井常见的页岩、砂岩、砾岩和石灰岩等中游离 SiO_2 的含量通常多在 20%~50%，煤尘中 SiO_2 的含量一般不超过 5%。

11.1.2.4 矿尘的密度

单位体积矿尘的质量称为矿尘密度，其单位为 kg/m^3 或 g/cm^3。用排除矿尘间空隙的

纯矿尘体积计量的称为真密度，用包括矿尘空隙在内的体积计量的称为假密度或堆积密度。真密度是一定的，假密度则与堆积状态有关。

矿尘密度对其在空气中的运动和沉降有很大影响。

11.1.2.5 矿尘的比表面积

矿尘的比表面积是指单位质量矿尘的总表面积，单位为 m^2/kg，或 cm^2/g。矿尘的比表面积与粒度成反比，粒度越小，比表面积越大，因而这两个指标都可以用来衡量矿尘颗粒的大小。比表面积增大，强化了表面活性，它对矿尘的湿润、凝聚、附着以及燃烧和爆炸等性质都有明显的影响。

矿岩破碎成微细的尘粒后，首先是其比表面积增加，其化学活性、溶解性和吸附能力明显增加；其次是更容易悬浮于空气中，表 11-2 所示为在静止空气中不同粒度的尘粒从 1m 高处降落到底板所需的时间；最后是粒度减小，容易进入人体呼吸系统。据研究，只有 5μm 以下粒径的矿尘才能进入人的肺内，是矿井防尘的重点对象。

表 11-2 尘粒沉降时间

粒度/μm	100	10	1	0.5	0.2
沉降时间/min	0.043	4.0	420	1320	5520

11.1.2.6 矿尘的湿润性

当水和矿尘接触时，如果水分子间的吸引力小于水与尘粒分子间的吸引力，则矿尘可被水湿润；反之，则不易被湿润。矿尘的湿润性是指矿尘与液体亲和的能力。湿润性决定了采用液体除尘的效果，容易被水湿润的矿尘称为亲水性矿尘，不容易被水湿润的矿尘称为疏水性矿尘。对于亲水性矿尘，当尘粒被湿润后，尘粒间相互凝聚，尘粒逐渐增大、增重，其沉降速度加速，矿尘能从气流中分离出来，可达到除尘目的。

11.1.2.7 矿尘的电性质

(1) 荷电性。矿尘是一种微小粒子，因空气的电离以及尘粒之间的碰撞、摩擦、放射性照射、电晕放电等原因作用，常使尘粒带有电荷。其电荷可能是正电荷，也可是负电荷。带有相同电荷的尘粒互相排斥，不易凝聚沉降；带有异电荷时，则相互吸引，加速沉降。电除尘器即是利用尘粒的荷电性而设计的。

(2) 电阻率。表面积为 $1cm^2$、高为 1cm 粉尘层的电阻，叫电阻率。它是评价粉尘导电性能的一个指标。

11.1.2.8 矿尘的光学特性

矿尘的光学特性包括矿尘对光的反射、吸收和透光强度等性能。在测尘技术中常常用到这一特性。

11.1.2.9 矿尘的爆炸性

有些矿尘（主要是煤尘和硫化矿尘）在空气中达到一定浓度时，受外界明火、电火花、高温等作用，能引起矿尘爆炸。煤尘的爆炸下限约为 $30g/m^3$；硫化矿尘的爆炸下限约为 $250g/m^3$。爆炸是急剧的氧化燃烧现象，会产生高温、高压，同时生成大量的有毒有害气体，对安全生产有极大的危害。

11.1.3 矿尘的危害

11.1.3.1 矿尘的危害性

矿尘的危害性是多方面的，主要表现在以下几个方面。

(1) 污染工作场所，危害人体健康，引起职业病。工人长期吸入矿尘后，轻者会患呼吸道炎症、皮肤病，重者会患尘肺病，而尘肺病引发的矿工致残和死亡人数在国内外都十分惊人。硫化矿尘落到人的皮肤上，有刺激作用，会引起皮肤发炎，它进入五官亦会引起炎症。有毒矿尘（铅、砷、汞）进入人体还会引起中毒。矿尘的最大危害是当人体长期吸入含有游离二氧化硅的矿尘时，会引起硅肺病，矿尘中游离二氧化硅含量越高，对人体危害越大。

(2) 某些矿尘（如煤尘、硫化矿尘）在一定条件下可以爆炸；某些粉尘因其氧化面积增加，在空气中达到一定浓度时有爆炸性；煤尘能够在完全没有瓦斯存在的情况下爆炸，对于瓦斯矿井，煤尘则有可能参与瓦斯同时爆炸。煤尘或瓦斯煤尘爆炸都将给矿山以突然性的袭击，酿成严重灾害。硫化矿尘爆炸的例子很少，产生爆炸大都在矿山有硫化矿石自燃的情况下。

(3) 加速机械磨损，缩短精密仪器使用寿命。随着矿山机械化、电气化、自动化程度的提高，由高浓度粉尘产生的机械磨损，对设备性能及其使用寿命的影响将会越来越突出，应引起高度的重视。

(4) 降低工作场所能见度，增加工伤事故的发生。在金属非金属矿井工作面打干钻和没有通风的情况下，粉尘浓度会高出允许浓度数百倍，并造成能见度下降。在煤矿某些综采工作面干割煤时，工作面煤尘浓度更是高达4000~8000mg/m^3，有的甚至更高，这种情况下，工作面能见度极低，往往会导致误操作，造成人员的意外伤亡。在无轨运输频繁的巷道，当巷道内干燥时，行车扬尘同样会降低巷道内的能见度，不仅影响行车效率，而且极易导致行车事故。

生产性粉尘的允许浓度，目前各国多以质量法表示，即规定每立方米空气中不超过若干毫克。我国规定，游离 SiO_2 含量在10%以上的粉尘，每立方米空气粉尘浓度不得超过2mg；一般粉尘不得超过10mg/m^3。

11.1.3.2 尘肺病

矿尘最普遍且严重的危害是能引起尘肺病，尘肺病是由于长期吸入矿尘而引起的以肺组织纤维化为主的职业病。几乎所有矿尘都能引起尘肺病，如硅（硅）肺病、石棉肺病、煤肺病、煤硅肺病等，以矽（硅）肺病最为普遍。影响硅肺病发生与发展的因素主要有：矿尘化学成分（游离二氧化硅含量）、粒径与分散度、浓度以及接触时间、劳动强度等。

尘粒在呼吸系统中的沉积可分为上呼吸道区、支气管区与肺泡区；能进入到肺泡区的粉尘称为呼吸性粉尘，危害性最大。呼吸性粉尘的粒径临界值及各粒径尘粒在肺内的沉积率各国尚未统一。1959年国际尘肺会议接受了英国医学研究会（BMRC）提出的呼吸性粉尘定义、肺内沉积率及临界值。它以空气动力径（密度为1g/cm^{3}球体的直径，当该球体与所论及尘粒在空气中具有相同的沉降速度）7.1μm为临界值。也有提出以10μm为临界值的，如美国政府工业卫生医师会议（ACGIH）（1968）。人体有良好的防御功能，吸入的粉尘一部分会随呼气排出，另一部分会被局噬细胞吞噬并运至支气管排出，只有少部分会沉积于肺泡中，在肺组织内形成纤维性病变和硅结节；随着病变逐步发展，肺组织部分地失去弹性，导致呼吸功能减退，出现咳嗽、气短、胸痛、无力等症状，严重时丧失劳动能力。根据病情，硅肺分为三期。硅肺病是一种慢性进行性疾病，发病工龄短者3~5a，长者在20~30a以上。发病率因条件不同，相差很大，作好防尘工作，改善劳动条件，可极大地减少发病率，延长发病工龄。

11.2 矿井防尘的一般措施

11.2.1 矿工硅肺的一般预防原则

通过近几十年的实践证明，硅肺的防治需采取综合措施，从组织管理、技术措施、个人防护和卫生保健等方面采取防范措施。

（1）积极贯彻党和国家发布的一系列防尘的规范和管理办法，改善劳动条件，切实保障职工的安全和健康，防止职业病的发生。

（2）要有计划地改善劳动条件，国家规定在设备更新、技术改造资金中安排一部分用于劳动保护措施的经费，不得挪作他用。

（3）防尘设施要与主体工程同时设计、同时施工、同时投产；劳动、卫生、环保等部门和工会组织要参加设计审查和竣工验收。

（4）有粉尘飞扬的作业，应尽可能采用湿式作业。

（5）加入有粉尘产生的物料时，必须搞好设备密闭、吸尘回收和物料输送机械化，防止粉尘与工人接触。

（6）粉尘作业要坚持轻倒、轻放、轻拌、轻筛、轻扫的“五轻”操作制度，并及时清扫积尘，消除二次污染源。

（7）密闭尘源。就是将产生粉尘的设备密闭起来，或者尽可能减少开口面积，以防粉尘外逋扩散。

（8）除尘器的集尘装置是通风系统的重要部分，必须定期清理，防止堵塞。

（9）防尘设施要加强管理，通风管道要经常维修，集尘装置要定期清理。

（10）加强尘毒监测，及时了解尘毒浓度的变化情况，鉴定防尘防毒措施的效果，以便采取相应的切实措施。

11.2.2 卫生保健措施

预防硅肺必须在组织领导下，通过发动群众，实施防尘技术措施，此外，还要采取必要的卫生保健措施，进一步保护工人身体健康。

（1）建立测尘制度，定期在各操作点或在不同工序中测定灰尘浓度，应对空气中灰尘没有达到标准的作业地带，继续努力改进。在测定空气中灰尘浓度的同时，有时还须进行分散度和游离二氧化硅含量的测定。

（2）就业前及定期健康检查。矿山企业应对准备参加硅尘作业的工人进行就业健康检查；未经就业健康检查和不满18岁的未成年工不得录用；在就业健康检查中发现有下列疾病患者，不得从事硅尘作业。

1）各型活动性肺结核。

2）活动性肺外结核，如肠结核、骨关节结核等。

3）严重的上呼吸道及支气管疾病，如萎缩性鼻炎、鼻腔肿瘤、支气管喘息、支气管扩张等。

4）显著影响肺功能的肺脏或胸膜病变，如肺硬化、肺气肿、严重的胸膜肥厚与粘连等。

5）心脏血管系统的疾病，如动脉硬化症、高血压、器质性心脏病等。

为了掌握硅尘作业工人的健康情况，早期发现硅肺患者，必须对从事硅尘作业的在职工人进行定期健康检查。检查的期限根据作业场所空气中灰尘浓度及游离二氧化硅的含量作出具体的规定，如粉尘浓度大、游离二氧化硅含量高、硅肺发展较快，且情况严重的应6~12月检查一次，可疑硅肺应每6个月检查一次。灰尘浓度大、游离二氧化硅含量低、硅肺发展慢、发病情况轻者，如陶瓷、铸造、硅酸盐作业等经常密切接触粉尘的工人，每12~24个月检查一次。如灰尘浓度已降至国家标准以下者，可每24~36个月检查一次，疑似硅肺每12个月检查一次。硅肺合并结核者，应3个月检查一次。在实际工作中鉴于有的耐火材料厂灰尘浓度与游离二氧化硅含量均较高，一年检查一次太长，应改为半年一次；对于可疑硅肺和晚发硅肺应追查8年以上。因此动态观察很重要。

11.2.3 防止硅尘危害的组织措施

硅肺防治工作是一项涉及多方面的系统工作，必须通过各项组织措施，充分发挥群众的积极性、创造性，及时总结先进经验，建立合理的规章制度，把硅肺防治工作经常放到议事日程上。对所存在的问题要及时讨论和解决，对防止硅尘危害的各项措施（如技术措施、工艺操作、管理制度等）要不断巩固和提高，这样，才能达到防治硅肺的效果。

11.3 矿井综合防尘措施

矿井或个别尘源不能靠单一的防尘措施达到合格的良好的劳动环境，地面、井下所有产生粉尘的作业，都应当采取综合防尘措施。这是我国多年防尘工作经济总结。综合防尘措施包括以下技术、组织与环境保健措施：（1）通风除尘；（2）湿式作业；（3）密闭和抽尘、净化空气；（4）改革生产工艺；（5）个体防护；（6）科学管理；（7）经常测尘，定期体检；（8）宣传教育。

我国许多矿山采取综合防尘措施，在防止硅肺病的发生和发展方面取得了良好的效果。

11.3.1 通风除尘

用通风方法稀释和排出矿内产生的粉尘是矿井防尘的基本措施。所有矿井均应采用机械通风，必须建立完善的通风系统。

11.3.2 密闭、抽尘、净化

矿内许多产尘地点（采掘工作面、溜矿井等）和产尘设备（如破碎机、输送机、装运机、掘进机、锚喷机等）产生量大且集中，采取密闭抽尘净化措施，就地控制矿尘，常是有效而经济的办法。密闭抽尘净化系统是由密闭吸尘罩、排尘风筒、除尘器和风机等部分组成。

11.3.2.1 密闭和吸尘罩

密闭和吸尘罩是限制矿尘飞扬扩散于周围空间的设备。

A 密闭罩

密闭罩将尘源完全包围起来，只留必要的操作口与检查孔。它分为局部密闭、整体密闭和密闭室三种形式。

为控制矿尘从罩内外逸，须从罩内抽出一定量的空气。抽风量主要包括两部分：罩内形成负压的风量和诱导空气量。

罩内形成负压的风量 Q_1 按式（11-3）计算

$$Q_1 = \sum Fv \tag{11-3}$$

式中 Q_1——罩内形成负压的风量，m^3/s；

$\sum F$——密闭罩孔隙面积总和，m^2；

v——通过孔隙的气流速度，m/s，一般取 1~3m/s，密闭容积小，产量大时，取大值。

诱导空气量（Q_2）。当物料由一定高度经溜槽下滑到密闭罩中时，将带来一定量空气进入罩中，称为诱导空气量。它与物料量、下落高度、粒度及溜槽的倾角、断面积、上下部密闭程度等因素有关。实用上，采用定型设备给出的设计参考数值，表 11-3 所示为带式输送机转载点密闭罩抽气量参考值，其中 Q_2 值对条件相近的溜槽（如破碎机）亦可参考使用。

表 11-3 带式输送机转载点抽气量

溜槽角度 /(°)	高差 /m	物料末速 /m·s^{-1}	不同胶带宽度（mm）下的抽风量/m^3·h^{-1}								
			500			1000			1400		
			Q_1	Q_2	Q_1+Q_2	Q_1	Q_2	Q_1+Q_2	Q_1	Q_2	Q_1+Q_2
45	1.0	2.1	50	750	800	200	1100	1300	400	1300	1700
	2.0	2.9	100	100	1100	400	1500	1900	750	1800	2550
	3.0	3.6	150	1300	1300	600	1800	2400	1100	2300	3400
	4.0	4.2	200	1500	1500	800	2100	2900	1500	2600	4100
	5.0	4.7	250	1700	1700	1000	2400	3400	1900	2900	4800
50	1.0	2.4	50	850	900	250	1200	1450	500	1500	2000
	2.0	3.3	150	1200	1350	500	170	2200	1000	2100	3100
	3.0	4.1	200	1400	1600	700	2100	2800	1500	2600	4100
	4.0	4.7	250	1700	1950	1000	2400	3400	1900	2900	4800
	5.0	5.3	300	2900	2200	1300	2700	4000	2500	3300	5800
60	1.0	3.3	150	1200	1350	500	1700	2200	1000	2100	3100
	2.0	4.6	250	1600	1850	950	2300	3250	1900	2900	4800
	3.0	5.6	350	2000	2350	1400	2800	4200	2800	3500	6300
	4.0	6.5	500	2300	2800	1900	3300	5200	3700	4100	7800
	5.0	7.3	600	2600	3200	2400	3700	6100	4700	4600	9300

密闭罩总抽风量根据式（11-4）计算

$$Q = Q_1 + Q_2 \tag{11-4}$$

B 外部吸尘罩

尘源位于吸尘罩口的外侧，靠吸入风速的作用吸捕矿尘。其抽风量般按式（11-5）计算

$$Q = (10x^2 + A)v_a \tag{11-5}$$

式中 Q——抽风量，m^3/s；

x——尘源距罩口的距离，m；

A——吸尘罩口面积，m^2；

v_a——吸捕矿尘的风速，其值与产生条件、环境风速等有关，矿内可取 1~2m/s；因罩口外的吸入风速随距离的平方而衰减，吸尘罩应尽量靠近尘源。

11.3.2.2 除尘器

从密闭罩中抽出的含尘空气，如不能经风筒将它立接排到回风道，则必须安设除尘器，将它净化到规定浓度，再排到巷道中。选择除尘器要考虑除尘效率、阻力、处理风量、占用空间和费用等。

矿内井巷空间有限，有些产尘设备经常移动，作业环境潮湿，净化后的空气要排到入风井巷，选用除尘器时要注意适用这些工作条件。干燥井巷可选用袋式过滤除尘器或电除尘器，潮湿井港多选用湿式过滤除尘器或湿式旋流除尘器。大型产尘设备可选用标准产品，也可根据尘源条件设计制作非标准简易除尘器。

11.3.2.3 矿井风源净化

入风井巷和采掘工作面的风源含尘量不得超过 0.5mg/m³；否则需要采取净化除尘措施。净化方法主要有喷雾水幕和湿式过滤除尘两种。水幕的净化效率较低，一般为 50%~60%，需进一步研究提高。

11.3.2.4 湿式过滤除尘

湿式过滤除尘是在巷道中安设化学纤维过滤层或金属网过滤层，连续不断地向过滤层喷雾，在过滤层中形成水膜、水珠，当含尘气流通过过滤层时，使粉尘被水膜、水珠捕获，并被过滤层内的下降水流清洗。为增加过滤面积，减小过滤风速，过滤层在巷道中可安装成 V 形。当过滤风速为 0.7~1.0m/s，阻力为 300~500Pa，喷水量为 3~5L/(m²·min)（按过滤面积计算）时，湿式过滤除尘的效率大于 90%。

湿式过滤除尘安装简便，净化效率较高，但在车辆通行的巷道需另设净化巷道，一般还需要设置净化通风辅扇。

11.3.3 湿式作业

湿式作业是矿山的基本防尘措施之一。它的作用是湿润抑制和捕集悬浮矿尘。属于前者的有湿式凿岩、水封爆破、作业点洗壁、喷雾洒水等，属于后者的有巷道水幕等。

（1）喷雾器。喷雾器是把水雾化成微细水滴的工具，也叫喷嘴。矿山应用较多的是涡流冲击式喷雾器和风水喷雾器。

1）涡流冲击式喷雾器。压力水通过喷雾器时产生旋转和冲击等作用，形成雾状水滴

喷射出去，适于向各尘源喷雾洒水和组成水幕。

2）风水喷雾器。风水喷雾器是借压气的作用，使压力水分散成雾状水滴。其特点是射程远、水雾细、速度高、扩张角小，但消耗压气，且耗水量大。风水喷雾器多用于掘进巷道、电耙巷道爆破后降尘。

（2）湿润剂。水的表面张力较大，而矿尘又有一定的疏水性，会影响水对矿尘的湿润。在水中加入表面活性物质构成的湿润剂可降低水的表面张力，提高湿润作用。对湿式凿岩，喷雾洒水等湿式作业的除尘效果，都有较明显的提高。

湿润剂使用时采用定量、连续、自动添加方法。在单一工作面可用计算泵直接注入供水管；全矿使用时，可加入集中储水池中。

（3）防尘供水。防尘供水应用集中供水方式，储水池容量不应小于每班的耗水量。水质要符合要求，水中固体悬浮物不大于 100 mg/L，pH 值为 6.5~8.5，对分散作业点和边远地段当耗水量小于 $10m^3/h$，可采用压气动力的移动式水箱供水。

11.3.4 凿岩防尘

凿岩产生的特点是长时间连续，而且大部分尘粒的粒径小于 5μm，是矿内微细矿尘的主要来源之一。凿岩产尘的来源有：（1）从钻孔逸出的矿尘；（2）从钻孔中逸出的岩浆为压气雾化形成的矿尘；（3）被压气吹扬的已沉降的矿尘。凿岩时影响微细粉尘产生量的因素有岩石硬度、钻头构造及钎头尖锐程度、孔底岩碴排出速度、钻孔深度、压气压力、凿岩方式等。

11.3.4.1 湿式凿岩

一切有条件的矿山都应采取湿式凿岩，并遵守湿式凿岩标准化的要求。

（1）中心供水凿岩。中心供水对水针及钎尾的规格要求比较严格，但加工制造简单，不易断钎，故大部分矿山都使用中心供水凿岩机。中心供水凿岩应遵守湿式凿岩标准化的要求。

1）冲洗水倒灌机膛。如果水压高于压气压力或水针不严，清洗水会倒入机腔，破坏机器的正常润滑，影响凿岩机工作，并且使钻孔中供水量减少，降低防尘效果。为此，要求水压要小于风压 0.05~0.1MPa。

2）冲洗水气化。由于水针不合格，破损、断裂，或插入钎层深度不够，接触不严，以及机件磨损等原因，使压气进入冲洗水中。一方面压气携带润滑油随冲洗水进入孔底，使矿尘吸附含油表面形成气膜或油膜，不易被水湿润；另一方面在冲洗水中形成大量气泡，矿尘附着于气泡而排出孔外，使防尘效果显著降低。因此，必须严格要求水针和钎尾的质量，并在凿岩机机头开池气孔，使压气在到达钎尾之前，由池气孔排出。

（2）旁侧供水凿岩。压力水从供水套与钎杆侧孔进入，经钎杆中心孔到达孔底。由于冲洗水不经机膛可避免中心供水存在的问题，提高除尘效率和凿岩速度。旁侧供水的缺点是容易断钎、胶圈容易磨损、漏水、换钎不方便等。

湿式凿岩的供水量对保证防尘效果是很重要的。水量不足则钻孔不能充满水，矿尘生成后可能接触空气而吸附气膜，或沿孔壁间空隙逸出。

凿岩机废气排出方向对岩浆雾化及吹扬沉积粉尘很有影响，应将废气导向背离工作面的方向。

11.3.4.2 干式凿岩捕尘

在不能采用湿式凿岩时，干式凿岩必须配有捕尘装置。捕尘方式有孔口捕尘和孔底捕尘两种。

孔口捕尘是不改变凿岩机结构，利用孔口捕尘罩捕集由钻孔排出的矿尘。

孔底捕尘是采用专用干式捕尘凿岩机，从孔底经钎杆中心孔将矿尘抽出，抽尘方式有中心抽尘和旁侧抽尘两种。

干式捕尘系统由吸尘器、除尘器和输尘管组成。吸尘器多用压气引射器，要求形成30～50kPa的负压。除尘器多采用简易袋式除尘器。选用涤纶绒布或针刺滤气毡作过滤材料，除尘效率在99%以上。捕尘管连接捕尘罩或钎杆以及吸尘器和除尘器，一般采用内径20mm左右内壁光滑的软管。

11.3.4.3 岩浆防护罩

为防止凿岩时，特别是上向凿岩时岩浆飞溅、雾化，可采用岩浆防护罩，岩浆防护率可达70%～90%，降尘效率为15%～45%。

11.3.5 爆破防尘

11.3.5.1 减少爆破产尘量

爆破前彻底清洗距工作面10m内的巷道周壁，防止爆破波扬起积尘，并使部分新产生的矿尘粘在湿润面上。

水封爆破的防尘效果已为国内外大量实践所证明。用水袋装满水代替炮泥作填塞物，只在孔口用炮泥或木楔填塞，防止水袋滑出。水袋用无毒、具有一定强度的塑料做成，直径比钻孔直径小1～4mm，长度为200～500mm。简易的水袋注水后扎口即可，自动封口式的专用水袋靠注水的压力将伸入到水袋内的注水管压紧自动封口。

根据实验资料，水封爆破较泥封爆破工作面的矿尘浓度可低40%～80%，对5μm以下粉尘的降尘效果很好；同时，对抑制有毒气体也有一定的作用，可使二氧化氮降低40%～60%，一氧化碳降低30%～60%。

11.3.5.2 喷雾洒水与通风

在炮烟抛掷区内设置水幕，同时利用风水喷雾器迎着炮烟抛掷方向喷射，形成水雾带，能有效降尘和控制矿尘扩散，并能降低氮氧化物的浓度。利用环隙式压气引射器，在其供风胶管上设风水混合器，使压气与水同时作用于引射器，既引射风流又形成水雾带，其作用范围为20～40m，可代替风水喷雾器，并能加强工作面通风。可利用爆破波、光电等作用自动启动喷雾装置，使爆破后立即喷雾。

爆破后的矿尘及炮烟的浓度都很高，必须立即通风排除烟尘。对下掘进巷道，多采用混合式局部通风系统，并保持规定的距离，增强对工作面的冲洗作用。矿尘和炮烟应直接排到回风道，如无条件，应安排好爆破时间，使炮烟通过的区域无人员工作，或采用局部净化措施。

11.3.6 装载及运输工作防尘

（1）装岩防尘。向矿岩堆喷雾洒水是防止粉尘飞扬的有效措施，但需用喷雾器分散成水雾连续或多层次反复喷雾，才能取得好的防尘效果。

装岩机、装运机工作时，对铲装与卸装两个产尘点都要进行喷雾。可将喷雾器悬挂在两帮，调整好喷雾方向与位置固定喷雾；亦可将喷雾器安设在装岩机上，并使其开关阀门与铲臂运动联动，对准铲斗，自动控制喷雾。

对于大型铲运机可设置密封净化驾驶室。

（2）带式输送机防尘。带式输送机装矿、卸矿和转载处，会散发出大量粉尘，是主要产尘点；同时，黏附在胶带上的粉尘，也会在回程中受震动下落并飞散到空气中。

在装卸或转载处设置倾斜导向板或溜槽，减少矿尘下落高度和降落速度，是减少产尘量的有效方法。

喷雾洒水是防止矿尘飞扬的有效措施，产尘量小的场所可单独使用。但喷水量过多时，容易导致皮带打滑。自动喷雾装置可在皮带空载或停转时自动停止喷雾。

密闭抽尘净化是带式输送机普遍采用的防尘措施。在许多情况下密闭全部胶带是不切实际的，一般只对机头与机尾进行密闭。密闭罩应结合实际设计，既要坚固、严密，又要便于拆卸、安装、不妨碍生产。密闭罩体积应尽量大些，抽风口要避开冲击气流，使粗尘粒能在罩内沉降，不致被抽走。

为防止黏附在胶带上的矿尘被带走并沿途飞扬，可在尾轮下部设刮片或刷子，将矿尘刷落于集尘箱中。

11.3.7 溜井防尘

11.3.7.1 *溜井卸矿口防尘*

向卸落矿石喷雾洒水，是简单经济的防尘措施。设计有车压、电动、气动等作用的自动喷雾装置可供选用。要注意，某些含泥量高、黏结性大的矿石，喷水后易造成溜井堵塞和黏结，对于干选、干磨的矿石，其含水量不宜超过5%。

溜井口密闭配合喷雾洒水，适于卸矿量不大、卸矿次数不频繁的溜井。矿山设计有多种密闭形式。

从溜井中抽出含尘空气，由井口向内漏风，以控制矿尘外逸的方法，适用于卸矿量大而频繁的溜井。一般设专用排尘巷道与溜井连通。吸风口多设在溜井上部，能减少粗粒矿尘吸入量。抽出的含尘气流如不能直接排到回风道，则需设除尘器，净化后排到巷道中去。

11.3.7.2 *溜井下部卸矿口防尘*

溜矿井，特别是多阶段溜井的高度较大，在下部放矿口能形成较高的冲击风速，带出大量粉尘，严重污染放矿硐室及其附近巷道。

考虑到防尘的要求，在溜井设计时，尽量避免采用多阶段共用的长溜井；如必须采用，最好各阶段溜井错开一段水平距离。使上阶段卸落的矿石通过一段斜坡道溜入下阶段溜井，以减小矿石的下落速度。

溜井断面不宜太小，特别是高溜井，要适当加大。溜井的位置应设在离开主要入风巷道的绕道中，并有一定的距离，以减缓含尘冲击气浪的直接污染。

控制一次卸矿量，延长卸矿时间，保持储矿高度，都可以减少冲击风量。在卸矿道上加设铁链子、胶带帘子等，将一次下落的矿石分散开来也有一定效果。

溜井口密闭是减少冲击风量的有效措施，并可为抽尘净化创造条件。

溜井抽尘是从溜井中抽出一定的空气量，使溜井处于负压状态，防止冲击风流外逸。溜井抽尘必须与井口密闭相配合，使抽出的风量大于冲击风量，才能取得良好效果。当抽风口设于溜井上部时，施工方便；设于溜井下部时，有利于控制冲击风流，但容易抽出粗粒粉尘，磨损风机。抽出的含尘气流如不能直接排到回风道中，需安装除尘器。

红透山铜矿使主溜井上口与地表连通，在地表设排尘风机，直接抽出溜井的空气，并配合井口密闭和溜井绕道风门，对防止冲击风流取得了较好的效果。

不能完全防止冲击风流时，应对放矿硐室采取抽尘净化措施，对控制污染有良好的作用。

11.3.8 破碎硐室防尘

井下破碎硐室必须建立良好的通风换气系统，对破碎机系统要采取有效的密闭防尘措施。

井下多用颚式破碎机。要把溜槽、破碎机机体及矿石通道全部密闭起来，只留必要的观察和检修口。密闭抽风量可按所有孔隙吸入风速为2~3m/s计算。含尘风流最好直接排至回风井巷或地表；如不能时，应采用除尘器净化。

11.3.9 锚喷支护防尘

锚喷支护防尘的基本措施如下。

(1) 改干料为潮料。要求含水率为5%~7%，可使备料、运料、卸料和上料各工序的粉尘浓度明显降低，喷射时的粉尘浓度和回弹率也降低。

(2) 改进喷嘴结构。采用双水环或三水环供水方式，使喷射物料充分润湿，能收到良好的防尘效果。

(3) 低风压近距离喷射。试验表明，产尘量及回弹率都随喷射气压和喷射距离的增加而增加，应采用低气压（118~147kPa）和近距离（0.4~0.8m）喷射。

(4) 局部除尘净化。对作业中的上料、拌料和喷射机的上料口与排气口都应采取局部密闭抽尘净化系统，控制粉尘飞扬扩散。

(5) 加强通风。对锚喷作业巷道或硐室，要加强通风，稀释和排出粉尘。

11.3.10 应用化学抑尘新方法

化学抑尘是有效防治粉尘污染的新方法。按照抑尘机理分类，化学抑尘剂可以分为粉生湿润剂、黏结剂和凝聚剂三大类。矿井主要的抑尘剂为湿润剂，湿润剂用于提高水对粉尘的湿润能力和抑尘效果，特别适合于疏水性的呼吸性粉尘。组成抑尘剂的各种化学材料很多。湿润剂主要由表面活性剂和某些无机盐、卤化物组成，其中硫化物或盐作为电解质可提高表面活性剂的作用效果和控制水中的有害离子。在组成湿润剂的表面活性剂中，大约56%的表面活性剂为非离子型，35%为阴离子型。

11.4 测尘技术

矿山要经常进行测尘工作，以便及时了解作业场所的矿尘状况，监测与评价劳动卫生条件，检查通风防尘措施的效果，为研究进防尘技术提供数据。矿山测定项目主要有矿尘浓度、分散度和游离二氧化硅含量。

11.4.1 粉尘质量浓度测定方法

(1) 原理。采集一定体积的含尘空气，使之通过粉尘捕集装置，由捕集装置捕集的粉尘质量计算出单位体积空气中粉尘的质量浓度（mg/m^3）。

(2) 测定方法的种类。按照采集的粉尘粒径范围和采样持续时间等因素，其测定方法可分为以下几种：

(1) 总粉尘浓度测定方法：定点短时间测定方法、定点工班测定方法。

(2) 呼吸性粉尘浓度测定方法：定点短时间测定方法、工班测定方法（定点工班测定方法、个体工班测定方法）。

近10多年来，煤炭、冶金、化工等系统的矿山企业逐步推行个体工班呼吸性粉尘测定方法。该方法的步骤是：根据接尘工人的劳动强度、接尘浓度、粉尘游离二氧化硅含量、作业时间等接尘特征，将矿山企业的接尘工人划分为若干个接尘工人群，从每个接尘工人群中选出3~5名工人作为采样人员，佩戴个体呼吸性粉尘采样器，边作业边采样，采样持续时间为一个工班，每季度采样一次，然后将样品传递给粉尘监测分析机构进行呼吸性粉尘浓度和粉尘游离二氧化硅含量测定分析，对照呼吸性粉尘浓度管理标准划分每个接尘工人群和整个矿山企业的呼吸粉尘危害程度级别。

11.4.2 粉尘分散度测定方法

粉尘分散度的测定方法和仪器类别很多，按测定原理分有筛分法、显微镜法、沉降法、细孔通过法等。测定数量分散度常用显微镜法，质量分散度常用沉降法。目前矿山普遍采用的是显微镜观测法，现介绍如下。

11.4.2.1 样品制备

(1) 滤膜图片法。利用滤膜可溶于有机溶剂而矿尘不溶的原理，将采样后的滤膜按均分法取有代表性的一部分放于瓷坩埚（或其他器皿）中，加1~2mL醋酸丁酯溶剂，使之溶解并充分搅拌制成均匀的悬浮液，取一滴加于载物玻璃片的一端，再用玻璃片推片，1min后形成透明薄膜，即为样品。如尘粒过于密集，可再加入适量的增溶剂，重作样品。

(2) 滤膜透明法。将采样后滤膜受尘面向下，铺于载物玻璃片上，在中心部位滴一小滴二甲苯（或醋酸丁酯），溶剂向周围扩散并使滤膜溶液形成透明薄膜，即为样品。滤膜上积尘过多时不便观测。

11.4.2.2 观测

(1) 显微镜放大倍数的选择。一般选取物镜放大倍数为40倍，目镜放大倍数为10~15倍，总放大倍数为400~600倍，也可用更高些放大倍数。

(2) 目镜测微尺的标定。目镜测微尺是测量尘粒大小的尺度，置于目镜镜筒中。图11-1所示是常用的一种形式，它每一分格所度量尺寸的大小与显微镜的目镜与物镜放大倍数有关，使用前必须用标准尺（物镜测微尺）标定。

物镜测微尺是一标准尺度，图11-2所示的每一小刻度为10μm。

标定时，将物镜测微尺放在显微镜载物台上，选定目镜并装好目镜测微尺。先用低倍

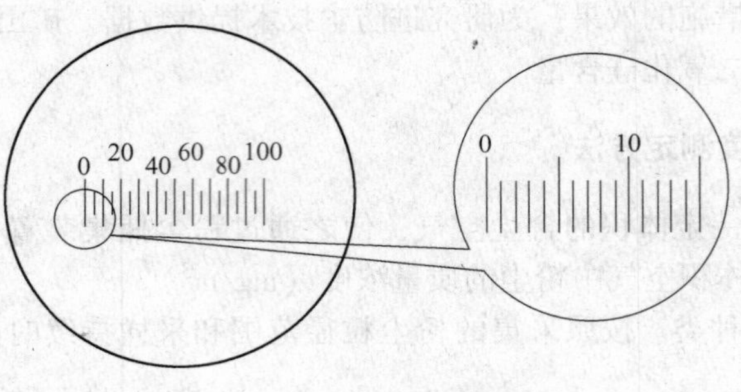

图 11-1　目镜测微尺

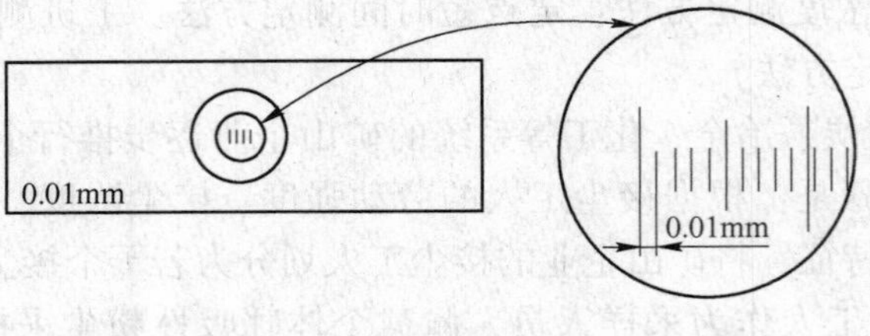

图 11-2　物镜测微尺

物镜找到物镜测微尺刻度线并调到视野中心，然后换为选用倍数的物镜，调整焦距（先将物镜调至低处，注意不使碰到测微尺，然后目视目镜，缓慢向上调整），直到刻度清晰。再调整载物台，使物镜测微尺的一个刻度线与目镜测微尺的一个刻度线对齐，同时找出另一相互重合的刻度线，分别数出该区间两个尺的刻度线，即可算出目镜测微尺一个刻度的度量尺寸。如图 11-3 所示，两尺的 0 线对齐，另一重合线为目镜测微尺的 32 格与物镜测微尺的 14 格，则目镜测微尺每一刻度所度量的长度为

$$\frac{14 \times 10}{32} = 4.4\mu m$$

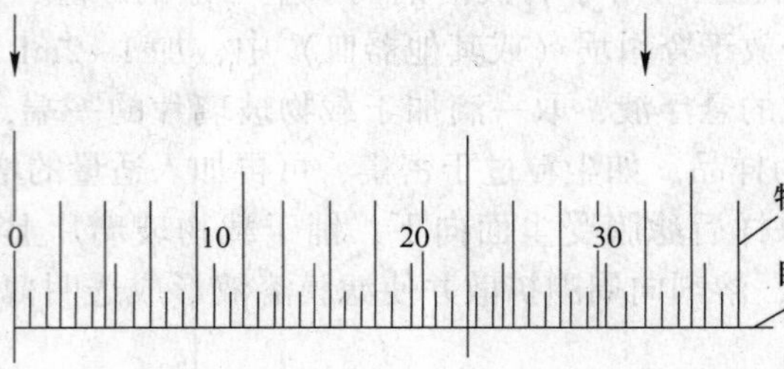

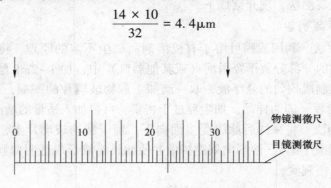

图 11-3　目镜测微尺标定示意图

（3）测定。取下物镜测微尺，将样品放在显微镜载物台上，选定目镜和物镜，调好焦距，用目镜测微尺度量尘粒尺寸并记数，如图 11-4 所示。观测时，首先根据矿尘粒径分布状况及测定要求，划定计测粒径的区间。矿山一般是划分四个粒径计测区间：小于 2μm；2~5μm；5~10μm；大于 10μm。测定尘粒的投影定向粒径，常用的观测方法有二：一是在一固定视野范围内，计测所有所有尘粒；二是以目镜测微尺的刻度尺寸为基准，向一个方向移动粉尘样品，计测所有通过刻度尺范围内的尘粒。观测时对尘粒不应有所选

择，每次需计测 200 粒以上，至少测两次。计数时，最好用分挡计数器（如血球分类计数器）分挡计数、统计。

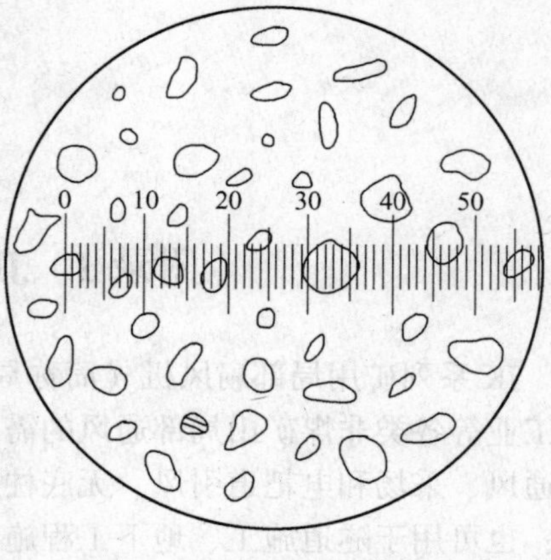

图 11-4　分散度测定示意图

11.4.3　游离二氧化硅含量测定方法

测定粉尘中游离二氧化硅含量的方法有化学法（如焦磷酸质量法、碱熔钼蓝比色法等）和物理法（如 X 射线衍射法、红外分光光度法等）两类。目前，矿山普遍采用的是焦磷酸质量法，其测定原理是，取一定量（0.1～0.2g）的粉尘样品，经焦磷酸在 245～250℃ 处理，则粉尘中的硅酸盐及金属氧化物等能完全溶解，而游离二氧化硅则几乎不溶，称量处理后的残渣质量，即可算出游离二氧化硅含量，以质量百分数表示。焦磷酸质量法适用于大多数矿尘，但焦磷酸不能溶解少数矿物，如绿柱石、黄玉、碳化硅、硅藻土等。对含有焦磷酸不能溶解物质的矿尘，可对焦磷酸处理后的残渣（包括游离二氧化硅和未溶物质）再用氢氟酸处理，使残渣中的游离二氧化硅溶解，再称量残渣的质量，可求出游离二氧化硅含量。焦磷酸质量法适用范围广、可靠性较好，但分析程序复杂，需要一定的熟练技术。矿尘中游离二氧化硅含量，一般每年测定一次；如需要测定的样品较少，可委托专业机构测定。

复习思考题

11-1 常用含尘量的计量指标有哪些？

11-2 何谓粉尘的荷电性、可湿性？这些性质对除尘有何指导意义？

11-3 综合防尘措施的主要内容有哪些？

11-4 说明爆破防尘的具体方法。

11-5 简述粉尘分散度和游离二氧化硅含量的测定方法。

附 录

附录 1 JK 系列矿用局部扇风机

JK 系列矿用局部扇风机（简称局扇）是根据钢铁、有色金属、黄金、化工、建材和核工业等各类非煤矿山局部通风的需要设计的。该系列局扇适用于各种规格断面的井巷掘进通风、采场和电耙道引风、无底柱分段采矿法进路通风、其他局部通风以及某些辅助通风；也可用于隧道施工、地下工程施工等需要用风筒通风的场合通风。

JK 系列局扇的设计，综合考虑了各类局部通风作业面所需的排尘排烟风量、风筒送风距离、常用风筒规格、风阻值，以及矿井内的使用条件等。JK 系列局扇分为单级工作轮 JK-1No.（见附图 1-1）、双级工作轮 JK-2No.（见附图 1-2）和对旋运转 DJK 等三类。JK40 系列局扇（带前后消声器）的机构如附图 1-3 所示，DJK 系列对旋局扇（带前后消声器）的结构如附图 1-4 所示。JK 系列局扇的主要技术参数如附表 1-1 所示。其中 JK40 系列局扇和 DJK50 系列对旋局扇可以直接安装在巷道底板上，也可以悬挂安装在巷道的帮壁上或顶板下。

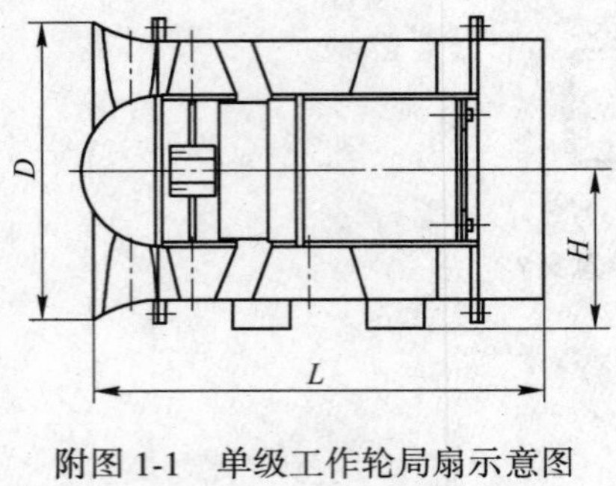

附图 1-1 单级工作轮局扇示意图

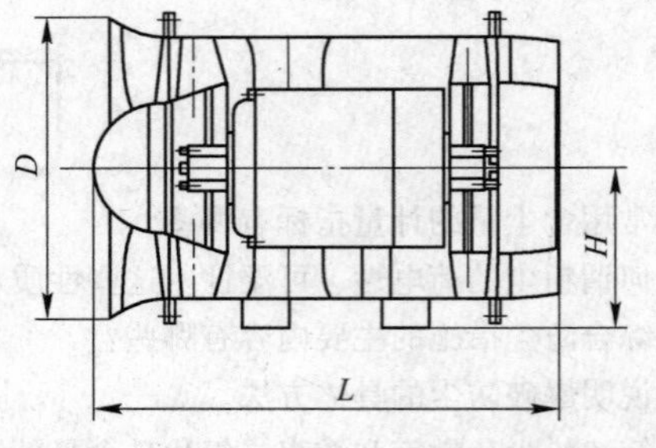

附图 1-2 双级工作轮局扇示意图

JK 系列局扇的系列和机号（型号）表示方法如下：

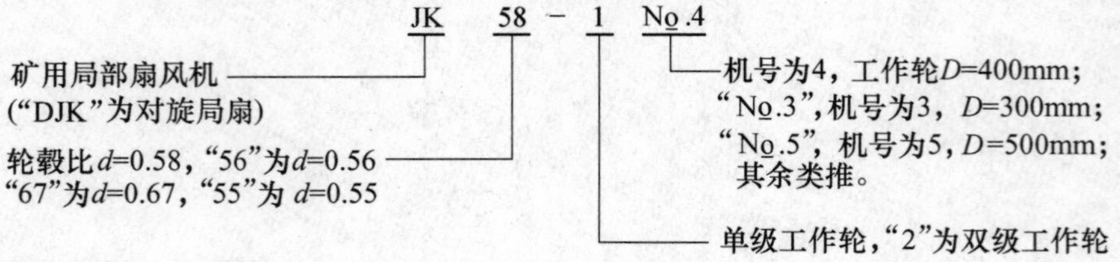

JK 系列局扇具有以下特点：

（1）运转效率高。单级和双级工作轮最高全压效率分别为 92% 和 83%，对旋型最高全压效率为 85%，比原 JF 系列局扇提高 20%~30%，具有明显的节电效果。

（2）规格齐全，适应性强。局扇的风量和全压的值有各种不同的组合，送风距离从 80m 到 600m 不等（串联运用送风距离可达 1200m 以上）。

(3) 体积较小，重量较轻，移动灵活方便。在其性能与JF系列局扇基本相同时，体积减小20%～30%，重量减轻20%～30%。

(4) 噪声较低。在空旷场合实测1No. 局扇的噪声不超过86dB (A)。

JK系列局扇的电机均为2极，其转速为2860～2930r/min。

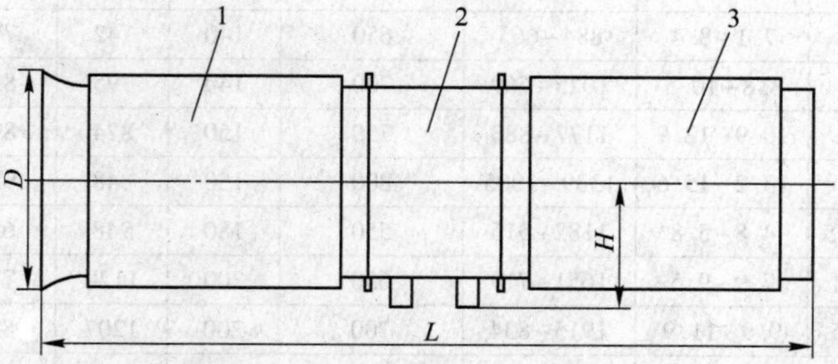

附图1-3　JK40系列局扇（带消声器）示意图

1—前消声器；2—主机；3—后消声器

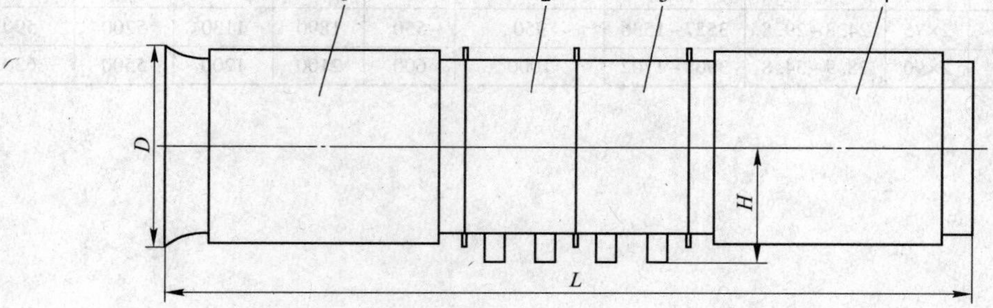

附图1-4　DJK50系列对旋局扇（带消声器）示意图

1—前消声器；2—Ⅰ级主机；3—Ⅱ级主机；4—后消声器

附表1-1　JK系列矿用局扇主要技术参数

局扇型号	电机功率/kW	风量/$m^3 \cdot s^{-1}$	全压/Pa	最小风筒直径/mm	送风距离/m	重量/kg	外形尺寸/mm		
							D	*L*	*H*
JK58-1No. 3	1.5	0.9～1.4	928～575	300	80	51	390	486	230
JK58-1No. 3.5	3	1.5～2.4	1263～752	350	150	74	450	562	260
JK58-1No. 4	5.5	2.2～3.5	1648～1020	400	200	115	520	649	290
JK58-1No. 4.5	11	3.1～5.0	2093～1295	450	300	135	585	728	320
JK58-2No. 4	11	2.2～3.5	2923～1811	400	400	130	520	877	290
JK55-2No. 4.5	11	3.0～5.2	2276～1275	450	300	140	543	704	375
JK55-1No. 5	11	4.2～6.6	1726～1324	450	200	135	600	535	400
JK56-1No. 3.15	2.2	1.4～2.1	853～588	300	80	53	374	634	193
JK56-1No. 4	4	2.1～3.4	1275～981	400	150	96	477	682	240
JK67-1No. 4.5	7.5	2.6～4.2	2256～1177	400	250	145	540	760	270
JK67-2No. 4.5	11	2.8～4.3	3237～1471	400	400	195	540	860	270

续附表 1-1

局扇型号	电机功率/kW	风量/$m^3 \cdot s^{-1}$	全压/Pa	最小风筒直径/mm	送风距离/m	重量/kg	外形尺寸/mm		
							D	*L*	*H*
BJK67-1No. 5. 25	28	4. 0~6. 3	3776~2648	500	600	420	620	1364	310
JK40-1No. 5. 5	5. 5	4. 3~5. 1	533~475	550	120	720	653	3800	336
JK40-1No. 6. 5	11	7. 1~8. 4	884~663	650	140	742	772	3800	396
JK40-1No. 7	15	8. 8~10. 5	1025~769	700	140	795	830	4100	425
JK40-1No. 7. 5	22	10. 9~12. 9	1177~883	750	150	824	890	4100	455
JK40-1No. 8	30	13. 2~15. 6	1339~1005	800	150	848	950	4350	485
DJK50-No. 5. 5	2×5. 5	4. 8~5. 8	1182~515	550	180	948	653	3800	336
DJK50-No. 6. 5	2×11	7. 9~9. 5	1651~719	650	200	1120	772	3800	396
DJK50-No. 7	2×15	9. 9~11. 9	1915~834	700	200	1207	830	4100	425
DJK50-No. 7. 5	2×22	12. 2~14. 6	2198~957	750	220	1293	890	4100	455
DJK50-No. 8	2×30	14. 8~17. 8	2501~1089	800	220	1340	950	4350	485
DJK50-No. 8. 5	2×45	17. 8~21. 4	2823~1230	850	450	1520	1010	4660	530
DJK50-No. 9	2×55	21. 1~25. 3	3165~1378	900	500	1700	1070	4900	560
DJK50-No. 9. 5	2×75	24. 8~29. 8	3527~1536	950	550	1890	1130	5200	590
DJK50-No. 10	2×90	28. 9~34. 8	3908~1702	1000	600	2100	1200	5500	630

附录 2　新型 K、DK 系列矿用节能通风机

新型 K、DK 系列矿用节能轴流通风机，是在原 K 系列矿用节能风机的基础上，通过技术改进、完善结构、提高效率和扩大机号而设计成功的。该系列风机运转效率更高、噪声更低、性能范围更大，与矿山通风网路匹配效果更好，因此节电效果更为显著。

为扩大该系列风机的性能覆盖范围，满足各类大、中、小型金属矿山的通风需要，采用 0.40、0.45 和 0.62 三种基本轮毂比，单机和对旋两种结构类型（即分为 K 和 DK 两种），K 系列分别采用 4、6、8 极电机，为三种转速，DK 系列分别采用 4、6、8、10 和 12 极电机，为五种转速，总共可组成 700 个规格型号，加上轮毂可在 0.40~0.62 之间连续变化，总共可组成 16000 个规格型号，形成了一个庞大的风机系列群。

（1）该系列风机具有如下技术特点：

1）采用全三维弯掠气动设计技术，利用计算机解算重心积迭式掠向弯曲叶型，采用目前最先进的 C-4-Ⅱ机翼型叶型参数设计出“全三元流”理论叶片，因此气动效率高，这是风机节能的前提与基础。

2）性能范围宽广，规格型号齐全，能够与各种阻力和风量类型的矿山通风网路很好匹配，可保持长期高效运转，实际节能效果极为显著。

3）设有稳流环防喘振装置，特性曲线无驼峰，没有喘振危险，在任何阻力状态下均可安全稳定运转，特别适于多风机联合运转。

4）采用电动机与叶轮直联的最简结构，整体稳定性好，安装方便，维修容易，装置局阻低，比皮带和长轴的传动效率高，没有传动故障，没有断轴危险，轻度地基下沉和滑移不影响正常运转。

5）结构紧凑，防潮性能好。风机主体采用钢板、型钢组焊结构，叶片为中空钢板材料，叶柄采用中碳合金钢调质热处理，叶片及整体强度高，抗井下爆破冲击波的能力强，可安装在地表，也适合安装于井下，特别适于作为多级机站通风系统的机站风机。

6）可直接反转反风，反风率大于 60%，不需要修筑反风道。叶片安装角可调，可根据矿井生产的变化随时调节风机工况。

7）运行噪声较低，如有特殊要求时，可配带阻抗性消声器，进一步降低运行噪声。

（2）该系列风机结构具有如下特点：

1）K 系列矿用节能轴流通风机采用直联型结构，通风机主机体采用钢板、型钢组焊而成，电机和叶轮放置其中，结构紧凑，整体稳定性好。主机体设有稳流环装置，使风机的特性曲线无驼峰，避免喘振危险。风机由集流器、主机、扩散器、扩散塔（有时需要扩散塔）等四部分组成。风机安装在地表作抽出式通风时，尚需增加前预埋筒与回风硐连接。

2）DK 系列矿用节能轴流通风机为Ⅰ、Ⅱ两级叶轮靠近安装在Ⅰ、Ⅱ两级电动机上，形成互为反向旋转的对旋式结构。风机由集流器、Ⅰ级主机、Ⅱ级主机、扩散器、扩散塔（有时需要扩散塔）等五部分组成。

3）K、DK 系列风机 No. 12 型及 No. 12 型以下的主机采用整体式结构。No. 12 型及 No. 12 型以上的主机全部为上下对开式结构，即将主机壳水平解体，在主机壳水平解体缝

上下焊接水平法兰，水平法兰之间采用密封胶垫，以达到严密的密封效果。

4）K、DK 系列矿用节能轴流通风机作为主扇和机站风机时，一般应配带专用扩散器。地表主扇配带扩散器可将部分动压转化为静压，降低出口动压损失，以达到节能的目的。安装于井下的风机配带扩散器，既可降低局阻系数，又可降低扩散器出口动压值，从而可大幅降低风机装置的局部阻力，节省通风电耗。K、DK 系列矿用节能轴流通风机均有专用配套扩散器。扩散器入口法兰与风机出口法兰采用螺栓连接。

（3）风机的反风

1）K 系列矿用轴流通风机的启动方式为通过电控柜直接或降压启动；当风机需要反风时，首先使风机断电，其次通过电控柜或刹车装置使风机立即停转，之后反向启动风机，以此使风机的风流方向反向。

2）DK 系列矿用轴流通风机Ⅰ、Ⅱ两级风机的叶片安装角互为反向，两级叶轮的旋转方向相反。启动方式一般为先启动第Ⅰ级主机，待其达到额定转速后再启动第Ⅱ级主机；当风机需要反风时，首先使两级主机同时断电，其次通过电控柜或刹车装置使第Ⅱ级主机叶轮立即停转，之后反向启动第Ⅱ级主机，待其达到额定转速后用同样的方法再反向启动第Ⅰ级风机，以此使风机的风流方向反向。

（4）系列矿用节能风机的型号表示方法

新型 K、DK 系列矿用节能风机的型号表示方法（举例）如下：

K - 8 - No.25/250
- 装机功率为250kW
- 机号为25，即叶轮直径的分米数
- 配用8极电机，转速n=730r/min
- 矿用通风机

D K - 8 - No.28 / 2×450
- 装机功率为单级450kW
- 机号为28，即叶轮直径的分米数
- 配用8极电机，转速n=730r/min
- 矿用通风机
- 对旋式

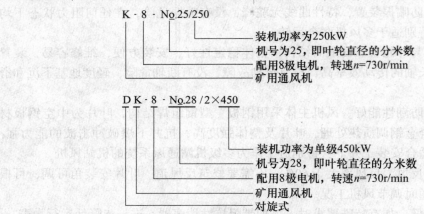

新型 K 系列和 DK 系列风机性能范围和主要技术参数分别如附表 2-1 和附表 2-2 所示。表中所列参考重量为包括电动机和扩散器的整机重量。表中所列各规格风机配用电动机的功率，是按风机的最大一个安装角的功率最高的工况点确定的。如果用户不需要用最大一个安装角，则应根据在风机的服务年限内实际功耗最高的工况点计算配用电动机功率。

K 系列和 DK 系列轴流式通风机结构示意图分别如附图 2-1 和附图 2-2 所示。

附表 2-1　K 系列风机规格与技术参数

系　列	机号	风量/$m^3 \cdot s^{-1}$	全压/Pa	功率/kW	电动机型号	全压效率/%	参考重量/kg
K-4-No. （n=1450r/min） （轮毂比 ν=0.40） （叶片数 Z=8）	8	4.4~9.5	108~497	5.5	Y132S-4	≥95	508
	9	6.2~13.5	136~629	11	Y160M-4	≥95	682
	10	8.5~18.6	168~776	15	Y160L-4	≥95	1015

续附表 2-1

系　列	机号	风量/$m^3 \cdot s^{-1}$	全压/Pa	功率/kW	电动机型号	全压效率/%	参考重量/kg
K-4-No.（n=1450r/min）（轮毂比 ν=0.40）（叶片数 Z=8）	11	11.3~24.7	203~939	30	Y200L-4	≥95	1308
	12	14.7~32.1	242~1118	37	Y225S-4	≥95	1563
	13	18.7~40.8	284~1312	55	Y250M-4	≥95	1890
	14	23.4~50.9	329~1521	90	Y280M-4	≥95	2365
	15	28.7~62.6	378~1746	110	Y315-4	≥95	3528
K-6-No.（n=980 r/min）（轮毂比 ν=0.40）（叶片数 Z=8）	7	2.0~4.3	38~174	1.1	Y90L-6	≥95	350
	8	3.0~6.4	49~227	2.2	Y112M-6	≥95	468
	9	4.2~9.1	62~287	3	Y132S-6	≥95	603
	10	5.8~12.5	77~355	5.5	Y132M-6	≥95	924
	11	7.7~16.7	93~429	7.5	Y160M-6	≥95	1137
	12	9.9~21.7	111~510	15	Y180L-6	≥95	1395
	13	12.6~27.5	130~599	18.5	Y200L-6	≥95	1650
	14	15.8~34.4	150~695	30	Y225M-6	≥95	1952
	15	19.4~42.3	173~798	37	Y250M-6	≥95	2828
	16	23.6~51.4	197~908	55	Y280M-6	≥95	3364
	17	28.3~61.6	222~908	75	Y315S-6	≥95	4042
	18	33.6~73.1	249~1149	90	Y315M-6	≥95	4591
	19	39.5~86.0	277~1280	110	Y315L-6	≥95	5061
	20	46.0~100.3	307~1418	160	Y355M-6	≥95	7009
	21	53.3~116.1	339~1563	200	Y355M-6	≥95	7703
	22	61.3~113.4	372~1716	250	Y355L-6	≥95	8924
K-8-No.（n=730 r/min）（轮毂比 ν=0.40）（叶片数 Z=8）	11	5.7~12.4	52~238	4	Y160M-8	≥95	1087
	12	7.4~16.1	61~283	5.5	Y160M-8	≥95	1283
	13	9.4~20.5	72~332	7.5	Y160L-8	≥95	1510
	14	11.8~25.6	84~386	11	Y180L-8	≥95	1773
	15	14.5~31.5	96~443	15	Y200L-8	≥95	2578
	16	17.6~38.3	109~504	22	Y225M-8	≥95	2976
	17	21.1~45.9	123~568	30	Y250M-8	≥95	3405
	18	25.0~54.5	138~637	37	Y280S-8	≥95	3905
	19	29.4~64.1	154~710	55	Y315S-8	≥95	4766
	20	34.3~74.7	170~787	75	Y315M-8	≥95	6216
	21	39.7~86.5	188~867	90	Y315L-8	≥95	6800
	22	45.7~99.4	206~952	110	Y315L-8	≥95	7420
	23	52.2~113.6	225~1041	132	Y355M-8	≥95	8616
	24	59.3~129.1	245~1133	160	Y355M-8	≥95	9317
	25	67.0~146	266~1229	200	Y355L-8	≥95	11666
	26	75.4~164.2	288~1330	250	Y450S-8	≥95	13638

续附表 2-1

系　列	机号	风量/m³·s⁻¹	全压/Pa	功率/kW	电动机型号	全压效率/%	参考重量/kg
K-4-No.（n=1450 r/min）（轮毂比 ν=0.45）（叶片数 Z=8）	8	6.6~12.5	357~685	7.5	Y132M-4	≥95	547
	9	9.5~17.8	452~867	15	Y160L-4	≥95	735
	10	13.0~24.0	558~1071	30	Y200L-4	≥95	1169
	11	17.3~32.6	675~1295	45	Y225M-4	≥95	1442
	12	22.5~42.3	804~1542	75	Y280S-4	≥95	1876
	13	28.6~53.8	94.3~1810	90	Y280M-4	≥95	2205
	14	35.7~67.2	1094~2099	132	Y315M-4	≥95	2891
	15	43.9~82.6	1256~2409	200	Y315L-4	≥95	3887
K-6-No.（n=980 r/min）（轮毂比 ν=0.45）（叶片数 Z=8）	7	3.0~5.7	125~240	1.5	Y100L-6	≥95	375
	8	4.5~8.4	163~313	3	Y132S-6	≥95	512
	9	6.4~12.0	207~396	5.5	Y132M-6	≥95	649
	10	8.7~16.5	255~489	7.5	Y160M-6	≥95	998
	11	11.6~22.0	309~592	15	Y180L-6	≥95	1248
	12	15.1~28.5	367~704	18.5	Y200L-6	≥95	1495
	13	19.2~36.3	431~827	30	Y225M-6	≥95	1789
	14	23.9~45.3	500~959	45	Y280S-6	≥95	2246
	15	29.4~55.7	574~1101	55	Y280M-6	≥95	3148
	16	35.7~67.6	653~1252	90	Y315M-6	≥95	3991
	17	42.8~81.1	737~1414	110	Y315L-6	≥95	4436
	18	50.9~96.2	826~1585	160	Y355M-6	≥95	5384
	19	59.8~113.2	920~1766	200	Y355M-6	≥95	5955
	20	69.8~132.0	1019~1956	250	Y355L-6	≥95	6810

附表 2-2　DK 系列风机规格与技术参数

系　列	机号	风量/m³·s⁻¹	静压/Pa	功率/kW	电动机型号	静压效率/%	重量/kg
DK-6-No.（n=980 r/min）（轮毂比 ν=0.40）（叶片数 Z=16）	15	18.2~43.6	382~1690	2×37	Y250M-6	≥85	4649
	16	22.1~52.9	435~1923	2×55	Y280M-6	≥85	5582
	17	26.5~63.5	491~2171	2×75	Y315S-6	≥85	6789
	18	31.5~75.4	551~2433	2×90	Y315M-6	≥85	7731
	19	37.0~88.6	614~2711	2×132	Y315L-6	≥85	8627
	20	43.2~103.4	680~3004	2×160	Y355M-6	≥85	11997
	21	50.0~119.7	750~3312	2×200	Y355M-6	≥85	13179

续附表 2-2

系列	机号	风量/m³·s⁻¹	静压/Pa	功率/kW	电动机型号	静压效率/%	重量/kg
DK-8-No.（n=730 r/min）（轮毂比ν=0.40）（叶片数Z=16）	18	23.5~56.1	306~1350	2×37	Y280S-8	≥85	6715
	19	27.6~66.0	341~1504	2×55	Y315S-8	≥85	8312
	20	32.2~77.0	377~3334	2×75	Y315M-8	≥85	10943
	21	37.3~89.1	416~1838	2×90	Y315L-8	≥85	11959
	22	42.8~102.5	457~2017	2×110	Y315L-8	≥85	13039
	23	48.9~117.1	499~2204	2×132	Y355M-8	≥85	15262
	24	55.6~133.0	543~2400	2×160	Y355M-8	≥85	16490
	25	62.9~150.4	589~2605	2×200	Y355L-8	≥85	20793
DK-6-No.（n=980 r/min）（轮毂比ν=0.45）（叶片数Z=16）	12	10.7~27.6	698~1374	2×22	Y200L-6	≥85	2492
	13	13.6~35.0	819~1613	2×37	Y250M-6	≥85	3130
	14	17.0~43.8	950~1871	2×55	Y315S-6	≥85	3905
	15	20.9~53.8	1091~2148	2×75	Y315S-6	≥85	5991
	16	25.4~65.3	1241~2444	2×90	Y315M-6	≥85	6906
	17	30.4~78.3	1400~2759	2×132	Y315L-6	≥85	7778
	18	36.1~93.5	1570~3093	2×160	Y355M-6	≥85	9406
	19	42.5~109.4	1750~3446	2×200	Y355M-6	≥85	10392
	20	49.5~127.6	1939~3819	2×250	Y355L-6	≥85	14269
DK-8-No.（n=730 r/min）（轮毂比ν=0.45）（叶片数Z=16）	16	18.9~48.7	688~1356	2×37	Y280S-8	≥85	5585
	17	22.7~58.4	777~1531	2×55	Y315S-8	≥85	7120
	18	26.9~69.3	871~1716	2×75	Y315M-8	≥85	7940
	19	31.6~81.5	971~1912	2×90	Y315L-8	≥85	8715
	20	36.9~95.1	1076~2119	2×110	Y315L-8	≥85	11318
	21	42.7~110.1	1186~2336	2×160	Y355M-8	≥85	13665
	22	49.1~126.6	1302~2563	2×200	Y355L-8	≥85	15118
DK-6-No.（n=980r/min）（轮毂比ν=0.62）（叶片数Z=32）	14	10.1~31.7	918~2888	2×55	Y280M-6	≥85	5675
	15	12.4~39.0	1054~3315	2×75	Y315S-6	≥85	6896
	16	15.0~47.3	1199~3772	2×110	Y315L-6	≥85	8090
	17	18.0~56.8	1353~4258	2×132	Y315L-6	≥85	9178
	18	21.4~67.4	1517~4774	2×185	Y355M-6	≥85	11240
	19	25.1~79.3	1690~5319	2×220	Y355L-6	≥85	15235
	20	29.3~92.5	1873~5893	2×250	Y355L-6	≥85	16855
	21	33.9~107.0	2065~6497	2×355	Y4004-6	≥85	19866

续附表 2-2

系 列	机号	风量/m³·s⁻¹	静压/Pa	功率/kW	电动机型号	静压效率/%	重量/kg
DK-6-No.（n=980 r/min）（轮毂比 ν=0.62）（叶片数 Z=20）	15	14.5~36.6	805~2335	2×55	Y280M-6	≥85	6456
	16	17.6~44.4	916~2656	2×75	Y315S-6	≥85	7730
	17	21.1~53.3	1035~2999	2×90	Y315M-6	≥85	8978
	18	25.0~63.3	1160~3362	2×132	Y315L-6	≥85	10120
	19	29.4~74.4	1292~3746	2×160	Y355M-6	≥85	14255
	20	34.3~86.8	1432~4150	2×220	Y355L-6	≥85	16635
	21	39.7~100.5	1579~4576	2×280	Y4002-6	≥85	20626
DK-8-No.（n=730 r/min）（轮毂比 ν=0.62）（叶片数 Z=32）	17	13.6~42.9	772~2428	2×55	Y315S-8	≥85	8618
	18	16.1~50.9	865~2722	2×75	Y315M-8	≥85	9920
	19	19.0~60.0	964~3033	2×110	Y315L-8	≥85	13555
	20	22.1~69.8	1068~3360	2×132	Y355M-8	≥85	15635
	21	25.6~80.8	1177~3705	2×160	Y355M-8	≥85	17466
	22	29.5~92.9	1292~4066	2×200	Y355L-8	≥85	19769
	23	33.7~106.2	1412~4444	2×250	Y355L-8	≥85	23784
	24	38.2~120.7	1538~4839	2×315	Y4501-8	≥85	30938
	25	43.2~136.4	1669~5250	2×315	Y4501-8	≥85	33136
	26	48.6~153.4	1805~5679	2×450	YB560M-8	≥85	39234
	27	54.4~171.8	1946~6124	2×450	YB560M-8	≥85	43700
	28	60.7~191.6	2093~6586	2×710	YB630-8	≥85	47069
DK-8-No.（n=730 r/min）（轮毂比 ν=0.62）（叶片数 Z=20）	18	18.9~47.8	661~1917	2×55	Y315S-8	≥85	9560
	19	22.2~56.2	737~2136	2×75	Y315M-8	≥85	13155
	20	25.9~65.5	816~2367	2×90	Y315L-8	≥85	14555
	21	30.0~75.9	900~2609	2×132	Y355M-8	≥85	17106
	22	34.5~87.2	988~2863	2×160	Y355M-8	≥85	19009
	23	39.4~99.7	1080~3130	2×185	Y355L-8	≥85	21184
	24	44.8~113.2	1176~3408	2×220	Y355L-8	≥85	28538
	25	50.6~128.0	1276~3698	2×280	Y4005-8	≥85	32976
	26	56.9~144.0	1380~3999	2×355	YB560S-8	≥85	381234
	27	63.7~161.0	1488~4313	2×355	YB560S-8	≥85	40701
	28	71.1~179.8	1600~4638	2×450	YB560-8	≥85	45569

续附表 2-2

系　列	机号	风量/m³·s⁻¹	静压/Pa	功率/kW	电动机型号	静压效率/%	重量/kg
DK-10-No.（n=590 r/min）（轮毂比 ν=0.62）（叶片数 Z=32）	20	17.6～55.7	679～2136	2×75	Y315L-10	≥85	14555
	21	20.4～64.4	748～2355	2×90	Y355M-10	≥85	16426
	22	23.5～74.1	821～2585	2×110	Y355M-10	≥85	18649
	23	26.8～84.7	898～2825	2×132	Y355L-10	≥85	20624
	24	30.5～96.2	978～3076	2×160	Y355L-10	≥85	28038
	25	34.5～108.7	1061～3338	2×185	Y355L-10	≥85	30436
	26	38.8～122.3	1147～3610	2×250	YB450M-10	≥85	35334
	27	43.4～137.0	1237～3893	2×250	YB450M-10	≥85	37801
	28	48.4～152.8	1331～4187	2×315	YB560M-10	≥85	46909
	29	53.8～169.7	1427～4491	2×355	YB560M-10	≥85	58771
	30	59.5～187.9	1527～4806	2×450	YB630S-10	≥85	65447
	32	72.3～228.0	1738～5468	2×560	YB630M-10	≥85	77121
	34	86.7～273.4	1962～6173	2×800	YB710M-10	≥85	90227
	36	102.9～324.7	2199～6921	2×1000	YB800S-10	≥85	103763
DK-10-No.（n=590 r/min）（轮毂比 ν=0.62）（叶片数 Z=20）	21	23.9～60.5	572～1659	2×75	Y315L-10	≥85	16026
	22	27.5～69.5	628～1820	2×75	Y315L-10	≥85	17569
	23	31.4～79.5	686～1990	2×90	Y355M-10	≥85	19584
	24	35.7～90.3	747～2166	2×110	Y355M-10	≥85	27118
	25	40.3～102.1	811～2351	2×160	Y355L-10	≥85	30236
	26	45.4～114.8	877～2542	2×185	Y355L-10	≥85	32634
	27	50.8～128.6	946～2742	2×200	YB450S-10	≥85	37501
	28	56.7～143.4	1017～2949	2×250	YB560S-10	≥85	40269
	29	63.0～159.3	1091～3163	2×250	Y560S-10	≥85	50371
	30	69.7～176.4	1168～3385	2×315	YB560M-10	≥85	60187
	32	84.6～214.0	1329～3851	2×450	YB630S-10	≥85	71121
	34	101.5～256.7	1500～4348	2×560	YB630M-10	≥85	83227
	36	120.4～304.7	1682～4874	2×710	YB710S-10	≥85	91763
DK-12-No.（n=490 r/min）（轮毂比 ν=0.62）（叶片数 Z=32）	24	25.3～79.9	674～2122	2×110	Y355M-12	≥85	26738
	25	28.6～90.3	732～2302	2×110	Y355M-12	≥85	28936
	26	32.2～101.6	791～2490	2×132	Y400S-12	≥85	31894
	27	36.1～113.8	853～2685	2×160	YB400M-12	≥85	34701
	28	40.2～126.9	918～2888	2×200	YB560M-12	≥85	45169
	29	44.7～140.9	985～3098	2×200	YB560M-12	≥85	55271
	30	49.5～156.0	1054～3315	2×250	YB630S-12	≥85	61447
	32	60.0～189.4	1199～3772	2×355	YB630M-12	≥85	73121
	34	72.0～227.1	1353～4258	2×450	YB710S-12	≥85	86227
	36	85.5～269.6	1517～4774	2×560	YB710M-12	≥85	97763
	38	100.5～317.1	1690～5319	2×800	YB800M-12	≥85	124685

续附表 2-2

系　列	机号	风量/m³·s⁻¹	静压/Pa	功率/kW	电动机型号	静压效率/%	重量/kg
DK-12-No.（n=490 r/min）（轮毂比 ν=0.62）（叶片数 Z=20）	25	33.5~84.8	559~1621	2×110	Y355M-12	≥85	28936
	26	37.7~95.3	605~1754	2×110	Y355M-12	≥85	31134
	27	42.2~106.8	652~1891	2×132	YB400S-12	≥85	34361
	28	47.1~119.1	702~2034	2×160	YB400M-12	≥85	37169
	29	52.3~132.3	753~2182	2×160	YB400M-12	≥85	47271
	30	57.9~146.5	806~2335	2×200	YB560M-12	≥85	58447
	32	70.3~177.7	916~2656	2×250	YB630S-12	≥85	68121
	34	84.3~213.2	1035~2999	2×315	YB630M-12	≥85	78227
	36	100.0~253.1	1160~3362	2×450	YB710S-12	≥85	91763
	38	117.6~297.6	1292~3746	2×560	YB710M-12	≥85	118685
	40	137.2~347.2	1432~4150	2×710	YB800M-12	≥85	138482

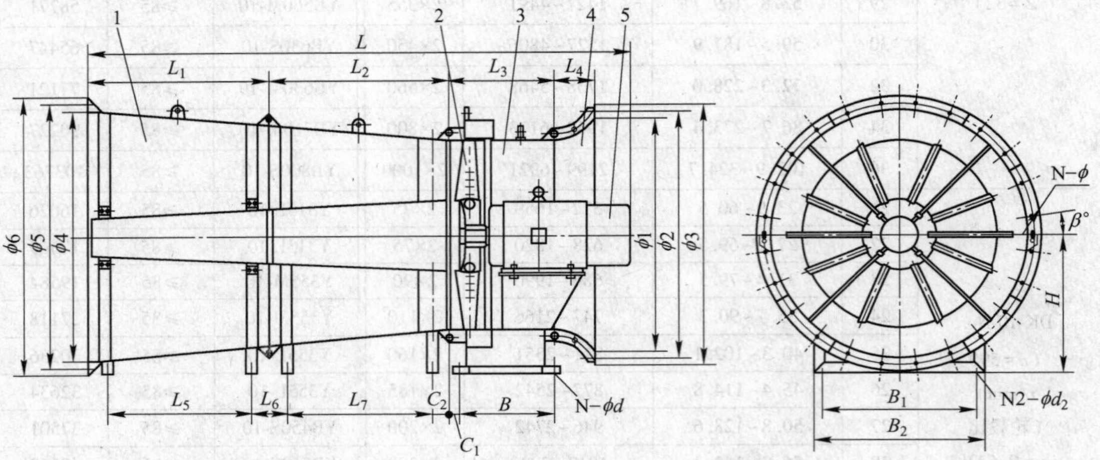

附图 2-1　K 系列矿用轴流通风机结构示意图

1—扩散器；2—叶轮；3—主机体；4—集流器；5—电动机

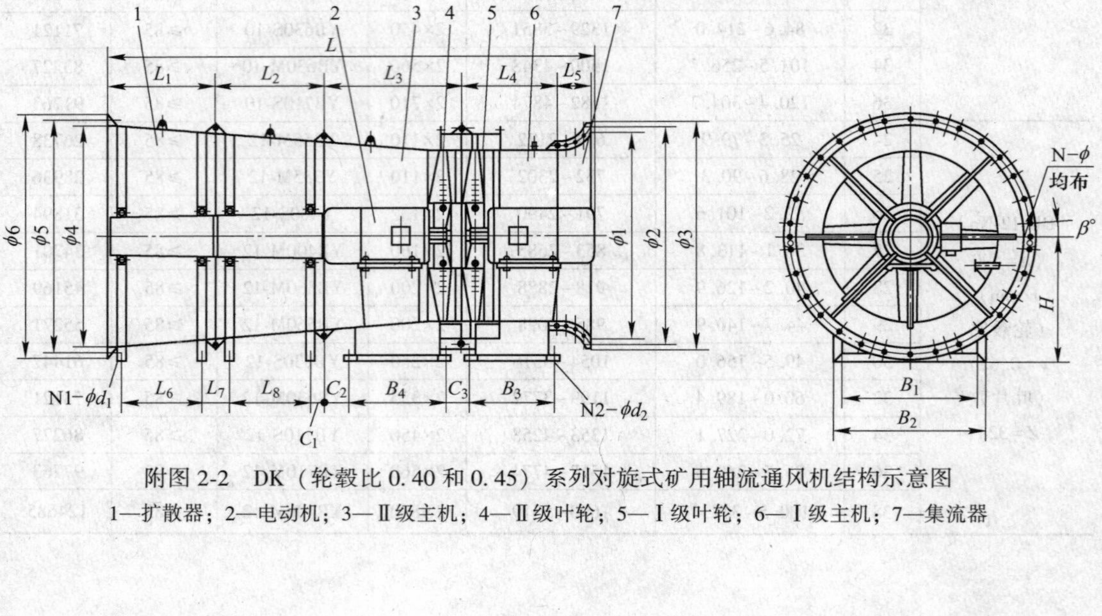

附图 2-2　DK（轮毂比 0.40 和 0.45）系列对旋式矿用轴流通风机结构示意图

1—扩散器；2—电动机；3—Ⅱ级主机；4—Ⅱ级叶轮；5—Ⅰ级叶轮；6—Ⅰ级主机；7—集流器

附录 3　K、DK 系列风机个体特性曲线

K、DK 系列风机个体特性曲线如附图 3-1~附图 3-60 所示。

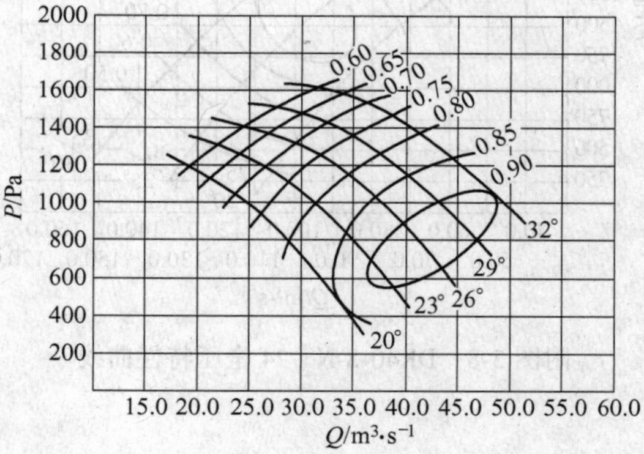

附图 3-1　K40-4-No. 14 全压特性曲线

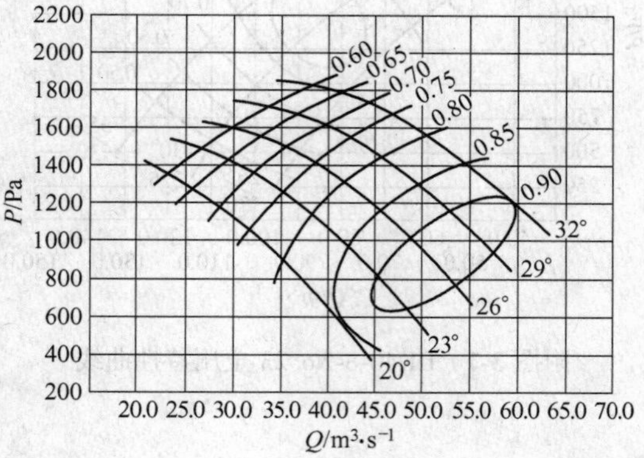

附图 3-2　K40-4-No. 15 全压特性曲线

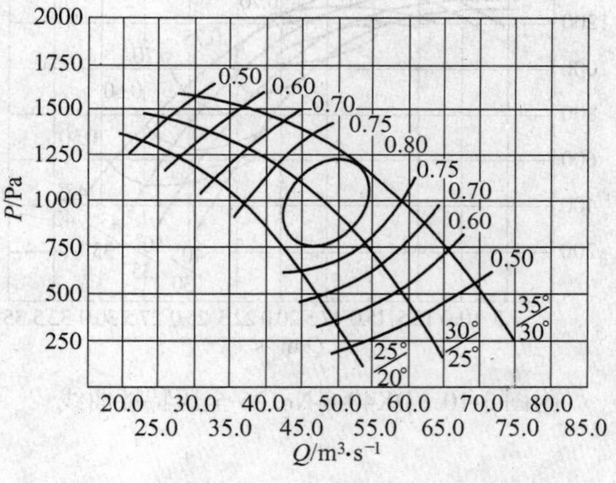

附图 3-3　DK40-8-No. 19 全压特性曲线

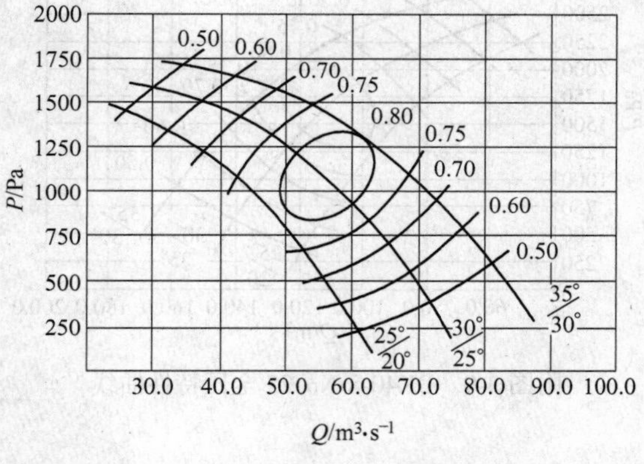

附图 3-4　DK40-8-No. 20 全压特性曲线

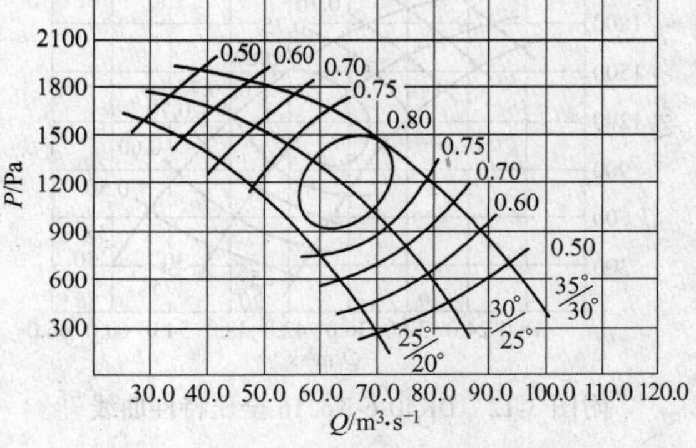

附图 3-5　K40-8-No. 21 全压特性曲线

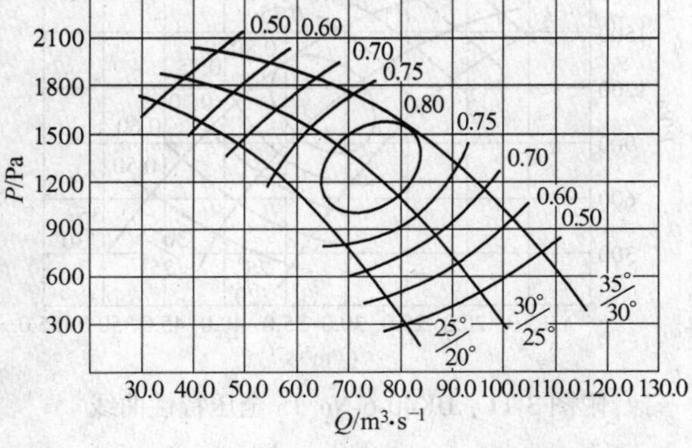

附图 3-6　DK40-8-No. 22 全压特性曲线

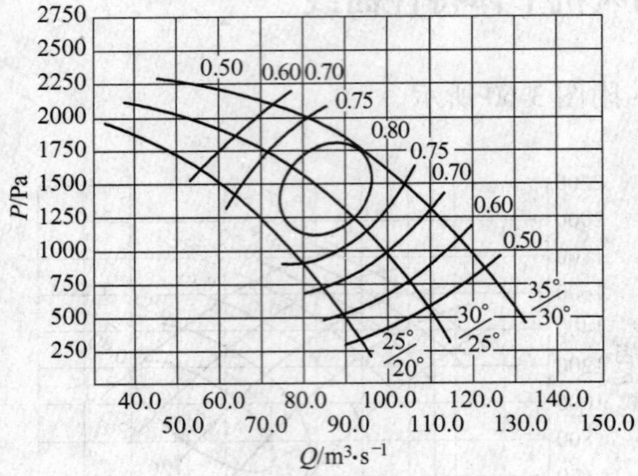

附图 3-7　DK40-8-No. 23 全压特性曲线

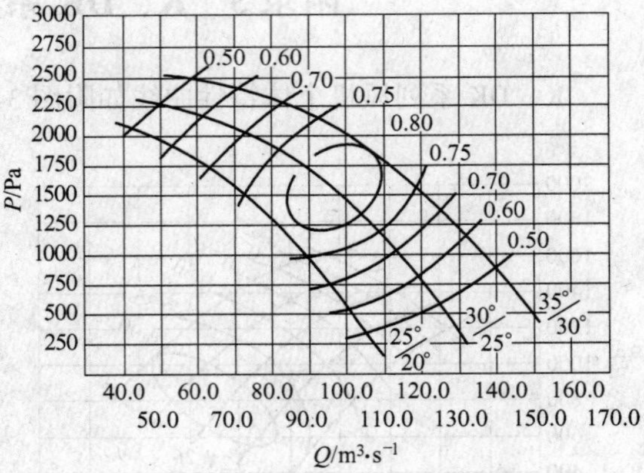

附图 3-8　DK40-8-No. 24 全压特性曲线

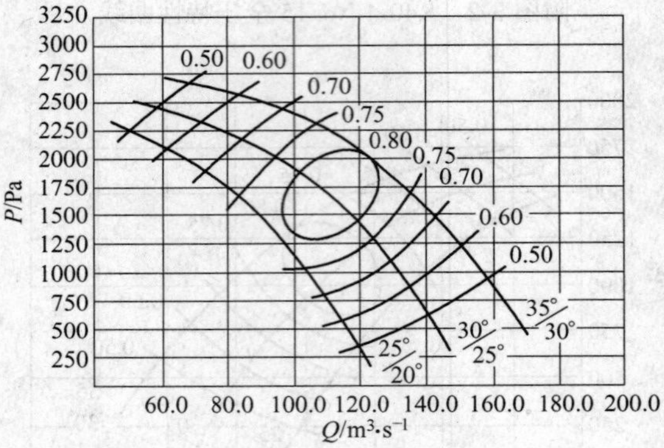

附图 3-9　DK40-8-No. 25 全压特性曲线

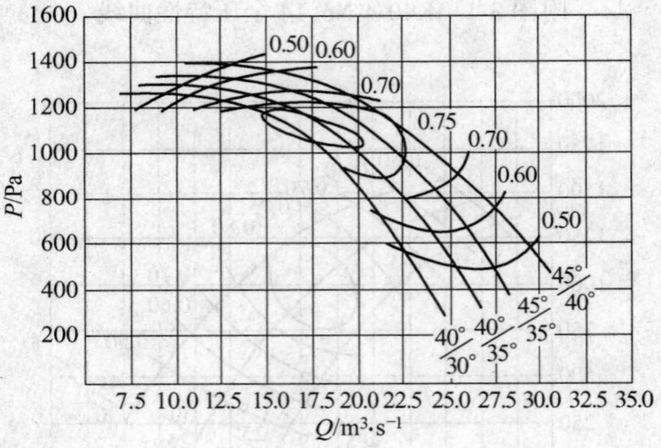

附图 3-10　DK40-8-No. 26 全压特性曲线

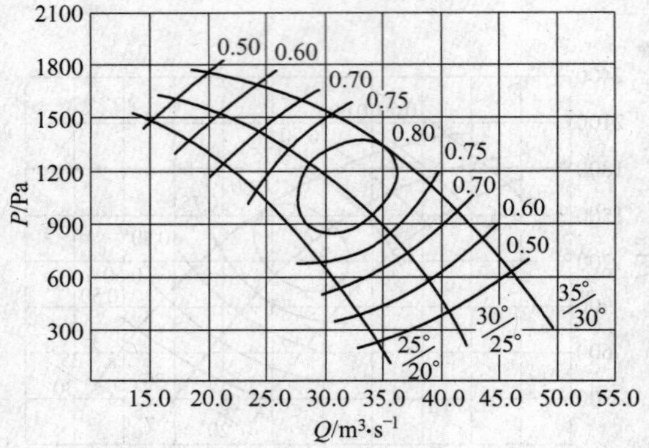

附图 3-11　DK40-6-No. 15 全压特性曲线

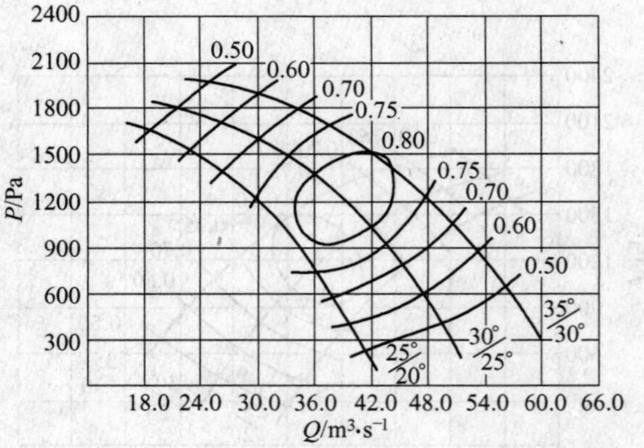

附图 3-12　DK40-6-No. 16 全压特性曲线

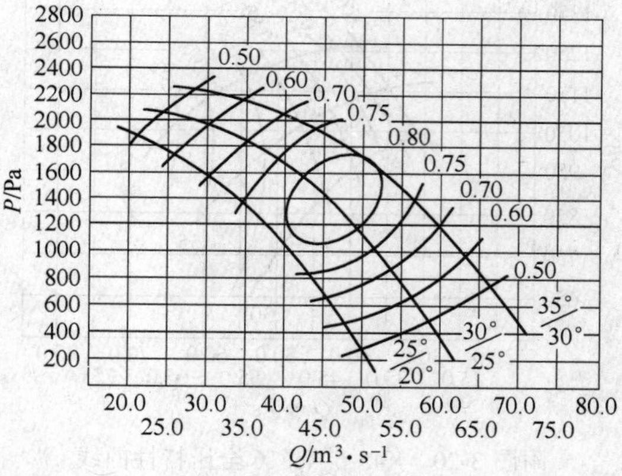

附图 3-13　DK40-6-No. 17 全压特性曲线

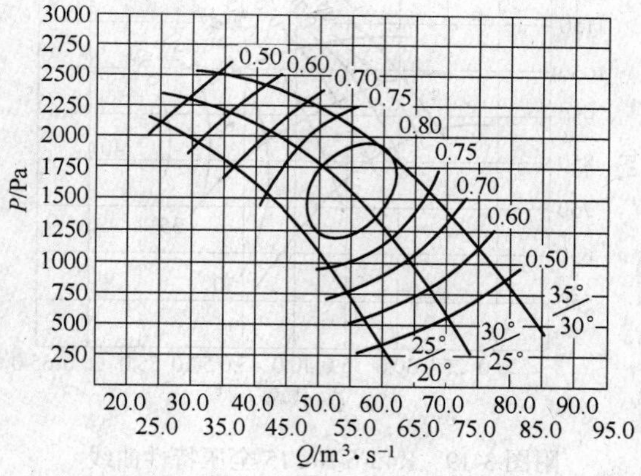

附图 3-14　DK40-6-No. 18 全压特性曲线

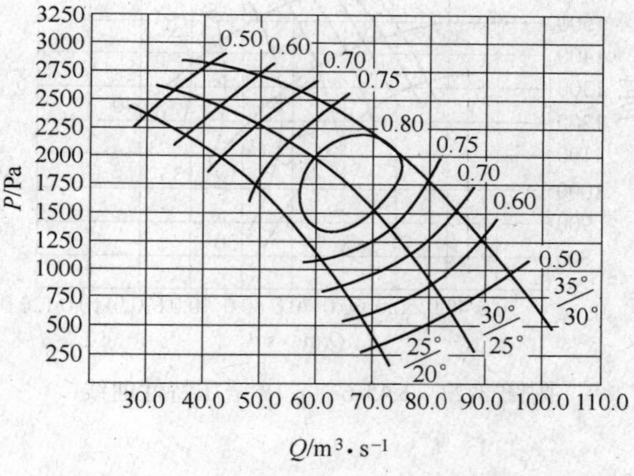

附图 3-15　DK40-6-No. 19 全压特性曲线

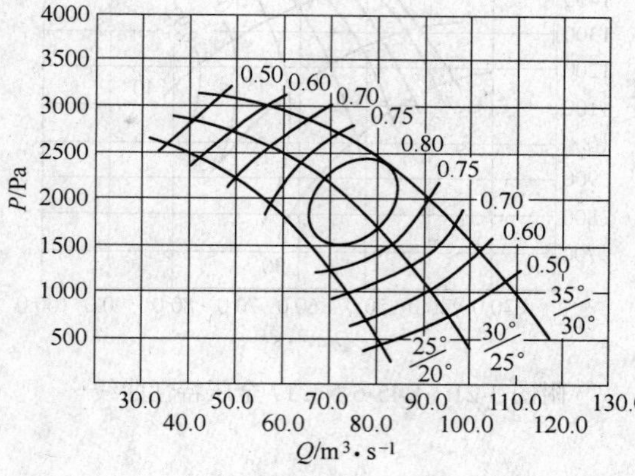

附图 3-16　DK40-6-No. 20 全压特性曲线

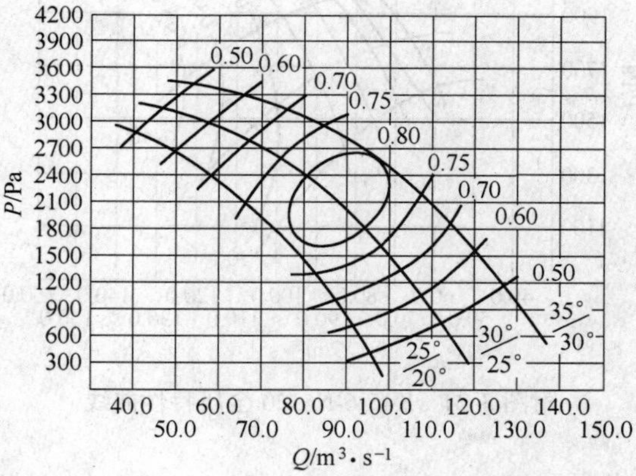

附图 3-17　DK40-6-No. 21 全压特性曲线

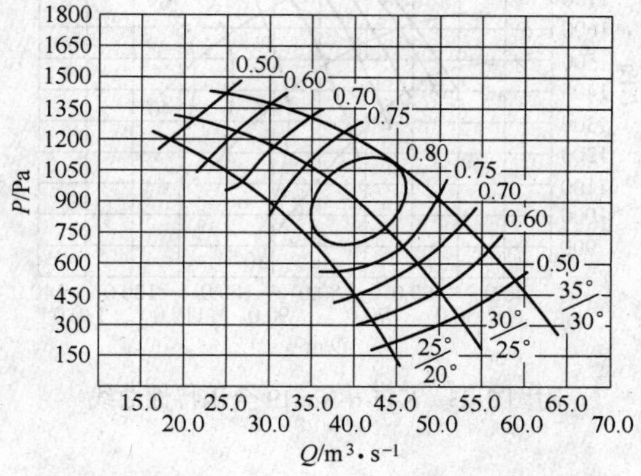

附图 3-18　DK40-6-No. 22 全压特性曲线

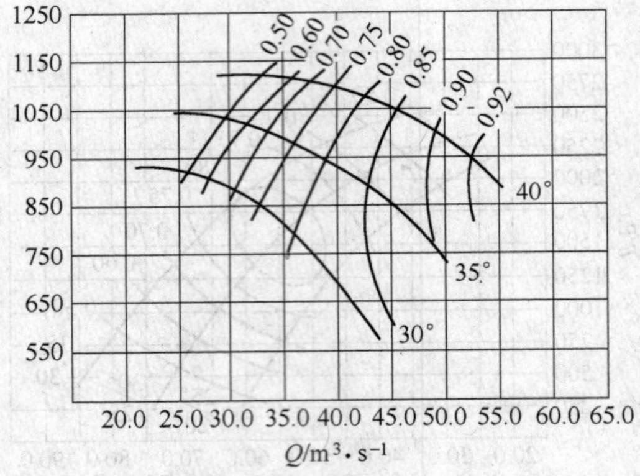

附图 3-19 K45-6-No. 15 全压特性曲线

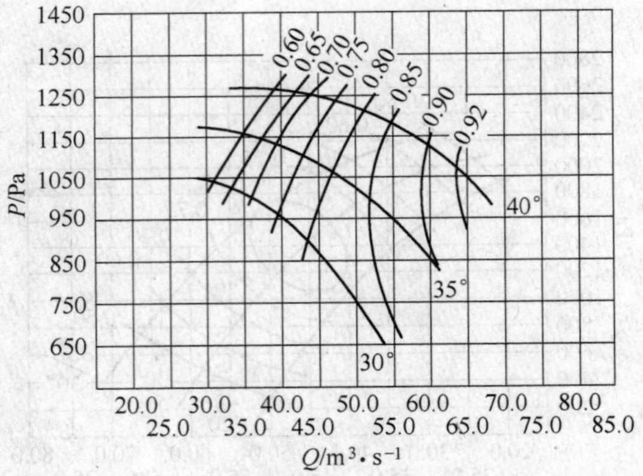

附图 3-20 K45-6-No. 16 全压特性曲线

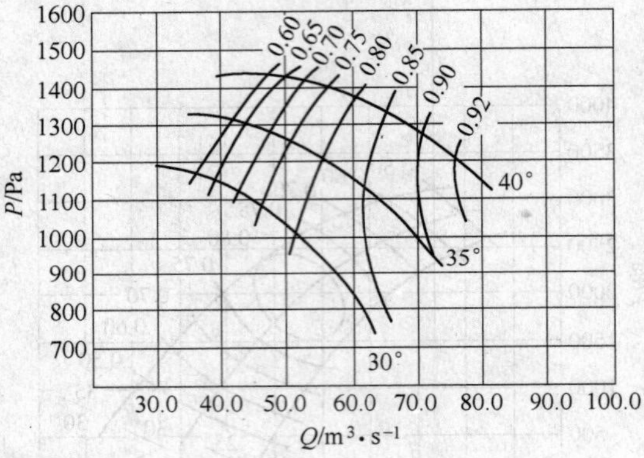

附图 3-21 K45-6-No. 17 全压特性曲线

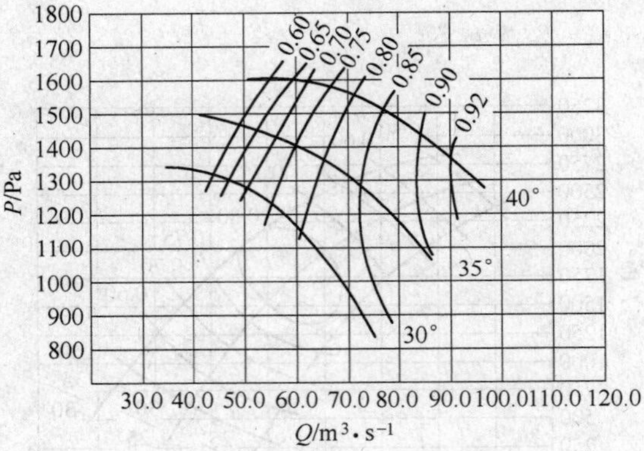

附图 3-22 K45-6-No. 18 全压特性曲线

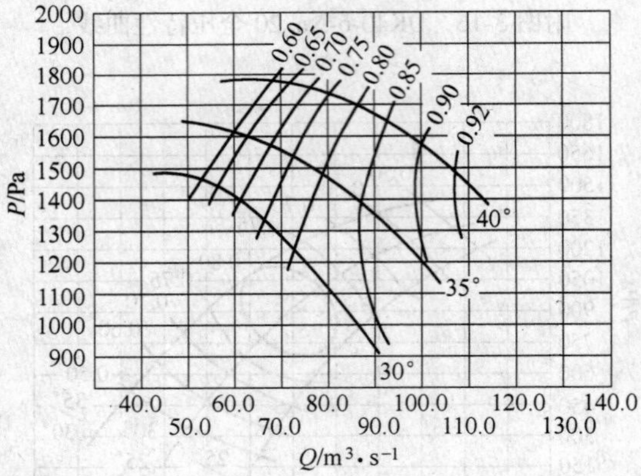

附图 3-23 K45-6-No. 19 全压特性曲线

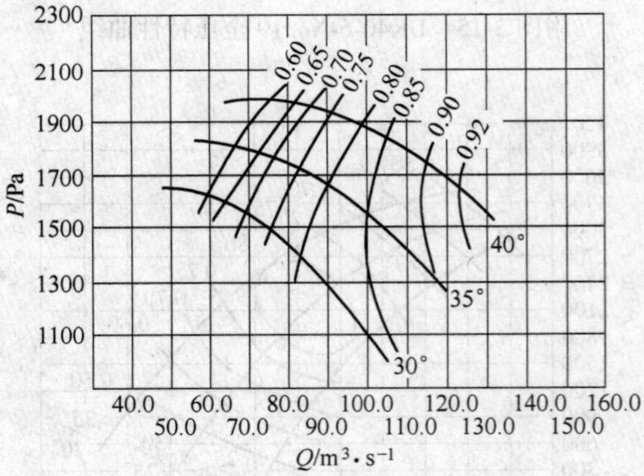

附图 3-24 K45-6-No. 20 全压特性曲线

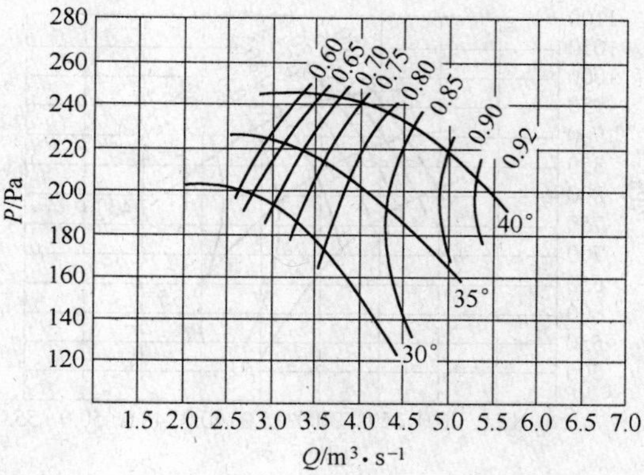

附图 3-25　K45-6-No. 7 全压特性曲线

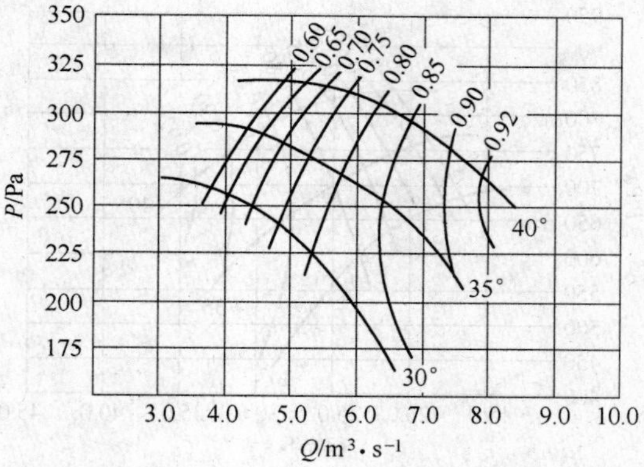

附图 3-26　K45-6-No. 8 全压特性曲线

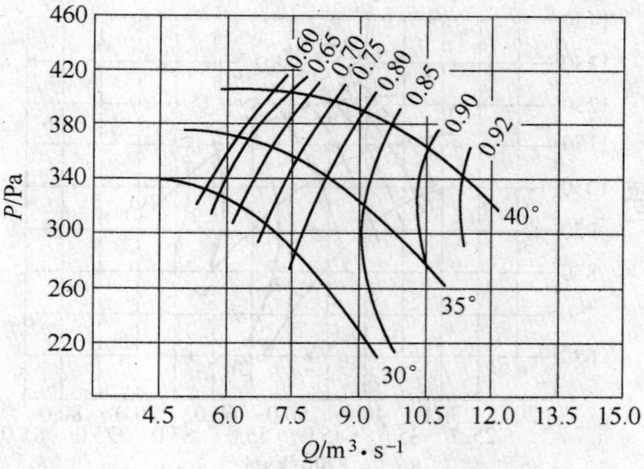

附图 3-27　K45-6-No. 9 全压特性曲线

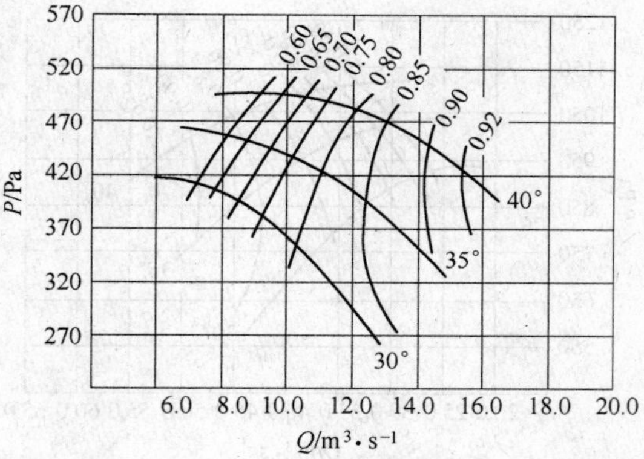

附图 3-28　K45-6-No. 10 全压特性曲线

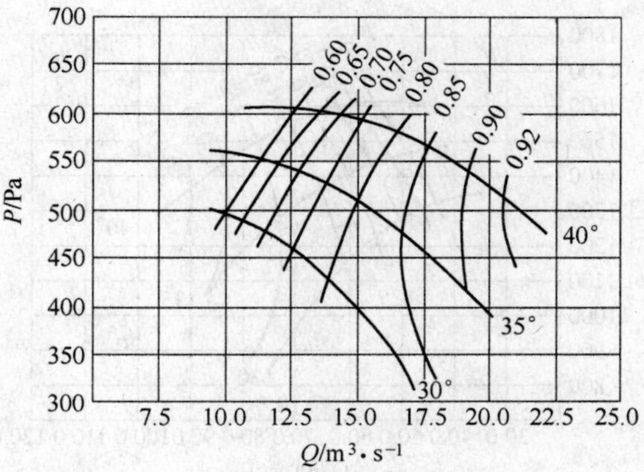

附图 3-29　K45-6-No. 11 全压特性曲线

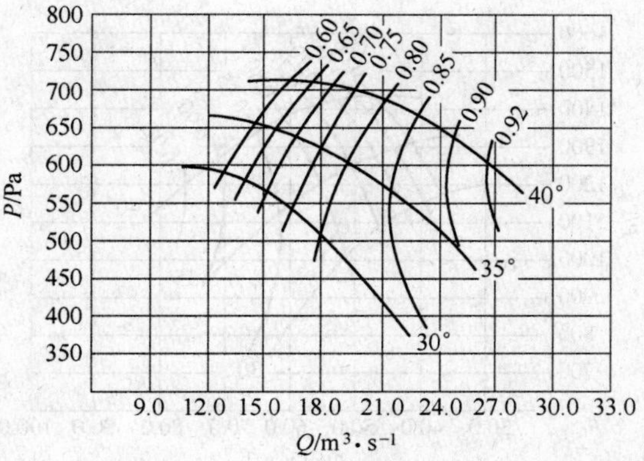

附图 3-30　K45-6-No. 12 全压特性曲线

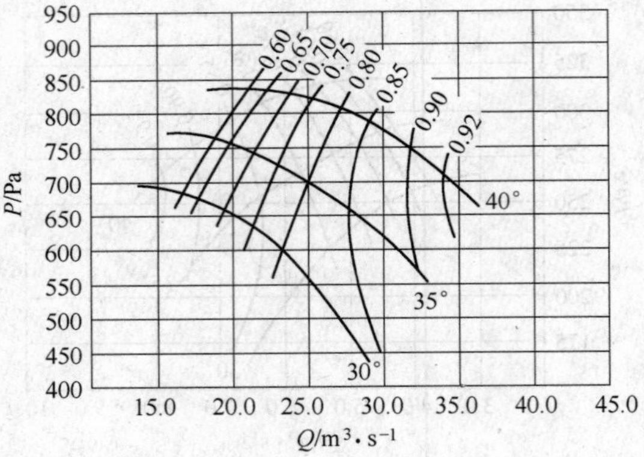

附图 3-31　K45-6-No. 13 全压特性曲线

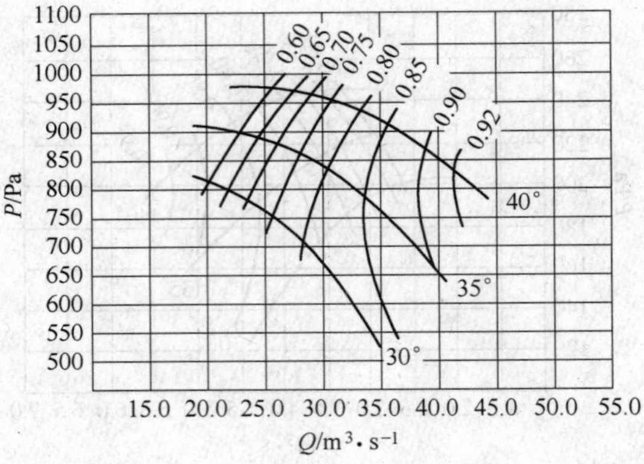

附图 3-32　K45-6-No. 14 全压特性曲线

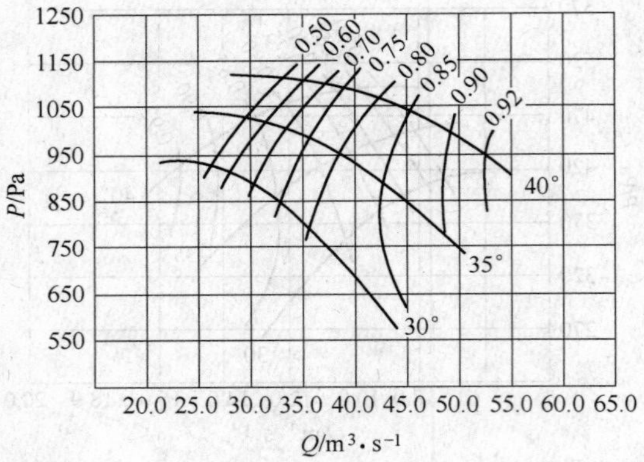

附图 3-33　K45-6-No. 15 全压特性曲线

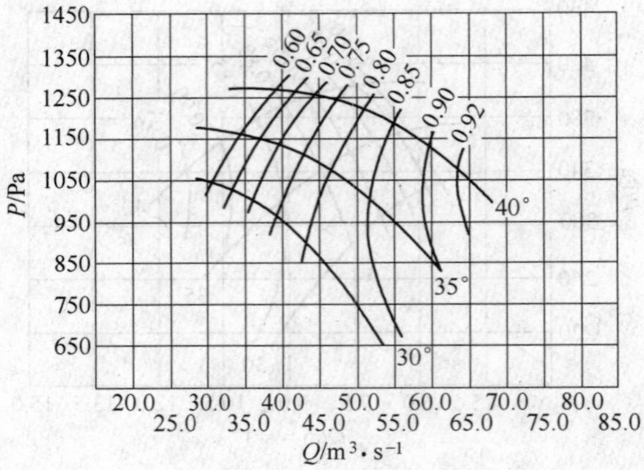

附图 3-34　K45-6-No. 16 全压特性曲线

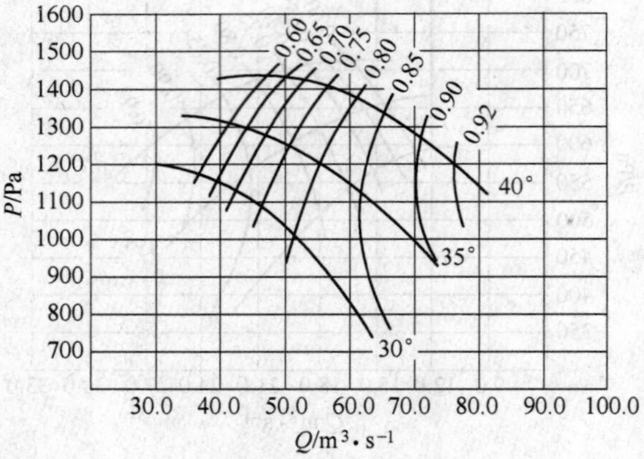

附图 3-35　K45-6-No. 17 全压特性曲线

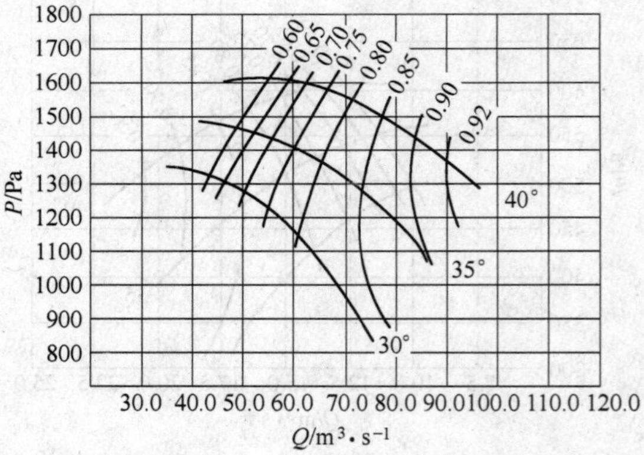

附图 3-36　K45-6-No. 18 全压特性曲线

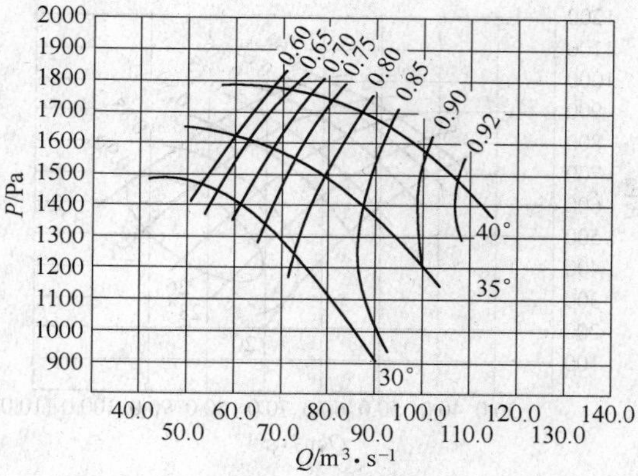

附图 3-37　K45-6-No. 19 全压特性曲线

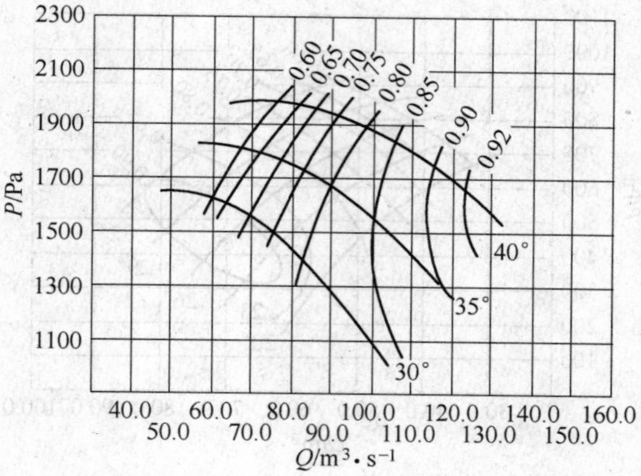

附图 3-38　K45-6-No. 20 全压特性曲线

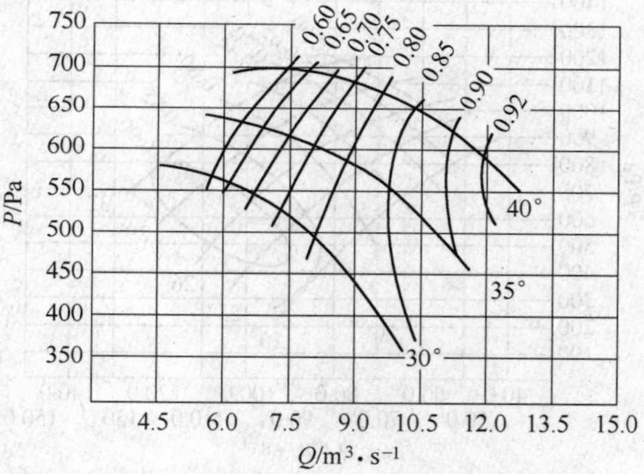

附图 3-39　K45-4-No. 8 全压特性曲线

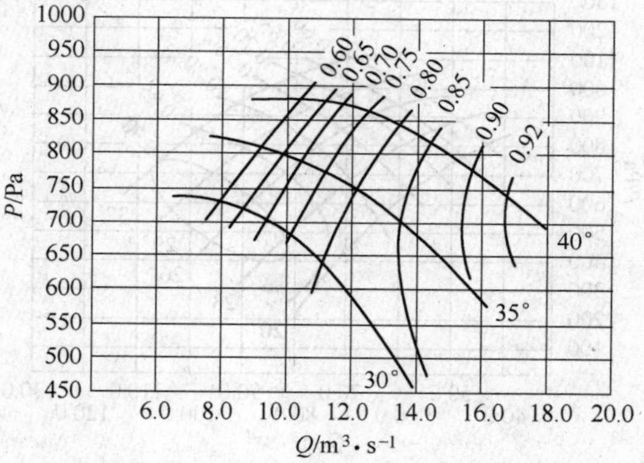

附图 3-40　K45-4-No. 9 全压特性曲线

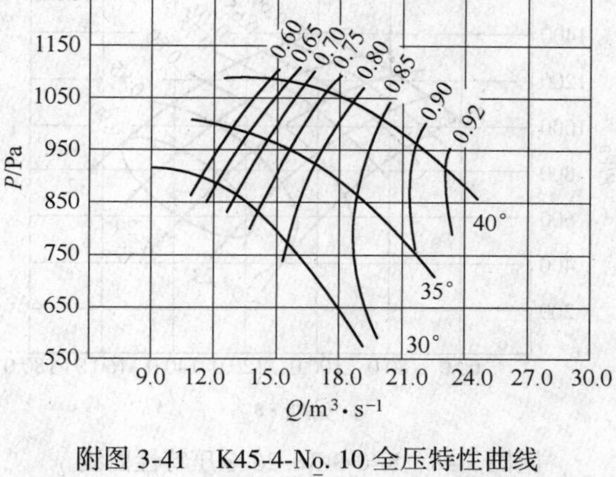

附图 3-41　K45-4-No. 10 全压特性曲线

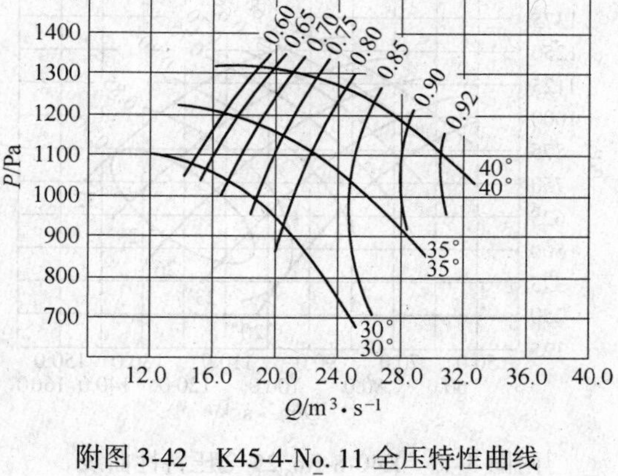

附图 3-42　K45-4-No. 11 全压特性曲线

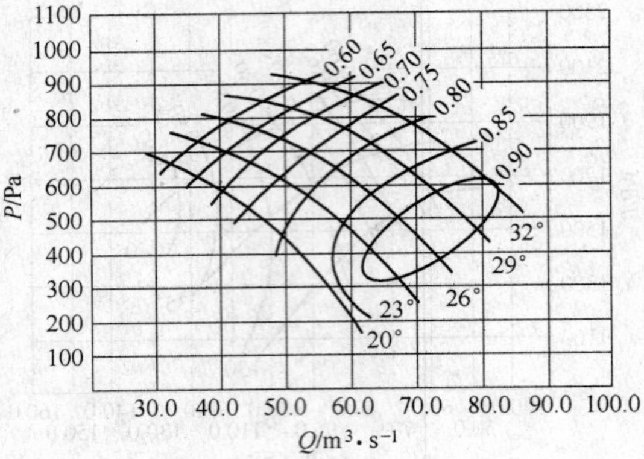

附图 3-43 K40-8-No. 21 全压特性曲线

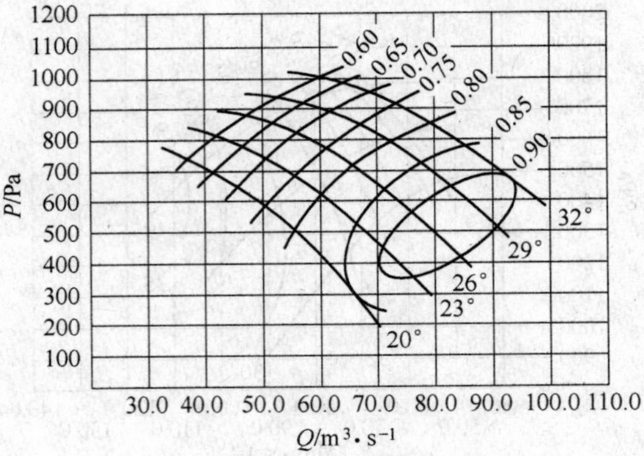

附图 3-44 K40-8-No. 22 全压特性曲线

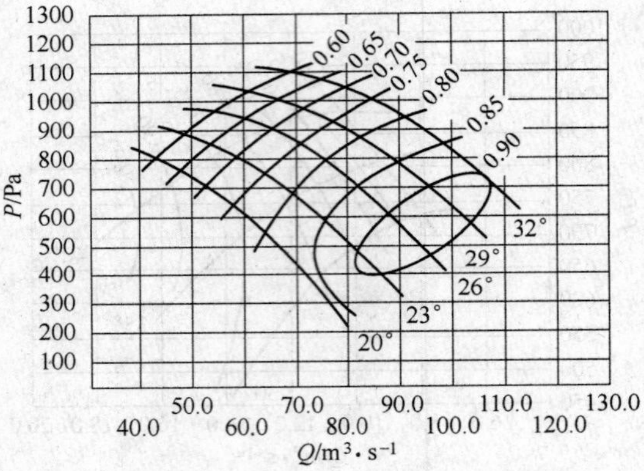

附图 3-45 K40-8-No. 23 全压特性曲线

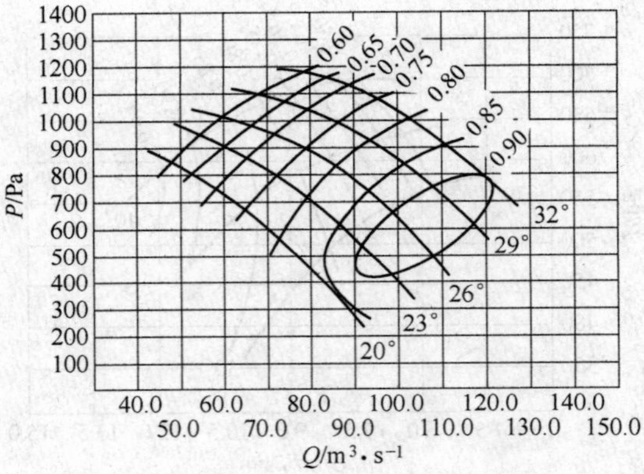

附图 3-46 K40-8-No. 24 全压特性曲线

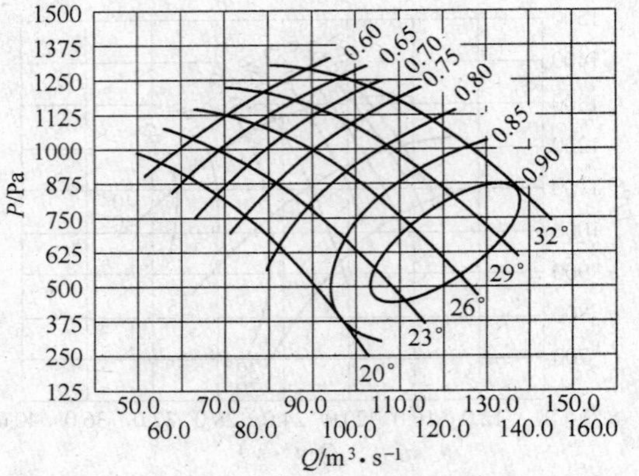

附图 3-47 K40-8-No. 25 全压特性曲线

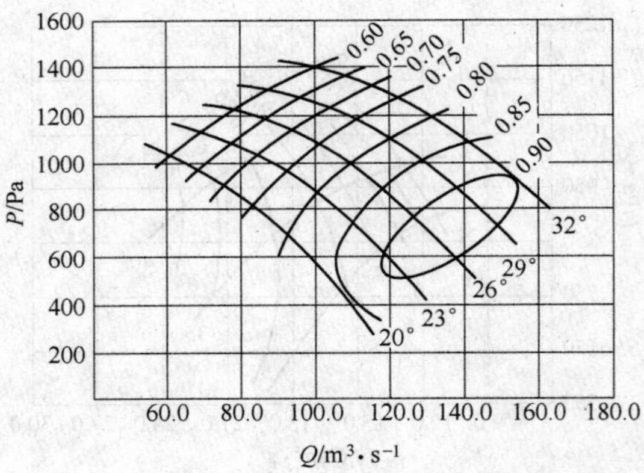

附图 3-48 K40-8-No. 26 全压特性曲线

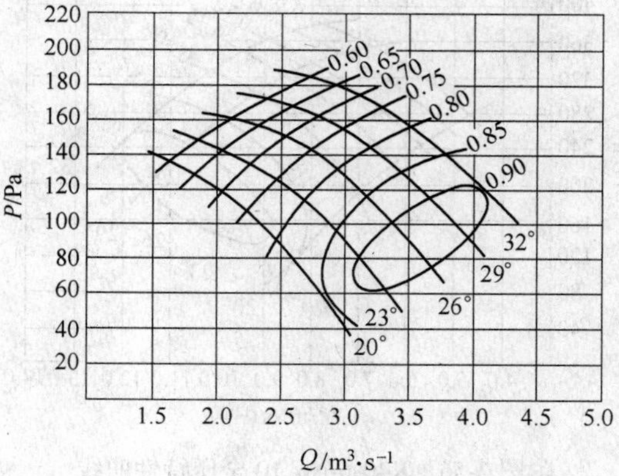

附图 3-49　K40-6-No. 7 全压特性曲线

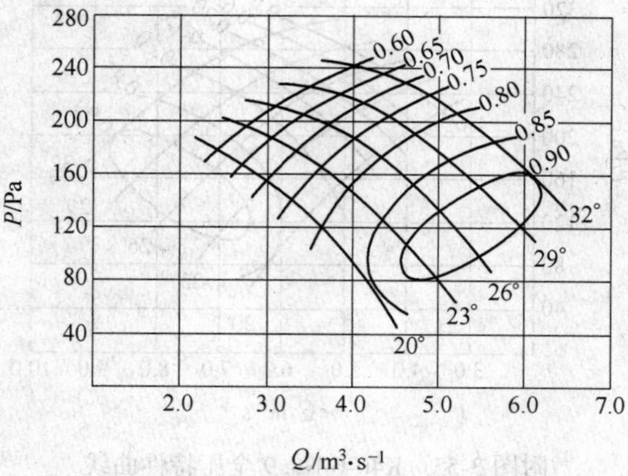

附图 3-50　K40-6-No. 8 全压特性曲线

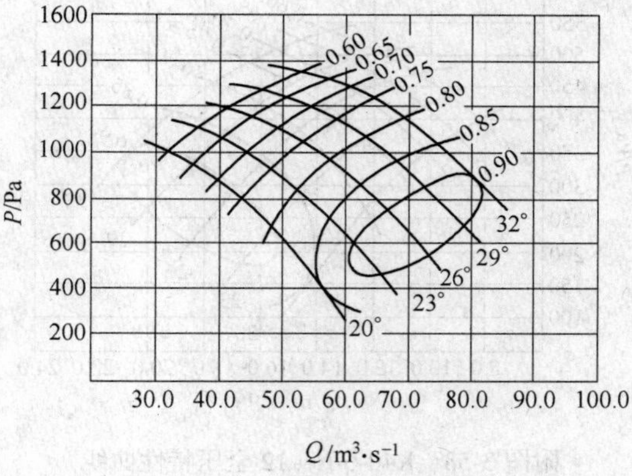

附图 3-51　K40-6-No. 19 全压特性曲线

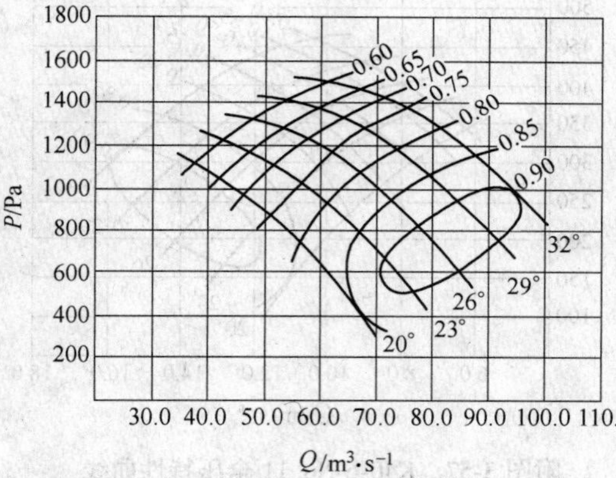

附图 3-52　K40-6-No. 20 全压特性曲线

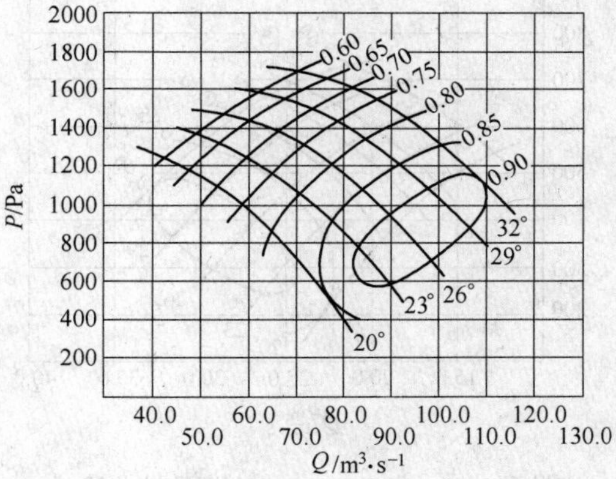

附图 3-53　K40-6-No. 21 全压特性曲线

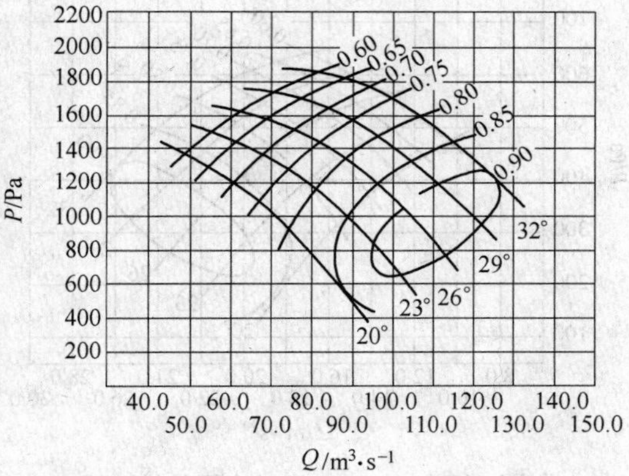

附图 3-54　K40-6-No. 22 全压特性曲线

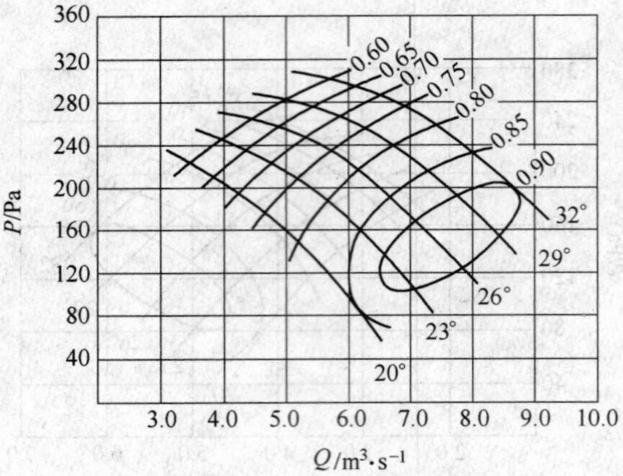

附图 3-55 K40-6-No. 9 全压特性曲线

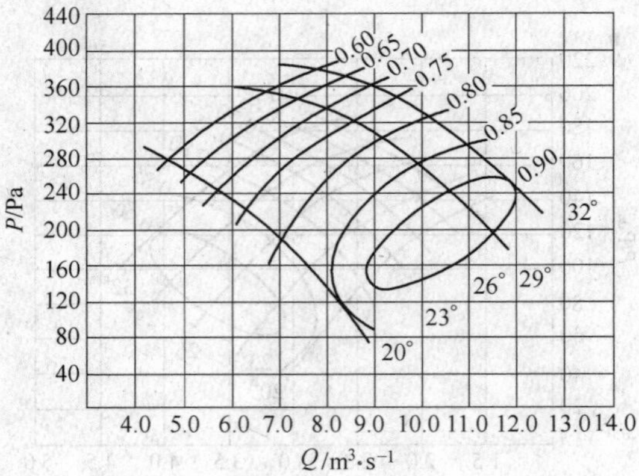

附图 3-56 K40-6-No. 10 全压特性曲线

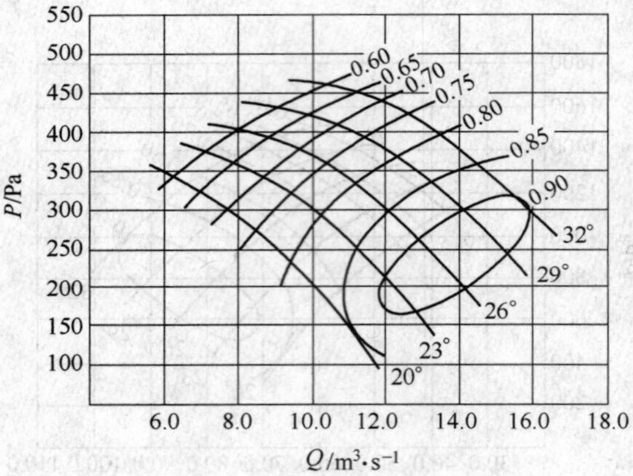

附图 3-57 K40-6-No. 11 全压特性曲线

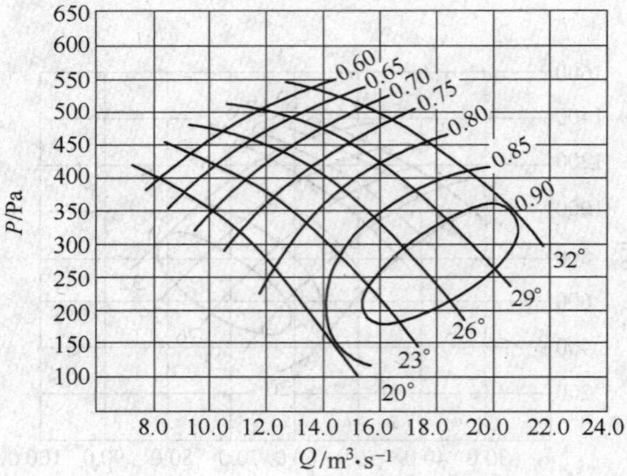

附图 3-58 K40-6-No. 12 全压特性曲线

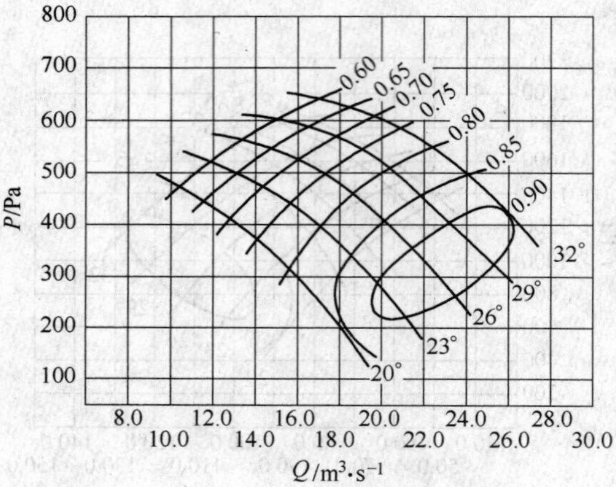

附图 3-59 K40-6-No. 13 全压特性曲线

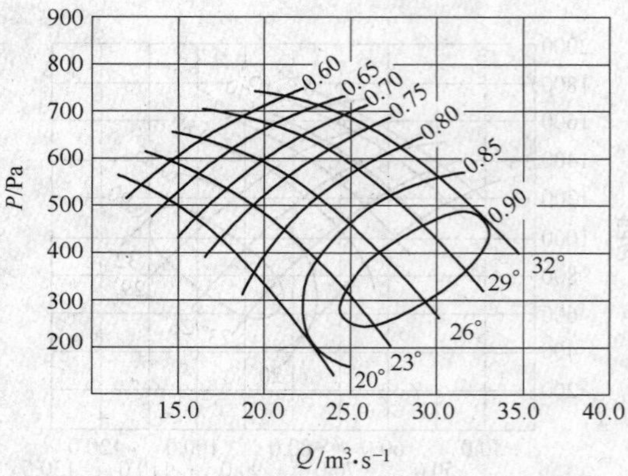

附图 3-60 K40-6-No. 14 全压特性曲线

附录4 井巷摩擦阻力系数α值表

（空气密度$\rho = 1.2\mathrm{kg/m^3}$）

（1）水平巷道

1）不支护巷道$\alpha \times 10^4$值如附表4-1所示。

附表4-1 不支护巷道$\alpha \times 10^4$值

巷道壁的特征	$\alpha \times 10^4/\mathrm{N \cdot s^2 \cdot m^{-4}}$
在岩层里开掘的巷道	68.6~78.4
巷壁与底板粗糙程度相同的巷道	58.8~78.4
巷壁与底板粗糙程度相同的巷道，在底板阻塞情况下	98~147

2）混凝土、混凝土砖及砖、石砌碹的平巷$\alpha \times 10^4$值如附表4-2所示。

附表4-2 砌碹平巷$\alpha \times 10^4$值

类　别	$\alpha \times 10^4/\mathrm{N \cdot s^2 \cdot m^{-4}}$
混凝土砌碹，外抹灰浆	29.4~39.2
混凝土砌碹、不抹灰浆	49 ~68.6
砖砌碹、外面抹灰浆	24.5~29.4
砖砌碹、不抹灰浆	29.4~30.2
料石砌碹	39.2~49

注：巷道断面小者取大值。

3）圆木棚子支护的巷道$\alpha \times 10^4$值如附表4-3所示。

附表4-3 木棚子支护的巷道$\alpha \times 10^4$值

木柱直径d_0/cm	支架纵口径$\Delta = L/d_0$时的$\alpha \times 10^4$值/$\mathrm{N \cdot s^2 \cdot m^{-4}}$							按断面校正	
	1	2	3	4	5	6	7	断面/$\mathrm{m^2}$	校正系数
15	88.2	115.2	137.2	155.8	174.4	164.6	158.8	1	1.2
16	90.16	118.6	141.1	161.7	180.3	167.6	159.7	2	1.1
17	92.12	121.5	141.1	165.6	185.2	169.5	162.7	3	1.0
18	94.03	123.5	148	169.5	190.1	171.5	164.6	4	0.93
20	96.04	127.4	154.8	177.4	198.9	175.4	168.6	5	0.89
22	99	133.3	156.8	185.2	208.7	178.4	171.5	6	0.80
24	102.9	138.2	167.6	193.1	217.6	192	174.4	8	0.82
26	104.9	143.1	174.4	199.9	225.4	198	180.3	10	0.78

注：表中$\alpha \times 10^4$值适合于支架后净断面$S = 3\mathrm{m^2}$的巷道，对于其他断面的巷道应乘以校正系数。支架纵口径Δ定义为相邻两根木柱距离L与木柱直径d_0之比值。

4）金属支架的巷道$\alpha \times 10^4$值。

工字梁拱形和梯形支架巷道$\alpha \times 10^4$值如附表4-4所示。

附表 4-4 工字梁拱形和梯形支架巷道 $\alpha\times10^4$值

工字梁尺寸 d_0/cm	支架纵口径 $\Delta=L/d_0$时的 $\alpha\times10^4$值/N · s² · m⁻⁴					按断面校正	
	2	3	4	5	8	断面/m²	校正系数
10	107.8	147	176.4	205.4	245	3	1.08
12	127.4	166.6	205.8	245	294	4	1.00
14	137.2	186.2	225.4	284.2	333.2	6	0.91
16	147	205.8	254.8	313.6	392	8	0.88
18	156.8	225.4	294	382.2	431.2	10	0.84

注：d_0为金属梁截面的高度。

金属横梁和帮柱混合支护的平巷 $\alpha\times10^4$值如附表 4-5 所示。

附表 4-5 金属梁、柱支护平巷 $\alpha\times10^4$值

帮柱厚度 d_0/cm	支架纵口径 $\Delta=L/d_0$时的 $\alpha\times10^4$值/N · s² · m⁻⁴					按断面校正	
	2	3	4	5	6	断面/m²	校正系数
40	156.3	176.4	205.8	215.6	235.2	3	1.08
						4	1.00
						6	0.91
50	166.6	196	215.6	245	264.6	8	0.88
						10	0.84

注："帮柱"是混凝土或砌碹的柱子，呈方形；顶梁是由工字钢或 16 号槽钢加工的。

5）钢筋混凝土预制支架的巷道 $\alpha\times10^4$值为 88.2~186.2N · s²/m⁴（纵口径大，取值亦大）。

6）锚杆或喷浆巷道的 $\alpha\times10^4$值为 78.4~117.6N · s²/m⁴。

（2）井筒

1）无任何装备的清洁的混凝土和钢筋混凝土井筒 $\alpha\times10^4$值如附表 4-6 所示。

附表 4-6 无装备混凝土井筒 $\alpha\times10^4$值

井筒直径/m	井筒断面/m²	$\alpha\times10^4$/N · s² · m⁻⁴	
		平滑的混凝土	不平滑的混凝土
4	12.6	33.3	39.2
5	19.6	31.4	37.2
6	28.3	31.4	37.2
7	38.5	29.4	35.3
8	50.3	29.4	35.3

2）砖和混凝土砖砌的无任何装备的井筒，其 $\alpha\times10^4$值按附表 4-6 值增大 1 倍。

3）有装备的井筒，井壁用混凝土、钢筋混凝土、混凝土砖及砖砌暄的 $\alpha\times10^4$值为 343~490N · s²/m⁴。选取时应考虑到罐道梁的间距、装备物纵口径以及有无梯子间和梯子间规格等。

（3）矿井巷道 $\alpha\times10^4$ 值的实际资料

沈阳煤矿设计研究院根据在抚顺、徐州、新汶、阳泉、大同、梅田、鹤岗 7 个矿务局 14 个矿井的实测资料，编制的供通风设计参考的 α 值如附表 4-7 所示。

附表 4-7　井巷摩擦阻力系数 α 实测值

序号	巷道支护形式	巷道类别	巷道壁面特征	$\alpha\times10^4$ /$N\cdot s^2\cdot m^{-4}$	选取参考
1	锚喷支护	轨道平巷	光面爆破，凸凹度<150	50~77	断面大，巷道整洁凸凹度小于 50，近似砌碹的取小值；新开采区巷道，断面较小的取大值；断面大而成型差，凸凹度大的取大值
			普通爆破，凸凹度>150	83~103	巷道整洁，底板喷水泥抹面的取小值；无道碴和锚杆外露的取大值
		轨道斜巷（设有行人台阶）	光面爆破，凸凹度<150	81~89	兼流水巷和无轨道的取小值
			普通爆破，凸凹度>150	93~121	兼流水巷和无轨道的取小值；巷道成型不规整，底板不平的取大值
		通风行人巷（无轨道、台阶）	光面爆破，凸凹度<150	68~75	底板不平，浮矸多的取大值；自然顶板接面光滑和底板积水的取小值
			普通爆破，凸凹度>150	75~97	巷道平直，底板淤泥积水的取小值；四壁积尘，不整洁的老巷有少量杂物堆积的取大值
		通风行人巷（无轨道、有台阶）	光面爆破，凸凹度<150	72~84	兼流水巷的取小值
			普通爆破，凸凹度>150	84~110	流水冲沟使底板严重不平的 α 值偏大
2	喷砂浆支护	轨道平巷	普通爆破，凸凹度>150	78~81	喷砂浆支护与喷混凝土支护巷道的摩擦阻力系数相近，同种类别巷道可按锚喷的选取
3	料石砌碹支护	轨道平巷	壁面粗糙	49~61	断面大的取小值；断面小的取大值。巷道洒水清扫的取小值
		轨道平巷	壁面平滑	38~44	断面大的取小值；断面小的取大值。巷道洒水清扫的取小值
4	毛石砌碹支护	轨道平巷	壁面粗糙	60~80	
5	混凝土棚支护	轨道平巷	断面 5~9，纵口径 4 ~5	100~190	依纵口径、断面选取 α 值。巷道整洁的完全棚，纵口径小的取小值
6	"U"形钢支护	轨道平巷	断面 5~8，纵口径 4 ~8	135~181	按纵口径、断面选取，纵口径大的、完全棚支护的取小值。不完全棚大于完全棚的 α
		胶带输送机巷（铺轨）	断面 9~10，纵口径 4 ~8	209~226	落地式胶带宽为 80 ~1000，包括工字钢梁"U"形钢腿的支架

续附表 4-7

序号	巷道支护形式	巷道类别	巷道壁面特征	$\alpha\times10^4$ /$N\cdot s^2\cdot m^{-4}$	选取参考
7	工字钢、钢轨支护	轨道平巷	断面 4~6，纵口径 7 ~9	123~134	包括工字钢与钢轨的混合支架、不完全棚支护的，纵口径=9 取小值
		胶带输送机巷（铺轨）	断面 9~10，纵口径 4 ~8	209~226	工字钢与 U 形钢支架混合支护与第 6 项胶带输送机巷近似，单一种支护与混合支护 α 相似

附录5　井巷局部阻力系数ξ值表

井巷局部阻力系数ξ值如附表5-1~附表5-2所示。

附表5-1　巷道断面突然扩大与突然缩小的ξ值（光滑管道）

S_1/S_2	1	0.9	0.8	0.7	0.6	0.5	0.4	0.3	0.2	0.1	0.01	0
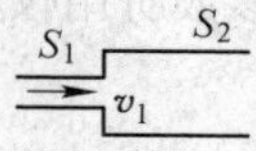	0	0.01	0.04	0.09	0.16	0.25	0.36	0.49	0.64	0.81	0.98	1.0
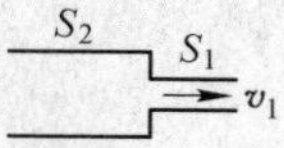	0	0.05	0.10	0.15	0.20	0.25	0.30	0.35	0.40	0.45	0.50	—

附表5-2　其他几种局部阻力的ξ值（光滑管道）

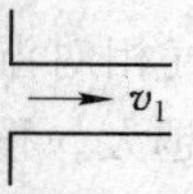	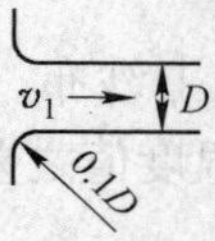	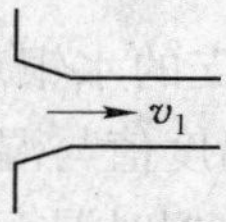	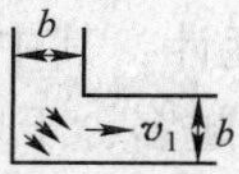	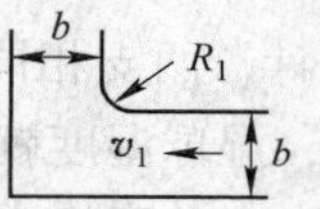	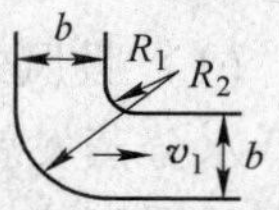
0.6	0.1	0.2	有导风板0.2， 无导风板1.4	0.75，当$R_1=\frac{1}{3}b$； 0.52，当$R_1=\frac{2}{3}b$	0.6，当$R_1=\frac{1}{3}b$， $R_2=\frac{3}{2}b$； 0.3，当$R_1=\frac{2}{3}$， $R_2=\frac{17}{10}b$
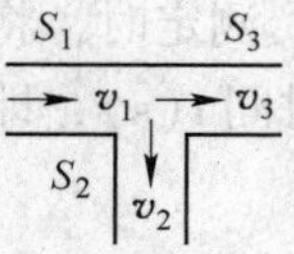	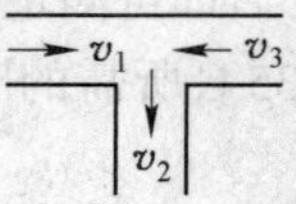	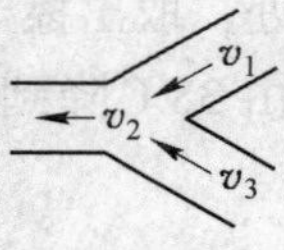	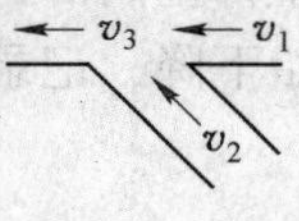	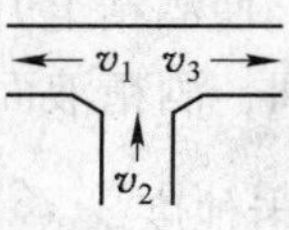	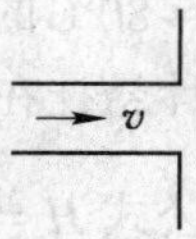
3.6 当$S_2=S_3$， $v_2=v_3$时	2.0 当风速为v_2时	1.0 当$v_1=v_3$时	1.5 当风速为v_2时	1.5 当风速为v_2时	1.0 当风速为v时

附录6　实验指导书

实验1　空气物理参数的测定

1.1　实验目的

通过本次实验，目的在于掌握相关物理参数的测定方法，熟悉测定相关参数所用仪器仪表的构造和使用方法，并掌握上述参数的测试技能。

1.2　实验内容及基本原理

1.2.1　实验内容

(1) 测定空气的温度、湿度、大气压力、卡他度；

(2) 测定空气的流动速度（风速）。

1.2.2　实验原理

(1) 吸风式湿度计。两支相同温度计，其中一支的水银球包上纱布，空气相对湿度越低水分蒸发就越快，湿球湿度就下降越多，干球温度值与湿球温度值之差就越大。根据干湿球温度值之差，在有关表格中就可查出该空气的相对湿度。

(2) 毛发湿度计。毛发的长度会随相对湿度的变化而伸缩，框架上的脱脂毛发由于相对湿度变化，带动连动机构，使指针移动，从而可直接读出相对湿度。

(3) 卡他计。卡他温度计全长200mm，下端为长圆形储液球，长约40mm，直径为16mm，表面积为22.6cm^2，内装酒精。上端为一长圆形空间，用于容纳加热时上升的酒精。在卡他计的长杆上刻有38℃及35℃两个刻度。每个卡他计有不同的卡他常数F，它表示储液球在温度由38℃降到35℃时每平方厘米表面上的散热量。测定前，将卡他计放入60~80℃的热水中，使酒精上升到上部空间1/3处，取出擦干后即可测定。测定时，将卡他计悬挂在测定空间，酒精液面开始下降，记录由38℃降到35℃所需的时间t(s)，即可按公式$H=\dfrac{F}{t}$计算卡他度。

(4) 空盒气压计。一个弹性金属薄片的空盒被抽成半真空状态，当大气压力变化时空盒会变形。通过联动机构，指针在刻度盘上显示出大气压力。

(5) 数字气压计。以BJ-1型矿用精密数字气压计为例，该仪器是一种便携式本质安全型气压计。既可测定矿井的绝对压力，也可测定相对压力或压差。测量标高范围为-1500~2500m，量程为基准气压p_0±显示数字，基准气压为1000hPa。

(6) 计算空气重率γ(kg/m^3)

$$\gamma = 0.465\frac{P}{T}\left(1-0.378\frac{\phi P_B}{P}\right)$$

式中　P——大气压力，mmHg；

T——绝对温度，等于 (273+t)K；

ϕ——相对湿度，%；

P_B ——饱和水蒸气分压力，mmHg，可查表得。

1.3 实验用仪器与设备

水银温度计、酒精温度计、手摇湿度计、吸风式湿度计、干湿球湿度计、卡他计、空盒气压计、水银气压计、叶式风表、杯式风表、电热式风速计、秒表、毛发湿度计等等。

1.4 实验方法与步骤

阅读课本，了解仪器、仪表的构成原理，掌握其使用方法；实验前认真听实验指导教师的讲解和指导，分组进行实验，并将湿度计、卡他计、风速计、气压计等的测定数据记入相关表中。

1.5 实验准备及预习要求

(1) 实验中要求学生预先设计好实验方案，掌握空气物理参数测定的基本技术和技能，了解各类仪器的工作原理和特点，初步掌握它们的使用方法。

(2) 课程结束后，由教师对学生严格考核，给出考查成绩。

(3) 实验每组人数依实验设备台套数而定，一般为2~4人一组。

1.6 实验注意事项

(1) 实验中注意保护仪器设备，防止损坏；

(2) 禁止将实验仪器带出实验室；

(3) 实验结束后要进行必要的清理维护。

1.7 思考题

1-1 何谓空气的静压，它是怎样产生的？说明其物理意义和单位。

1-2 说明影响空气密度大小的主要因素，压力和温度相同的干空气与湿空气相比，哪种空气的密度大，为什么？

实验2 风流压力的测定

2.1 实验内容与目的

在通风管道中，测定任一点的相对全压、相对静压与动压，学会运用微压计与皮托管测定风流压力的基本技能，认识全压、静压、动压三者之间的关系。

2.2 实验用仪器与设备

通风实验管道、倾斜微压计、补偿式微压计、皮托管、胶皮管等。

2.3 实验内容与步骤

2.3.1 实验内容

本次实验是测定通风管中任一点的空气全压、静压和动压。管道中的全压与静压都是以当时当地同一高程处之空气压为基准的相对压力。当管道内的压力大于管道外的大气压力时，其相对全压与相对静压为正值，反之当管道内的压力小于管道外的空气压力时，则相对全压与相对静压为负值。而动压永远是正值。用胶皮管连接皮托管与微压计时必须注意这一点，即始终把相对值大的压力连接仪器的“+”嘴，相对值小的压力连接仪器的“-”嘴。

2.3.2 实验步骤

（1）在管道测孔中安装皮托管，管嘴要正迎风流。

（2）在测定台上放置微压计，先调好水平，再对好零位。

（3）调整好闸门（先作压入式通风，后作抽出式通风）。

（4）测定。开动风机，用胶皮管把皮托管的压力引入微压计。连接方法如图 2-1、图 2-2 所示。待风流稳定后读数。若有波动，可取上下限之平均值，把读数值、计算值及倾斜系数一并记入表 2-1 中。

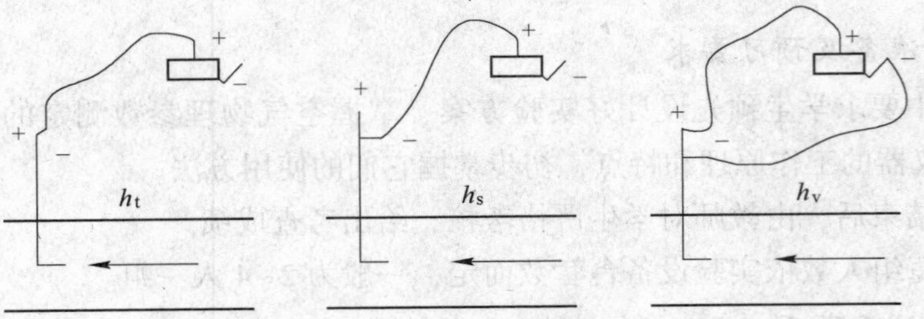

图 2-1 压入式通风

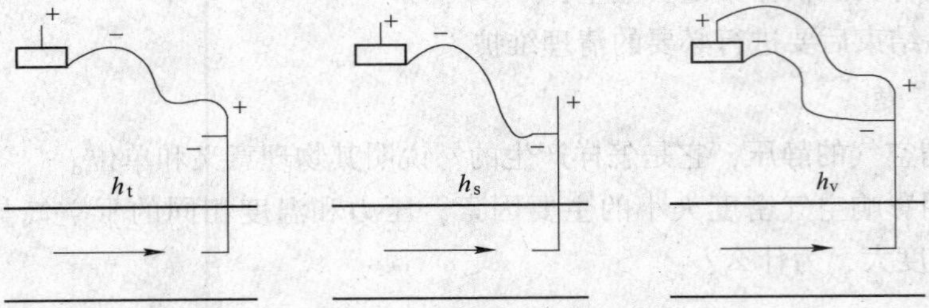

图 2-2 抽出式通风

表 2-1 数据记录

点号	压 力	压入式通风			抽出式通风			备注
		H_t	H_s	H_v	H_t	H_s	H_v	
1	读数值/mm							仪器系数 $F=$
	计算值/mmH_2O							
2	读数值/mm							
	计算值/mmH_2O							

2.4 实验准备及预习要求

（1）实验中要求学生预先设计好实验方案，掌握风流压力测定的基本技术和技能，了解各类仪器的工作原理和特点，初步掌握它们的使用方法。

（2）课程结束后，由教师对学生严格考核，给出考查成绩。

（3）实验每组人数依实验设备台套数而定，一般为 2~4 人一组。

2.5 实验注意事项

（1）实验中注意保护仪器设备，防止损坏；

（2）禁止将实验仪器带出实验室；

（3）实验结束后要进行必要的清理维护。

2.6 思考题

简述绝对压力和相对压力的概念，为什么在正压通风中断面上某点的相对全压大于相对静压；而在负压通风中断面某点的相对全压小于相对静压？

实验3 管道断面压力分布的测定

3.1 实验内容与目的

测定通风管道中各测孔处横断面上的相对全压、相对静压与动压，认识管道断面上压力分布情况及风速的不均匀性，绘制风速剖面图。

3.2 实验仪器设备

实验仪器设备同实验2。

3.3 实验方法与步骤

由于通风管道上的测孔开在上部正中位置，皮托管只能在断面的垂直中心线上移动。因此本次实验只要求在此垂直中心线均匀分布若干点（至少9个点）进行全压、静压、动压测定。

步骤：（1）准备工作，首先必须测量出断面中心线的长度，均匀分成9个点，标记在皮托管上。（2）测定：调整好闸门，使风机作抽出式通风，开动风机后把压力读数、温度、大气压力记入表3-1。

3.4 实验报告

（1）计算各断面的速度场不均匀系数

$$K=\frac{\overline{V}}{V_{中}}$$

式中 $\overline{V}$——断面平均风速；

$V_{中}$——断面中心点风速。

（2）绘制风速剖面图。根据表3-1的测定结果，以点号为纵坐标，风速值为横坐标，标出所对应的点并连接成光滑曲线，则为风速剖面图。

表3-1 数据记录表

点号	压力	通风方式	1	2	3	4	5	6	7	8	9	备注
A	全压	压入										仪器系数：
		抽出										
	静压	压入										大气压力：
		抽出										
	动压	压入										温度：
		抽出										
	风速	压入										空气重率：
		抽出										

续表 3-1

点号	压力	通风方式	1	2	3	4	5	6	7	8	9	备　注
B	全压	压入										
		抽出										
	静压	压入										
		抽出										
	动压	压入										
		抽出										
	风速	压入										
		抽出										
C	全压	压入										仪器系数：
		抽出										
	静压	压入										大气压力：
		抽出										
	动压	压入										温度：
		抽出										
	风速	压入										
		抽出										空气重率：
D	全压	压入										
		抽出										
	静压	压入										
		抽出										
	动压	压入										
		抽出										
	风速	压入										
		抽出										

实验 4　管道阻力系数的测定

4.1　实验内容与目的

测定模型巷道的摩擦阻力系数及突然扩大的局部阻力系数，目的在于掌握实测摩擦阻力系数与局部阻力系数的基本方法。

4.2　实验用仪器与设备

通风实验管道、倾斜微压计、皮托管、橡胶管等。

4.3　实验方法与步骤

4.3.1　摩擦阻力系数的测定

(1) 提示：根据摩擦阻力公式

$$h_f = \frac{\alpha LPV^2}{S}$$

摩擦阻力系数

$$\alpha = \frac{h_f S}{LPV^2}$$

式中 α——摩擦阻力系数，$\frac{kg \cdot s^2}{m^4}$；

h_f——摩擦阻力，mmH_2O；

S——净断面积，s^2；

L——测定长度，m；

V——平均风速，m/s。

（2）准备工作

1）摆设好仪器及皮托管（方法同前）；

2）调整好闸门，作抽出式通风。

（3）测定步骤：

1）查出 S、P、L 各参数，记入表4-1中。

表4-1 管道尺寸数据记录表

点号＼参数	断面尺寸				长度/m
	宽/m	高/m	周边长/m	净面积/m^2	
A-B					
B-E					
E-C					
C-D					

2）把空气物理参数记于表4-2中。

表4-2 空气物理参数记录表

大气压力 P/mmHg	温度 t/℃	空气重率 r/kg · m^{-3}	备 注

3）作抽出式通风，开动风机后，测出 A、B、C、D 各断面中心点动压，并换算成各断面中心风速，再根据速度场不均匀系数 K 值（参阅以前实验结果），将各断面中心风速换算成各断面平均风速，求出风量，记入表4-3中。

4）按下式计算雷诺数

$$Re = \frac{4Sv}{P\nu}$$

式中 v——巷道平均风速（取用大巷道的），m/s；

ν——运动黏性系数，$15\times10^{-6}m^2/s$；

P——周边长，m；

S——巷道断面面积，m^2。

表 4-3　各测点实验数据记录表

测点	中心点动压/(mmH$_2$O)	中心点风速/m·s^{-1}	速度场不均匀系数 K 值	断面平均风速/m·s^{-1}	各测段平均风速/m·s^{-1}	备注
A						仪器倾斜系数 F=
B						
C						
D						

如果 Re 小于 100000，应增大风速，使 Re>100000，气流处于稳定紊流状态；若 Re 已经大于 100000，则不必改变风速，可进行下一步测定。

5）按图 4-1 方式布置，分别测验出 DC、BA 各段静压差，由于 DC 之间或 BA 之间断面相等，所以这个静压差就是摩擦阻力损失 h，记入表 4-4 中。

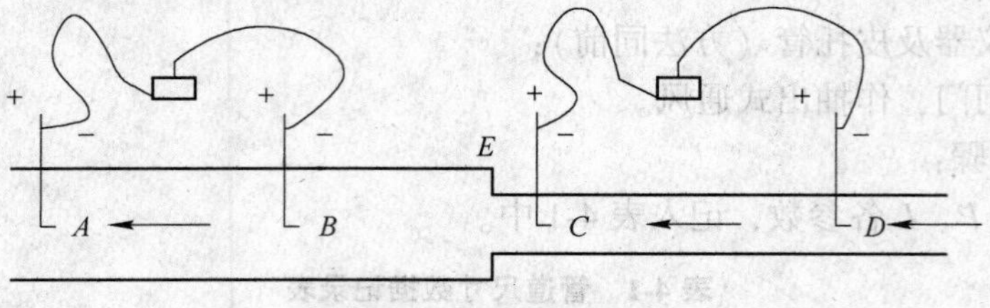

图 4-1　静压差测定图

表 4-4　静压差数据记录表

压力段别	静压差		备　注
	仪器读数/mm	实际值/mmH$_2$O	
D-C			仪器 F=
B-A			

4.3.2　局部阻力系数测定

由

$$h_l = \xi_1 \frac{V_1^1 \gamma}{2g} \quad 或 \quad h_l = \xi_2 \frac{V_2^2 \gamma}{2g}$$

则局部阻力系数

$$\xi_1 = \frac{2gh_l}{V_1^2 \gamma} \quad 或 \quad \xi_2 = \frac{2gh_l}{V_2^2 \gamma}$$

式中　h_l ——局部阻力，mmH$_2$O；

　　γ ——空气重率，kg/m^3。

上式中 V_1、V_2、γ 等参数可以从 a 测定中引用过来，h_l 需要测算出来。

我们知道，在 CB 之间若漏风因素忽略不计，其总阻力损失就是摩擦阻力损失和局部阻力损失两部分之和。

即　$$h = h_f + h_l$$

则　$$h_l = h - h_f$$

式中，利用上述实验所得 a 值以及 P，L，S，V 值分别算出 CE 段和 EB 段的摩擦阻力损失，

两者相加便得 h_f。

h 就是 CB 段的全压差，由于各断面不同，此全压差必须通过测静压差和动压差的方法求得。即

$$h = h_s + h_v$$

式中，静压差 h_s 测法同前，动压差 h_v 可用表 4-3 中的断面平均风速求出 C、B 断面的平均动压。h、h_f 两者之差便是局部阻力 h_l。把上述数据记入表 4-5 中。

表 4-5

段号	动压差/mmH_2O	静压差/mmH_2O	全压差/mmH_2O	局部阻力/mmH_2O
B-C				

有了上述参数便可按上式求出 ξ_1 和 ξ_2。

4.4　实验准备及预习要求

（1）实验中要求学生预先设计好实验方案，掌握阻力系数测定的基本技术和技能，了解各类仪器的工作原理和特点，初步掌握它们的使用方法。

（2）课程结束后，由教师对学生严格考核，给出考查成绩。

（3）实验每组人数依实验设备台套数而定，一般为 2~4 人一组。

4.5　实验注意事项

（1）实验中注意保护仪器设备，防止损坏；

（2）禁止将实验仪器带出实验室；

（3）实验结束后要进行必要的清理维护。

4.6　思考题

4-1　局部阻力是如何产生的？

4-2　矿井等积孔的含义是什么？如何计算？

实验5　粉尘浓度测定

5.1　实验内容与目的

学会滤膜称重法测定粉尘浓度的基本技能。

5.2　实验仪器设备

抽气机、采样器、流量计、秒表、滤膜、天平、发尘箱等。

5.3　实验方法

（1）提示：滤膜测尘法借助于抽气压力，使一定量含尘空气通过采样器的滤膜把粉尘阻留在滤膜表面，根据滤膜增加的重量（即被阻留的粉尘重量）和通过滤膜的空气量，就可以得到空气中的含尘浓度（mg/m^3），实验装置如图 5-1 所示。

（2）测尘步骤：

1）滤膜称重。用镊子取下滤膜两面的衬纸，将滤膜在分析天平上称重后装入滤膜夹。

2）装滤膜。扭下滤膜夹的固定盖，将滤膜中心对准滤膜夹的中心，铺于锥形环上，套好固定盖，将滤膜夹紧，倒转过来将螺丝底座拧入固定盖，放入样品盒中备用。

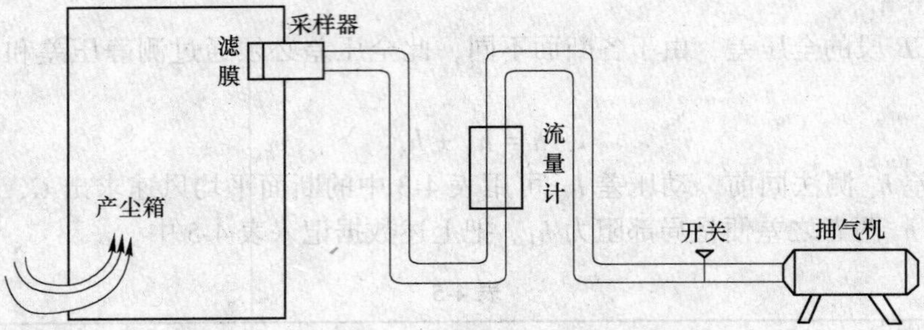

图 5-1　实验装置示意图

3）采样。首先将采样器置于发尘箱中然后开动抽气机，同时开动秒表，流量计中转子因受气流作用而上升，当上升力等于转子重量时，则转子平衡在一定高度上。转子平顶所对应刻度即为空气的流量（升/分），一般为 20~80 升/分，在整个采样过程中应注意保持流量的稳定。采样完毕后，用镊子小心取出滤膜夹，使受尘面向上装入样品盒内，准备称重。

为了保证测尘精度，要求以相同流量平行采取两个试样，两者之差不得超过 20%。本实验只采取单独试样。

4）称重。仔细地将滤膜由夹内取出，将含尘一面向里折 2~3 折。一般情况下，滤膜先放在干燥器内干燥 30min 后再称量，如滤膜表面有小水珠，则置于干燥箱内。每隔 30min 称重一次，直到相邻两次称重差不超过 0. 2mg。

5）计算空气中的矿尘浓度。

参 考 文 献

[1] 王英敏. 矿井通风与除尘 [M]. 北京：冶金工业出版社，1993.
[2] 浑宝炬. 矿井通风与除尘 [M]. 北京：冶金工业出版社，2007.
[3] 吴超. 矿井通风与空气调节 [M]. 长沙：中南大学出版社，2008.
[4] 张国枢. 通风安全学 [M]. 徐州：中国矿业大学出版社，2007.
[5] 胡汉华. 矿井通风系统设计：原理、方法与实例 [M]. 北京：化学工业出版社，2010.
[6] 马宏福. 郑小欢. 矿井通风 [M]. 徐州：中国矿业大学出版社，2008.
[7] 支学艺，张红婴. 矿井通风与防尘 [M]. 北京：化学工业出版社，2013.
[8] 谢中朋. 矿井通风与安全 [M]. 北京：化学工业出版社，2010.
[9] 黄元平. 矿井通风 [M]. 徐州：中国矿业大学出版社，1990.
[10] 王治. 矿井通风网络图解法 [M]. 太原：山西人民出版社，1981.
[11] 张国枢. 矿井实用通风技术 [M]. 北京：煤炭工业出版社，1992.
[12] 焦健. 矿井通风 [M]. 北京：煤炭工业出版社，2011.
[13] 陈宝智. 矿山安全工程 [M]. 沈阳：东北大学出版社，1993.
[14] 赵以蕙. 矿井通风与空气调节 [M]. 徐州：中国矿业大学出版社，1990.
[15] 吴中立. 矿井通风与安全 [M]. 北京：煤炭工业出版社，1990.
[16] 陆国荣，等. 采矿手册 [M]. 北京：冶金工业出版社，2005.
[17] 张荣立，何国纬，等. 采矿工程设计手册 [M]. 北京：煤炭工业出版社，2003.
[18] 中国冶金建设协会. 冶金矿山采矿设计规范 [M]. 北京：中国计划出版社，2013.
[19] 王英敏. 矿井通风与防尘习题集 [M]. 北京：冶金工业出版社，1993.
[20] 李建明. 矿井通风与安全习题集及解答 [M]. 徐州：中国矿业大学出版社，2008.
[21] 中国煤炭建设协会. 矿井通风安全装备标准 [M]. 北京：中国计划出版社，2010.
[22] 王青，史维祥. 采矿学 [M]. 北京：冶金工业出版社，2001.
[23] 王德明. 矿井通风安全理论与技术 [M]. 徐州：中国矿业大学出版社，1999.
[24] 陈国山. 矿井通风与防尘 [M]. 北京：冶金工业出版社，2015.
[25] 马立克，等. 流体力学、通风与瓦斯抽放设备 [M]. 北京：煤炭工业出版社，2008.

冶金工业出版社部分图书推荐

书　　名	作　者	定　价(元)
现代金属矿床开采科学技术	古德生　等著	260.00
爆破手册	汪旭光　主编	180.00
采矿工程师手册（上、下册）	于润沧　主编	395.00
现代采矿手册（上、中、下册）	王运敏　主编	1000.00
我国金属矿山安全与环境科技发展前瞻研究	古德生　等著	45.00
深井开采岩爆灾害微震监测预警及控制技术	王春来　等著	29.00
露天矿山边坡和排土场灾害预警及控制技术	谢振华　　著	38.00
地下金属矿山灾害防治技术	宋卫东　等著	75.00
采空区处理的理论与实践	李俊平　等著	29.00
采矿学（第2版）（国规教材）	王　青　　著	58.00
地质学（第5版）（国规教材）	徐九华　主编	48.00
工程爆破（第2版）（国规教材）	翁春林　等编	32.00
地下矿围岩压力分析与控制（本科教材）	杨宇江　主编	39.00
露天矿边坡稳定分析与控制（本科教材）	常来山　主编	30.00
高等硬岩采矿学（第2版）（本科教材）	杨　鹏　编著	32.00
矿山充填力学基础（第2版）（本科教材）	蔡嗣经　编著	30.00
固体物料分选学（第3版）（本科教材）	魏德洲　主编	60.00
金属矿床露天开采（本科教材）	陈晓青　主编	28.00
矿井通风与除尘（本科教材）	浑宝炬　等编	25.00
矿产资源综合利用（本科教材）	张　佶　主编	30.00
选矿厂设计（本科教材）	周晓四　主编	39.00
矿产资源开发利用与规划（本科教材）	邢立亭　等编	40.00
碎矿与磨矿（第3版）（本科教材）	段希祥　主编	35.00
现代充填理论与技术（本科教材）	蔡嗣经　等编	26.00
矿山岩石力学（第2版）（本科教材）	李俊平　主编	50.00
金属矿床开采（高职高专教材）	刘念苏　主编	53.00
岩石力学（高职高专教材）	杨建中　等编	26.00
矿山地质（高职高专教材）	刘兴科　主编	39.00
矿山爆破（高职高专教材）	张敢生　主编	29.00
金属矿山环境保护与安全（高职高专教材）	孙文武　主编	35.00
井巷设计与施工（第2版）（职教国规教材）	李长权　主编	35.00
矿山提升与运输（高职高专教材）	陈国山　主编	39.00
露天矿开采技术（第2版）（高职高专教材）	夏建波　主编	35.00
矿山企业管理（高职高专教材）	戚文革　等编	28.00
矿山地质技术（职业技能培训教材）	陈国山　主编	48.00
矿山爆破技术（职业技能培训教材）	戚文革　等编	38.00
矿山测量技术（职业技能培训教材）	陈步尚　主编	39.00
露天采矿技术（职业技能培训教材）	陈国山　主编	38.00